职业技能培训鉴定教材

家畜繁育员

主　编　刘贤侠　申　红　石长青
编　者　王建梅　齐亚银　李　劼
高　树　胡路锋　王汉魁
李海军　王海滨
审　稿　陈静波

中国劳动社会保障出版社

图书在版编目(CIP)数据

家畜繁育员/人力资源和社会保障部教材办公室组织编写. —北京：中国劳动社会保障出版社，2015

职业技能培训教材　职业活动导向一体化教材

ISBN 978-7-5167-1850-6

Ⅰ.①家…　Ⅱ.①人…　Ⅲ.①家畜育种-技术培训-教材　Ⅳ.①S82

中国版本图书馆 CIP 数据核字(2015)第 150953 号

中国劳动社会保障出版社出版发行

（北京市惠新东街 1 号　邮政编码：100029）

*

三河市华骏印务包装有限公司印刷装订　新华书店经销

787 毫米×1092 毫米　16 开本　15.75 印张　360 千字

2015 年 7 月第 1 版　　2022 年 7 月第 5 次印刷

定价：48.00 元

读者服务部电话：（010）64929211/84209101/64921644

营销中心电话：（010）64962347

出版社网址：http: // www.class.com.cn

内容简介

教材在编写过程中紧紧围绕“以企业需求为导向，以职业能力为核心”的编写理念，力求突出职业技能培训特色，满足职业技能培训与鉴定考核的需要。

本教材详细介绍了初级、中级和高级家畜繁育员要求掌握的最新实用知识和技术。全书主要内容包括：种畜饲养管理、发情与发情鉴定、人工授精、妊娠与分娩等。每一单元后安排了单元测试题，供读者巩固、检验学习效果时参考使用。

本教材是初级、中级和高级家畜繁育员职业技能培训与鉴定考核用书，也可供相关人员参加在职培训、岗位培训使用。

前　言

1994年以来，原劳动和社会保障部职业技能鉴定中心、教材办公室和中国劳动社会保障出版社组织有关方面专家，依据《中华人民共和国职业技能鉴定规范》，编写出版了职业技能鉴定教材及其配套的职业技能鉴定指导200余种，作为考前培训的权威性教材，受到全国各级培训、鉴定机构的欢迎，有力地推动了职业技能鉴定工作的开展。

原劳动保障部从2000年开始陆续制定并颁布了国家职业技能标准。同时，社会经济、技术不断发展，企业对劳动力素质提出了更高的要求。为了适应新形势，为各级培训、鉴定部门和广大受培训者提供优质服务，人力资源和社会保障部教材办公室组织有关专家、技术人员和职业培训教学管理人员、教师，依据国家职业技能标准和企业对各类技能人才的需求，研发了职业技能培训鉴定教材。

新编写的教材具有以下主要特点：

在编写原则上，突出以职业能力为核心。教材编写贯穿"以职业技能标准为依据，以企业需求为导向，以职业能力为核心"的理念，依据国家职业技能标准，结合企业实际，反映岗位需求，突出新知识、新技术、新工艺、新方法，注重职业能力培养。凡是职业岗位工作中要求掌握的知识和技能，均作详细介绍。

在使用功能上，注重服务于培训和鉴定。根据职业发展的实际情况和培训需求，教材力求体现职业培训的规律，反映职业技能鉴定考核的基本要求，满足培训对象参加各级各类鉴定考试的需要。

在编写模式上，采用分级模块化编写。纵向上，教材按照国家职业资格等级单独成册，各等级合理衔接、步步提升，为技能人才培养搭建科学的阶梯型培训架构。横向上，教材按照职业功能分模块展开，安排足量、适用的内容，贴近生产实际，贴近培训对象需要，贴近市场需求。

在内容安排上，增强教材的可读性。为便于培训、鉴定部门在有限的时间内把最重要的知识和技能传授给培训对象，同时也便于培训对象迅速抓住重点，提高学习效率，在教材中精心设置了"培训目标"等栏目，以提示应该达到的目标，需要掌握的重点、难点、鉴定点和有关的扩展知识。

编写教材有相当的难度，是一项探索性工作。由于时间仓促，不足之处在所难免，恳切希望各使用单位和个人对教材提出宝贵意见，以便修订时加以完善。

人力资源和社会保障部教材办公室

目录

第二部分　家畜繁育员（中级）

第三部分　家畜繁育员（高级）

第一部分

家畜繁育员（初级）

第1单元

种畜饲养管理

第一节　种畜饲养

培训目标

→ 简要了解马、牛、羊、猪、驴这几种常见家畜的品种特点。
→ 掌握马、牛、羊、猪、驴这几种常见家畜的饲养方法。

一、马

1. 马常见品种的简介

（1）按北欧分类法主要有以下著名的类型及品种：

一型小马（森林马），如埃克斯穆尔马（Exmoor）；二型小马（高原马），如高地小型马（Highland）；三型马（草原马），如塔克马（Akhal-Teke）；四型马（沙漠马），如里海马（Caspian）。

（2）按马的个性及气质分，主要有以下著名的类型及品种：

热血马，如阿拉伯马（Arabian）、英国纯血马（Thoroughbred）；冷血马，如苏格兰克莱兹代尔马（Clydesdale）、法国佩尔什马（Perchcron）；温血马，如德国荷尔斯斯马（Holsteiner）、波兰特雷克纳马（Trakehner）。

（3）我国较著名的马品种主要有伊犁马、蒙古马、哈萨克马等。

新疆共有哈萨克马（见图 1—1）、巴里坤马、焉耆马、柯尔克孜马四个地方品种，有伊犁马（见图 1—2）、伊吾马 2 个培育品种，其中伊犁马是国产马第一品牌。

图 1—1　哈萨克马

图 1—2　伊犁马

伊犁马是我国著名的培育品种之一，力速兼备，挽乘皆宜，长途骑乘擅长走对侧步。伊犁马能适应高寒和粗放的山区群牧条件，抗病力强，能够适应海拔高、气候严寒、终年放牧的自然环境条件，保留了哈萨克马的优良特性，耐粗饲、善走山路，冬季在雪深 40～50 cm 时也能刨雪觅食，青草季节增膘快。

伊犁马平均体高 144～148 cm，体重 400～450 kg，体格高大、结构匀称。伊犁马头部小巧伶俐，眼大眸明，头颈高昂，四肢强健。当它颈项高举时，有悍威，加之毛色光泽漂亮，外貌更为俊美秀丽。毛色以骝毛、栗毛及黑毛为主，四肢和额部常有被称作“白章”的白色斑块。伊犁马具有良好的兼用体形，体格高大，结构匀称紧凑。头秀美、高昂干燥，面部血管明显；眼大有神，额广，鼻直、鼻孔大。颈长适中，肌肉充实，颈基高，颈肩结合良好。鬐甲中等高长，发育丰满。背腰平直，腰稍长，尻宽长中等，稍斜。胸深，肋骨开张良好，胸廓发达，腹形正常。肩胛长斜，四肢干燥，筋腱明显，关节清晰，肢势端正。系中等长，蹄质结实，运步轻快。有少部分马颈部肌肉欠丰满，前胸发育较差，四肢发育不足，有待今后在育种工作中改进。毛色以骝色为主，栗色和黑色次之，青色和其他毛色少见。

此外，产于新疆的哈萨克马也较为著名。其形态特征是：头中等大，清秀，耳朵短；颈细长，稍扬起；鬐甲高，胸稍窄，后肢常呈现刀状。主要分布于新疆天山北麓、准噶尔西部和阿尔泰西段一带。头中等大，显粗重，背腰平直。毛色以骝毛、栗毛、黑毛为主，青毛次之。其适应性强，能在寒冷的气候条件下生存。

2. 马的饲养

（1）饲喂次数。饲喂次数取决于饲喂对象、生产目的、生长阶段、劳动组织、牧场设备等情况。一般每天饲喂 2～3 次，公马在配种季节或在配种旺季，母马在妊娠后期及泌（哺）乳期应根据情况适当增喂 1～2 次/天。

饮水：有条件的牧场采用自动饮水器，也可采用水槽饮水。

（2）饲喂方式

1）喂料定时。一般早上在 8：00—9：00，中午在 12：00—13：00，下午在 17：00—18：00，可根据不同地区或生产安排适当调整。

2）给料有序。采用多种饲料饲喂时，一般给料顺序是：精料⟶青料⟶青贮料⟶多汁饲料⟶饮水。

3）饲料定量。各种饲料的量一旦定下来，一般不要突然增加或减少。

4）少给勤添。在每次饲喂时，不要把饲料一次性投放，而是开始少放一点，等将要吃完时再添加一点，直至吃饱。

（3）饲料更换。每当要变换某种饲料时，应采取逐渐变化方式。即第一天原来的饲料占 70%、需换的饲料占 30%，第二天各占 50%，第三天原来的饲料占 30%、需换的饲料占 70%，第四天完全换成新饲料。

二、牛

1. 牛常见品种的简介

（1）奶牛品种。我国现已培育的奶牛品种主要有中国荷斯坦牛（见图 1—3a），其前身为黑白花奶牛，因其毛色黑白相间的特征而获此名，分北方黑白花和南方黑白花奶牛两个品系，1992 年统一命名为中国荷斯坦牛。其平均泌乳量达 6 500 kg 左右，乳脂率 3.3%～3.4%，其体型具有乳用品种牛典型的“三角形”特点。从牛的正前方看，从鬐甲向肩部两侧引延长线于胸底水平线相交呈一三角形；从牛的正上方看，鬐甲与髋结节各连成一线，两个髋结节连成一线，成为一三角形；从牛的侧方看，背部和腰部连成的直线、腹底与乳房底连成的直线，这两条直线的延长线与尾根向下的垂线相交，形成一个三角形，有的书上认为是三个楔形。

荷兰荷斯坦牛是世界著名的奶牛品种，该品种原产于荷兰，有“奶牛之父”的美称，以产奶量高而著称于世，许多国家均引进该品种参与本国的乳用牛品种培育。目前在国内有引进的澳系荷斯坦牛、新系荷斯坦牛、美系荷斯坦牛等。

（2）肉牛品种。我国先后引进了很多世界优良的肉牛品种，并已广泛用于我国肉牛的品种改良。目前我国培育出了两个新肉牛品种，我国首个专用肉牛品种夏南牛2007年通过审定，该牛是以法国夏洛来牛为父本、以河南南阳牛为母本，经选种选育、自群繁育经过21年培育成的肉牛新品种。延黄牛2008年通过审定，它是以吉林延边黄牛品种资源为遗传基础，通过导入1/4利木赞牛血液，经过27年培育形成。肉牛的体形呈圆筒形。从侧面看，颈短而宽，垂皮发达，前胸突出，胸深，尻深，背线、腹线平行，股后平直，肋骨弯曲，呈圆筒形；背视鬐甲宽平，背腰宽，尻部平而广阔，肋骨弯曲，腹部充实，形成圆筒形；前视鬐甲宽平，胸宽而深，胸底部稍平，两侧肋骨开张，呈圆筒形；后视尻部宽而平，后裆宽，股间肌肉丰满而深，后视呈圆筒形。

1）引进品种

①利木赞牛。原产于法国，属大型肉用品种。

②夏洛来牛（见图1—3b）。原产于法国，属大型肉用品种，1965年开始引进到我国，具有“双肌”性状。

单元 1

③海福特牛（见图1—3c）。原产于英国，属中小型肉用品种，20世纪70年代引入我国。

④安格斯牛（又名无角黑牛，见图1—3d）。原产于英国，属中小型肉用品种。

⑤皮埃蒙特牛。原产于意大利，属中型肉牛品种。

a) b) c) d)

图1—3 牛的品种

a）中国荷斯坦牛 b）夏洛来牛 c）海福特牛 d）安格斯牛

2）我国培育的优良肉用品种

①夏南牛。我国培育的第一个优质肉牛品种，经过21年的培育，于2007年5月15日通过国家畜禽品种遗传资源委员会审定。夏南牛是以我国优良地方品种南阳牛为母本、法国夏洛来牛为父本，用杂交培育方法培育出来的一个肉牛品种。夏南牛平均屠宰率为60.13%，净肉率为48.84%，眼肌面积为117.7 cm^2，优质肉切块率可达38.37%。该品种牛性情温顺，耐粗饲，适应性强，采食速度快，具有生长发育快、易育肥特点。

②延黄牛。我国最先开始培育的一个优质肉牛品种，经过 27 年的培育，于 2008 年 1 月 14 日通过国家畜禽品种遗传资源委员会审定。延黄牛是以我国优良地方品种延边牛为母本、以利木赞牛为父本，用杂交培育方法培育出来的一个肉牛品种。延黄牛成年公牛体重为 1 056.6 kg、体高为 156.2 cm，母牛成年体重为 625.5 kg、体高为136.3 cm，平均屠宰率为 59.8%，净肉率为 49.3%，眼肌面积为 98.6 cm^2，平均日增重 1.22 kg。延黄牛具有肉牛的典型外貌特征，有耐寒、耐粗饲、抗病力强等特性。

（3）役用牛品种

1）黄牛。收入我国地方良种品种志的品种有近 30 个，蒙古牛（原产于内蒙古）、秦川牛（原产于陕西）、南阳牛（原产于河南）、鲁西黄牛（原产于山东）、晋南牛（原产于山西）、延边牛（原产于吉林）等品种较有名。

2）水牛。我国水牛统称中国水牛，主要的水牛品种（品系）有上海水牛、云南德宏水牛、四川德昌水牛等。

我国现引进的水牛品种主要有摩拉水牛（原产于印度）、尼里—拉菲水牛（原产于巴基斯坦）。

3）牦牛（见图 1—4）。主要有青海高原牦牛、天祝白牦牛、西藏高山牦牛、九龙牦牛、麦哇牦牛 5 个品种。

图 1—4　牦牛

（4）兼用牛品种。我国现引进的兼用品种主要有西门塔尔牛（原产于瑞士，见图 1—5、图 1—6）、短角黄牛（原产于英国）和我国新疆褐牛（见图 1—7、图 1—8）等。

图 1—5　西门塔尔牛（公）

图 1—6　西门塔尔牛（母）

单元 1

图 1—7　新疆褐牛（公）

图 1—8　新疆褐牛（母）

2. 牛的饲养

（1）奶牛的饲养

1）新生犊牛的护理。新生犊牛是指出生到脐带脱落时间段的小牛。新生犊牛的护理要点有：清理黏液、脐带消毒、哺喂初乳。清理黏液：犊牛出生后立即用事先准备好的消过毒的毛巾擦去犊牛鼻孔和口腔中的黏液，确保呼吸通畅。若发现犊牛不呼吸，马上用一根稻草插入鼻孔 5 cm 左右反复刺激促其呼吸。若不奏效，立即倒提犊牛，同时轻轻拍打胸部和喉部，使黏液从鼻孔中排出并擦干，以免黏液吸入气管。脐带消毒：犊牛出生后，一般脐带自断，不断的可在距腹部 10～12 cm 处用消毒过的剪刀将脐带剪断，然后用 5%碘酒浸泡消毒。脐带处理完毕后，将犊牛全身擦干或者让母牛舔干。然后给犊牛称重、编号、画花片或照相、填写牛籍卡，移入犊牛笼。哺喂初乳：在北方冬季寒冷地区可以单独开辟塑料棚区域或者单独圈舍围栏，该区域和圈舍应该加温（可用地暖、火墙等），可以吊浴霸或者红外线灯加温，地面铺设厚的垫草，以便新生犊牛被毛及早干燥。有条件的可以采取单栏饲养。

为了使犊牛生后 12 h 内从初乳中获得足够的抗体，第一次初乳应在犊牛出生后 30 min 内喂给，首次喂量要大，至少 2 kg，如果量不足，需人工辅助哺乳，可用插胃管方式用初乳灌服器灌服初乳。出生后 6 h 左右，喂第二次初乳。以后每天喂 3 次（6 kg），两天后即可转喂常乳。

提倡用橡胶奶嘴饲喂初乳，利于建立充分的吮吸反射，之后，逐步用吮吸手指的方法调教犊牛从奶桶吮奶。初乳的温度应水浴加热至 38～39℃。

2）哺乳期犊牛的饲养

①缩短哺乳期，减少喂乳量，同时加强采食饲料能力的训练。一般哺乳期 3 个月，喂奶量 400～500 kg。目前许多奶牛场都在采取缩短哺乳期（2 个月左右）和减少喂乳量（300 kg）的方法来提高效益。但如果没有采取有效的措施，使犊牛的生长发育早期受阻到不可挽回的地步，就会影响其终身的生产成绩。犊牛具有早期生长受阻在后期条件好时能够得到补偿的能力，所以只要在断奶前就训练好采食植物性饲料的能力，并注意饲料的质量和数量，即使在出生后的前 3 个月长得较慢，但从 4 月龄起平均日增重也能达到 0.8 kg 以上，平均体高比出生时增长 12 cm。

②早期训练采食植物饲料的能力。缩短哺乳期、早期断奶培育犊牛的关键是早期训练犊牛采食精料的能力。生后一周，开始训练采食精料；生后 10 天左右训练采食干草，

应将干草切短，让其自由采食。训练采食精料时，开始可将 20 g 精料混入牛奶饮喂，2～3 天后将精料放在料槽里，让其自由采食。

犊牛的精料也称开食料，根据犊牛营养需要配制，适口性强、易消化、营养丰富，适用于 4 月龄以内犊牛营养需要的混合精料。营养含量为：粗蛋白质 18%以上，不含非蛋白氮；粗纤维含量低于 8%，富含维生素和微量元素；能量 7.5 MJ/kg；钙 0.9%；磷 0.45%。开食料应是颗粒料。2 月龄内的犊牛应避免饲喂青贮饲料，以免形成草腹。6～8 周龄犊牛每天采食精料达到 1 kg 时即可断奶。

③哺乳期犊牛的管理

a. 做好日常环境维护和消毒卫生工作。要防寒保暖，冬季犊牛舍应不低于 15℃，西北和东北严寒的冬季可给犊牛穿犊牛衣保暖，出生头天的新生犊牛可在给予垫草的基础上，用红外线灯局部加温，及早使其被毛干燥。喂奶用具每次用后都要清洗消毒。每次喂奶后用干净毛巾擦去犊牛嘴角残留乳汁，并继续在颈枷上夹 15 min，以防犊牛相互吸吮。如果群饲时出现相互吸吮耳朵、脐带和脐部，必要时可用刺猬鼻套，避免犊牛相互吸吮。

b. 犊牛栏保持清洁、干燥、空气流通。每天观察犊牛健康状况，发现病犊及时治疗。

c. 单栏培育。新生犊牛疾病抵抗力弱、抗逆性差，应单独在干燥、避风、防辐射的犊牛栏内饲养 30～50 天。在犊牛栏内要铺柔软、干净的垫草，栏内垫草应及时更换，保持舍温在 0℃以上。每天观察犊牛健康状况，发现病犊及时治疗，确保清洁干燥。犊牛移至通栏时，犊牛栏应彻底清洗消毒（可用 2%氢氧化钠溶液）。

d. 饮水。出生 7 天内，哺喂牛乳之后 1～2 h 再饮温开水（36～38℃）一次（1～2 kg）。出生 7 天后开始训练自由饮水，水温不能低于 15℃。

e. 去角。有苛性钠法和电动去角法。

苛性钠法：适用于 5～10 日龄的犊牛。先剪去角基周围被毛，再涂上一圈凡士林，然后手持苛性钠棒（用纸包着），另一端少量蘸水后，在角根上轻轻擦摩，直至皮肤发滑并有微量血丝渗出为止。

电动去角法：适用于 3～5 周龄犊牛。先将电动去角器通电升温至 480～540℃，然后趁热处理犊牛角基 5～10 s 即可。需要掌握好处理时间和温度，避免伤及大脑或达不到目的。

f. 检查乳头，剪除副乳头。尤其是奶牛，应该在出生 7～10 天后触压乳头，如果松软，说明没有先天性闭锁。如果出现 2 个乳头实感则可能闭锁，不能将此类犊牛作为后备母牛，可将副乳头消毒后轻轻拉起，用消毒剪刀从副乳头基部将副乳头剪下，涂碘酊即可。

3）断奶至 6 月龄犊牛的饲养。犊牛在 6～8 周龄时，达到每天采食犊牛精料 0.8～1 kg 时就可断奶。当每天采食达到 1.5～1.8 kg 时（4 月龄左右），可改成育成牛精料。

为了使环境应激与断奶应激在时间上错开，减少应激的叠加影响，可将犊牛在断奶前 15 天左右进行小群饲养。断奶后日粮品种质量应与断奶前相一致，但精料尽量做到自由采食。同时，要酌情供应优质干草 1～2 kg，一直持续到满 4 月龄为止。犊牛断奶后1～2周增重较低，被毛缺乏光泽。一方面由于瘤胃机能和微生物区系正在建立，尚未完善；另一方面说明奶、料、草的过渡不完美，或者犊牛精料质量有问题。犊牛满4月龄时，平均日增重在850 g以上为理想指标。

5～6月龄时，犊牛生长迅速，是犊牛期进入育成期的过渡期，其采食粗饲料能力大为提高，应以育成料为主，酌情添加3～4月龄阶段的日粮，此期要防止犊牛过肥。

4）育成牛的饲养。7～14月龄的后备牛为育成牛。其瘤胃机能相当完善，可让其自由采食干草、青贮等优质粗饲料。此时的日粮浓度为：粗蛋白质12%～14%，能量6.3 MJ/kg，钙0.8%，磷0.5%。可根据粗料的质量，按照营养标准酌情添加精饲料0.5～2.5 kg。但一定要防止肥胖，平均日增重限制在700～750 g。育成母牛在10月龄时出现发情症状，等到13～15月龄、体重达到成年重的70%时配种（南方为360 kg以上，北方为380 kg以上）。15月龄体重要达到380 kg以上，体高也要达到125 cm以上，并适时配种。

育成牛正处于生长发育期，加强运动对增强体质很有必要，除暴雨、烈日、狂风、严寒外，可终日散放在运动场上，运动场要设置饲槽和饮水池。

5）青年牛的饲养。15月龄至分娩前的后备牛为青年牛。此期的后备牛应加强营养，在育成牛的基础上，每日适当增加精料1～1.5 kg，粗饲料调制要尽量增强适口性，争取青年牛怀孕前5个月平均日增重达到850 g以上，评分应不超过3.5分。

怀孕6个月至分娩阶段的青年牛，平均日增重控制在800 g以内，否则会导致胎儿过大引起难产。

产前21天要转入干奶群并逐渐开始增加精料喂量，以适应产后高精料的日粮。适当控制食盐和矿物质的喂量，限量饲喂全株玉米青贮和苜蓿，防止产后疾病的发生。

整个后备阶段要求在保证后备牛不可过肥的前提下，尽量提高体重和加快体高的增长速度。

第一胎产犊时的体重与第一胎泌乳量呈正相关，24月龄初产母牛如果体重从515 kg提高到616 kg，产奶量则从7 311 kg提高到10 024 kg。因此，育成牛、青年牛都要加强饲养，特别要提高粗饲料的质量和数量，以促进其骨骼的快速生长，使其在产犊时能达到理想的体重和骨架。但过肥的青年牛（体况评分大于4.0分）往往造成难产或肉乳房，产奶量不高。

6）成母牛的饲养。需要强调的一般性饲养管理有三：一是饮水。乳汁中80%以上是水，泌乳牛平均每天饮水7～10次，干奶牛4～5次；日饮水量是干物质进食量的3～4倍；饮水以自由饮水方式较好，尽量多设饮水点；水槽长度为每头牛15 cm，水温5～20℃为宜，水质要清洁。二是肢蹄护理。定期用5%～10%硫酸铜或3%福尔马林溶液浴蹄；对异形蹄要及时修蹄，每年至少春秋两次修蹄。三是刷拭与运动。经常刷拭牛体，可避免发生体外寄生虫，促进牛体血液循环和新陈代谢，还能使奶牛养成温顺的性格，利于管理。运动能增强体质，增进食欲，预防腐蹄病，改善繁殖机能，利于接受紫外线照射，促进钙的吸收。奶牛每天至少需要在户外活动2～3 h。

（2）肉牛的饲养

1）犊牛的饲养。犊牛，系指初生至断乳前的小牛。肉用牛的哺乳期通常为6个月。犊牛的饲养管理应注意下面几个环节：

①早喂初乳。初乳是母牛产犊后5～7天内所分泌的乳。初乳色深黄而黏稠，干物质总量较常乳高1倍，在总干物质中除乳糖较少外，其他含量都较常乳多，尤其是蛋白质、灰分和维生素A的含量。在蛋白质中含有大量免疫球蛋白，它对增强犊牛的抗病力起关键作用。初乳中含有较多的镁盐，有助于犊牛排出胎便。此外，初乳中各种维生素含量较高，对犊牛的健康与发育有着重要的作用。

犊牛出生后应尽快让其吃到初乳。一般犊牛生后0.5～1 h便能自行站立，此时要引导犊牛接近母牛乳房寻食母乳，若有困难，则需人工辅助哺乳。若母牛健康、乳房无病，农家养牛可令犊牛直接吮吸母乳，随母自然哺乳。

若母牛产后生病死亡，可由同期分娩的其他健康母牛代哺初乳。在没有同期分娩母牛初乳的情况下，也可喂给牛群中的常乳，但每天需补饲20 mL的鱼肝油，另给50 mL的植物油以代替初乳的轻泻作用。

②饲喂常乳。可以采用随母哺乳、保姆牛法和人工哺乳法给哺乳犊牛饲喂常乳。

a. 随母哺乳法。让犊牛和其生母在一起，从哺喂初乳至断奶一直自然哺乳。为了给犊牛早期补饲，促进犊牛发育和诱发母牛发情，可在母牛栏的旁边设一犊牛补饲间，短期将大母牛与犊牛隔开。

b. 保姆牛法。选择健康无病、气质安静、乳及乳头健康、产奶量中下等的奶牛（若代哺犊牛仅一头，选同期分娩的母牛即可，不必非用奶牛）做保姆牛，再按每头犊牛日食4～4.5 kg乳量的标准选择数头年龄和气质相近的犊牛固定哺乳，将犊牛和保姆牛管理在隔有犊牛栏的同一牛舍内，每日定时哺乳3次。犊牛栏内要设置饲槽及饮水器，以利于补饲。

c. 人工哺乳法。对找不到合适的保姆牛或奶牛场淘汰犊牛的哺乳多用此法。新生犊牛结束5～7天的初乳期以后，可人工哺喂常乳。犊牛的哺乳量可参考表1—1。哺乳时，可先将装有牛乳的奶壶放在热水中进行加热消毒（不能直接放在锅内煮沸，以防过热后影响蛋白的凝固和酶的活性），待冷却至38～40℃时哺喂，5周龄内日喂3次，6周龄以后日喂2次。喂后立即用消毒的毛巾擦嘴，缺少奶壶时，也可用小奶桶哺喂。

表1—1　不同周龄犊牛的日哺乳量　单位：kg

类别＼周龄	1～2周	3～4周	5～6周	7～9周	10～13周	14周以后	全期用奶
小型牛	4.5～6.5	5.7～8.1	6.0	4.8	3.5	2.1	540
大型牛	3.7～5.1	4.2～6.0	4.4	3.6	2.6	1.5	400

③早期补饲植物性饲料。采用随母哺乳时，应根据草场质量对犊牛进行适当的补饲，既有利于满足犊牛的营养需要，又有利于犊牛的早期断奶。

人工哺乳时，要根据饲养标准配合日粮，早期让犊牛采食以下植物性饲料：

a. 干草。犊牛从7～10日龄开始，训练其采食干草。在犊牛栏的草架上放置优质干草，供其采食咀嚼，可防止其舔食异物，促进犊牛发育。

b. 精饲料。犊牛生后 15～20 天，开始训练其采食精饲料。其精饲料配方可参考表 1—2。初喂精饲料时，可在犊牛喂完奶后，将犊牛料涂在犊牛嘴唇上诱其舔食，经 2～3 天后，可在犊牛栏内放置饲料盘，添加犊牛料任其自由舔食。因初期采食量较少，故料不应多放，每天必须更换，以保持饲料及料盘的新鲜和清洁。最初每头日喂干粉料 10～20 g，数日后可增至 80～100 g，适应一段时间后再喂以混合湿料，即将干粉料用温水拌湿，经糖化后给予。湿料给量可随日龄的增加而逐渐加大。

表 1—2　　犊牛精料配方　　比例/%

饲料名称	配方 1	配方 2	配方 3	配方 4
干草粉颗粒	20	20	20	20
玉米粗粉	37	22	55	52
糠粉	20	40	—	—
糖蜜	10	10	10	10
饼粕类	10	5	12	15
磷酸二氢钙	2	2	2	2
其他微量盐类	1	1	1	1
合计	100	100	100	100

c. 多汁饲料。从生后 20 天开始，在混合精料中加入 20～25 g 切碎的胡萝卜，以后逐渐增加。无胡萝卜，也可饲喂甜菜和南瓜等，但喂量应适当减少。

d. 青贮饲料。从 2 月龄开始喂给。最初每天 100～150 g，3 月龄可喂到 1.5～2.0 kg，4～6 月龄增至 4～5 kg。

④饮水。牛奶中的含水量不能满足犊牛正常代谢的需要，必须训练犊牛尽早饮水。最初需饮 36～37℃的温开水，10～15 日龄后可改饮常温水，1 月龄后可在运动场内备足清水，任其自由饮用。

⑤补饲抗生素。为预防犊牛腹泻，可补饲抗生素饲料。每头补饲 1 万国际单位的金霉素，30 日龄以后停喂。

2）犊牛的管理

①注意保温防寒。特别在我国北方，冬季天气严寒风大，要注意犊牛舍的保暖，防止贼风侵入。在犊牛栏内要铺柔软、干净的垫草，保持舍温在 0℃以上。

②去角。对于将来做育肥的犊牛和群饲的牛，去角更有利于管理。去角的适宜时间多在生后 7～10 天，常用的去角方法有电烙法和固体苛性钠法两种。电烙法是将电烙器加热到一定温度后，牢牢地压在角基部直到其下部组织烧灼成白色为止（不宜太久太深，以防烧伤下层组织），再涂以青霉素软膏或硼酸粉。后一种方法应在晴天且哺乳后进行，先剪去角基部的毛，再用凡士林涂一圈，以防之后药液流出，伤及头部或眼部，然后用棒状苛性钠稍湿水涂擦角基部，至表皮有微量血渗出为止。在伤口未变干前，不宜让犊牛吃奶，以免腐蚀母牛乳房的皮肤。

③母仔分栏。在小规模系养式的母牛舍内，一般都设有产房及犊牛栏，但不设犊牛

舍。在规模大的牛场或散放式牛舍，才另设犊牛舍及犊牛栏。犊牛栏分单栏和群栏两类，犊牛出生后即在靠近产房的单栏中饲养，每犊一栏，隔离管理，一般1月龄后才过渡到群栏。同一群栏犊牛的月龄应一致或相近，因不同月龄的犊牛除在饲料条件的要求上不同以外，对于环境温度的要求也不相同，若混养在一起，不便于对牛的饲养管理，对牛的健康也不利。

在不挤奶进行饲喂哺乳犊牛的牧场或舍饲牛场，不挤奶肉用母牛可固定时间和次数哺乳犊牛，如果任犊牛吸吮乳汁则会影响肉用母牛的产后恢复，有时造成乏情，从而影响母牛产后出现发情的时间，延长牛的产犊间隔。

④刷拭。在犊牛期，由于基本上采用舍饲方式，牛的皮肤易被粪及尘土所黏附而形成皮垢，这样不仅降低皮毛的保温与散热力，使皮肤血液循环恶化，而且易导致患病，为此，对犊牛每日必须刷拭一次。

⑤运动与放牧。犊牛从出生后8～10日龄起，即可开始在犊牛舍外的运动场做短时间的运动，以后可逐渐延长运动时间。如果犊牛出生在温暖的季节，开始运动的日龄还可适当提前，但需根据气温的变化掌握每日运动时间。

在有条件的地方，可以从生后第二个月开始放牧，但在40日龄以前，犊牛对青草的采食量极少，在此时期与其说是放牧不如说是运动。运动对促进犊牛的采食量和健康发育都很重要。在管理上应安排适当的运动场或放牧场，场内要常备清洁的饮水，在夏季必须有遮阴条件。

3）育成牛的饲养。犊牛断奶至第一次配种的母牛，或做种用之前的公牛，统称为育成牛。此期间是生长发育最迅速的阶段，精心的饲养管理，不仅可以获得较快的增重速度，而且可使幼牛得到良好的发育。

①育成母牛的饲养

a. 6～12月龄。为母牛性成熟期。在此时期，母牛的性器官和第二性征发育很快，体躯向高度和长度两个方向急剧生长，同时，其前胃已相当发达，容积扩大1倍左右。因此，在饲养上要求既要能提供足够的营养，又必须具有一定的容积，以刺激前胃的生长。对这一时期的育成牛，除给予优质的干草和青饲料外，还必须补充一些混合精料，精料比例占饲料干物质总量的30%～40%。

b. 12～18月龄。育成牛的消化器官更加扩大，为进一步促进其消化器官的生长，其日粮应以青、粗饲料为主，比例约占日粮干物质总量的75%，其余25%为混合精料，以补充能量和蛋白质的不足。

c. 18～20月龄。这时母牛已配种受胎，生长强度逐渐减缓，体躯显著向宽深方向发展。若饲养过丰，在体内容易蓄积过多脂肪，导致牛体过肥，造成不孕；但若饲养过于贫乏，又会导致牛体生长发育受阻，成为体躯狭浅、四肢细高、产奶量不高的母牛。因此，在此期间应以优质干草、青草或青贮饲料为基本饲料，精料可少喂甚至不喂。但到妊娠后期，由于体内胎儿生长迅速，则须补充混合精料，日喂量为2～3 kg。

如有放牧条件，育成牛应以放牧为主。在优良的草地上放牧，精料可减少30%～50%；放牧回舍，若未吃饱，则应补喂一些干草和适量精料。

育成牛在管理上首先应与大母牛分开饲养，可以拴系饲养，也可围栏圈养。每天刷拭 1～2 次，每次 5 min。同时要加强运动，促进肌肉组织和内脏器官，尤其是心、肺等呼吸和循环系统的发育，使其具备高产母牛的特征。配种受胎 5～6 个月后，母牛乳房组织处于高度发育阶段，为促进其乳房的发育，除给予良好的全价饲料外，还要采取按摩乳房的方法，以利于乳腺组织的发育，且能养成母牛温顺的性格。一般早晚各按摩一次，产前 1～2 个月停止按摩。

②育成公牛的饲养。公、母犊牛在饲养管理上几乎相同，但进入育成期后，二者在饲养管理上则有所不同，必须按不同年龄和发育特点予以区别对待。

育成公牛的生长比育成母牛快，因而需要的营养物质较多，特别需要以补饲精料的形式提供营养，以促进其生长发育和性欲的发展。对育成公牛的饲养，应在满足一定量精料供应的基础上，令其自由采食优质的精、粗饲料。6～12 月龄，粗饲料以青草为主时，精、粗饲料占饲料干物质的比例为 55∶45；以干草为主时，其比例为 60∶40。在饲喂豆科或禾本科优质牧草的情况下，对于周岁以上育成公牛，混合精料中粗蛋白质的含量以 12%左右为宜。

在管理上，育成公牛应与大母牛隔离，且与育成母牛分群饲养。留种公牛 6 月龄始戴笼头，拴系饲养。为便于管理，达 8～10 月龄时就应进行穿鼻戴环，用皮带拴系好，沿公牛额部固定在角基部，鼻环以不锈钢的最好。牵引时，应坚持左右侧双绳牵导。对烈性公牛，需用勾棒牵引，由一个人牵住缰绳的同时，另一人两手握住勾棒，勾搭在鼻环上以控制其行动。肉用商品公牛运动量不宜过大，以免因体力消耗太大影响育肥效果。对种用公牛的管理，必须坚持运动，上、下午各进行一次，每次 1.5～2.0 h，行走距离 4 km，运动方式有旋转架、套爬犁或拉车等。实践证明，运动不足或长期拴系，会使公牛性情变坏，精液质量下降，易患肢蹄病和消化道疾病等；但运动过度或使役过劳，对牛的健康和精液质量同样有不良影响。每天刷拭两次，每次刷拭 10 min。经常刷拭不但有利于牛体卫生，还有利于人牛亲和，且能达到调教驯服的目的。此外，洗浴和修蹄也是管理育成公牛的重要操作项目。

4）母牛的饲养。人们饲养肉用种母牛，期望母牛的受胎率高、泌乳性能高、哺育犊牛的能力强、产犊后返情早，期望产出的犊牛质量好，初生重、断奶重大，断奶成活率高。

①妊娠母牛的饲养。母牛妊娠后，不仅本身生长发育需要营养，还要满足胎儿生长发育的营养需要和为产后泌乳进行营养蓄积，因此，要加强妊娠母牛的饲养管理，使其能够正常产犊和哺乳。

a. 加强营养。母牛在妊娠初期，由于胎儿生长发育较慢，其营养需求较少，为此，对妊娠初期的母牛不再另行考虑，一般按空怀母牛进行饲养。母牛妊娠到中后期应加强营养，尤其是妊娠最后的 2～3 个月，加强营养显得特别重要，这期间的母牛营养直接影响着胎儿生长和本身营养蓄积。如果此期营养缺乏，容易造成犊牛初生重低，母牛体弱和奶量不足。严重缺乏营养，甚至会造成母牛流产。

舍饲妊娠母牛，要依妊娠月份的增加调整日粮配方，增加营养物质给量。对于放牧饲养的妊娠母牛，多采取选择优质草场、延长放牧时间、牧后补饲饲料等方法加强母牛营养，以满足其营养需求。在生产实践中，多对妊娠后期母牛每天补喂 1～2 kg 精饲料。同时，又要注意防止妊娠母牛过肥，尤其是头胎青年母牛，更应防止过度饲养，以免发生难产。在正常的饲养条件下，使妊娠母牛保持中等膘情即可。

b. 做好保胎。在母牛妊娠期间，应注意防止流产、早产，这一点对放牧饲养的牛群显得更为重要，实践中应注意以下几个方面：

将妊娠后期的母牛同其他牛群分别组群，单独在附近的草场放牧。

为防止母牛之间互相挤撞，放牧时不要鞭打驱赶以防惊群。

雨天不要放牧和进行驱赶运动，防止滑倒。

不要在有露水的草场上放牧，也不要让牛采食大量易产气的幼嫩豆科牧草，不采食霉变饲料，不饮带冰碴水。

对舍饲妊娠母牛应每日运动 2 h 左右，以免过肥或运动不足。要注意对临产母牛的观察，及时做好分娩助产的准备工作。

②哺乳母牛的饲养。哺乳母牛就是产犊后用其乳汁哺育犊牛的母牛。中国黄牛传统上多以役用为主，乳、肉性能较差。近年来，随着黄牛选育改良工作的不断深入，中国黄牛逐渐朝肉、乳方向发展，产生了明显的社会效益和经济效益。因此，加强哺乳母牛的饲养管理，具有十分重要的现实意义。

a. 舍饲哺乳母牛的饲养。母牛产犊 10 天内，尚处于身体恢复阶段，要限制精饲料及块茎类饲料的喂量，此期若饲料过于丰富，特别是精饲料给量过多，易造成母牛食欲不好、消化失调，加重乳房水肿或乳房炎，有时因钙、磷代谢失调而发生乳热症等，这种情况在高产母牛身上极易出现。因此，对于产犊后体况过肥或过瘦的母牛必须进行适度饲养。对体弱母牛，产后 3 天内只喂优质干草，4 天后可喂给适量的精饲料和多汁饲料，并根据乳房及消化系统的恢复状况，逐渐增加给料量，但每天增加精料量不得超过 1 kg，当乳房水肿完全消失时，饲料可增至正常。若母牛产后乳房没有水肿，体质健康、粪便正常，在产犊后的第一天就可饲喂多汁料和精料，到 6～7 天即可增至正常喂量。

头胎母牛产后饲养不当易出现酮病——血糖降低、血和尿中酮体增加，表现出食欲不佳、产奶量下降和神经症状。实践中应给予高度重视。

在饲养肉用哺乳母牛时，应正确安排饲喂次数。研究表明：2 次饲喂日粮营养物质的消化率比 3 次和 4 次饲喂低 3.4%，但却减少了劳动消耗，所以一般以日喂 3 次为宜。

b. 哺乳母牛的放牧管理。夏季应以放牧管理为主。放牧期间的充足运动和阳光浴及牧草中所含的丰富营养，可促进牛体的新陈代谢，改善繁殖机能，提高泌乳量，增强母牛和犊牛的健康。研究表明：青绿饲料中含有丰富的粗蛋白质，含有各种必需氨基酸、维生素、酶和微量元素。因此，经过放牧，牛体内血液中血红素的含量增加，机体内胡萝卜素和维生素 D 等贮备较多，从而提高了对疾病的抵抗能力。

放牧饲养前应做好以下几项准备工作：

a）放牧场设备的准备。在放牧季节到来之前，要检修房舍、棚圈及篱笆，确定水源和饮水后临时休息点，整修道路。

b）牛群的准备。包括修蹄、去角，驱除体内外寄生虫，检查牛号，母牛的称重及组群等。

c）从舍饲到放牧的过渡。母牛从舍饲到放牧管理要逐步进行，一般需 7～8 天的过渡期。母牛被赶到草地放牧前，要用粗饲料、半干贮及青贮饲料预饲，日粮中要有足量的纤维素以维持正常的瘤胃消化。若冬季日粮中多汁饲料很少，过渡期应在 10～14 天。时间上由开始时的每天放牧 2～3 h，逐渐过渡到末尾的每天 12 h。

在过渡期，为了预防青草抽搐症，春季当牛群由舍饲转为放牧时，开始一周不宜吃得过多，放牧时间不宜过长，每天至少补充 2 kg 干草，并应注意不在牧场施用过多钾肥和氨肥，应在易发本病的地方增施硫酸镁。

由于牧草中含钾多含钠少，因此要特别注意食盐的补给，以维持牛体内的钠钾平衡。补盐方法：可配合在母牛的精料中喂给，也可在母牛饮水的地方设置盐槽，供其自由舔食，还可在母牛饮水的地方设置盐槽或盐为主的舔砖，供其自由舔食。

三、羊

1. 羊常见品种的简介

（1）绵羊品种简介

1）细毛羊。所产毛为 58 支以上的同质毛。

①毛用细毛羊。我国培育品种主要有中国美利奴羊，我国引进优良品种主要有澳洲美利奴羊（原产于澳大利亚）。

②毛肉兼用细毛羊。如我国培育的新疆细毛羊、东北细毛羊。

③肉毛兼用细毛羊。如德国美利奴羊。

2）半细毛羊。所产毛为 32～58 支的同质毛。

①毛肉兼用半细毛羊。如我国引进的茨盖羊（原产于苏联）、考利代羊（原产于新西兰）。

②肉毛兼用半细毛羊。如我国引进的林肯羊（原产于英国）、罗姆尼羊（原产于英国）。

3）粗毛羊。所产毛为 32 支以下的异质羊毛。如蒙古羊、哈萨克羊、西藏羊。

4）羔皮羊。如湖羊（见图 1—9、图 1—10）、中国卡拉库尔羊。

图 1—9　湖羊（公）

图 1—10　湖羊（母）

5）裘皮羊。如滩羊。

6）肉脂羊。大尾寒羊、小尾寒羊（见图 1—11、图 1—12）、乌珠穆沁羊、阿勒泰大尾羊。

图 1—11　小尾寒羊（公）

图 1—12　小尾寒羊（母）

（2）山羊品种简介

1）奶山羊品种。世界最著名的奶山羊品种当数萨能山羊，该品种产于瑞士伯尔尼州西部的萨能山谷，1904 年我国就引进了该品种，参与了我国崂山奶山羊的培育。

我国较出名的奶山羊品种主要有西农莎能奶山羊、崂山奶山羊、关中奶山羊等。

2）普通山羊。我国比较出名的有贵州白山羊、成都麻山羊、建昌黑山羊、雷州山羊、马头山羊等。

3）肉用品种。世界著名的肉用山羊品种主要有波尔山羊（见图 1—13），国内肉山羊品种主要有南江黄羊（见图 1—14）。

图 1—13　波尔山羊

图 1—14　南江黄羊

波尔山羊原产于南非，是世界著名优质肉用品种，我国 1995 年开始引入，现已广泛用于肉羊的杂交改良。

南江黄羊是新中国成立后培育的第一个优质肉脂用羊品种，现主要分布于四川省成都市南江县，于 1996 年通过国家鉴定。

4）羔皮用与裘皮用山羊品种。我国羔皮用山羊品种主要有济宁青山羊，裘皮用品种主要有中卫山羊。

5）绒用品种羊。我国著名的绒用山羊主要有辽宁绒山羊、内蒙古绒山羊、河西绒山羊等。

6）毛用绒山羊。世界著名的品种主要有安哥拉毛用山羊。

2. 羊的饲养

（1）种公羊的饲养

1）非配种季节。种公羊应以放牧为主，结合补饲，每天每只喂精料 0.4～0.6 kg。冬季补饲优质干草 1.5～2.0 kg、青贮料及多汁料 1.5～2.0 kg，分早晚两次喂给，每天饮水不少于两次。加强放牧活动，每天游走不少于 10 km。羊舍的光线要充足，通风良好，保持干燥。

2）配种季节。配种前 45 天开始转为配种期的饲养管理。此期根据种公羊的配种数量确定补饲量。一般每只每天补饲混合精料 1～1.5 kg、骨粉 10 g、食盐 15～20 g，每天分 3 次喂给。干草任其自由采食。对日采精 3 次以上的优秀种公羊，每天加喂鸡蛋 2～3 个或牛奶 1～2 kg。

（2）母羊的饲养

1）怀孕母羊。怀孕后 2 个月开始增加精料给量。怀孕后期每天每只补干草 1～1.5 kg、精料 0.5 kg，每天饮水 2～3 次。

2）哺乳期。哺乳前期每天每只补喂精料 0.5 kg，产双羔的补 0.7 kg。哺乳中期精料减至 0.3～0.4 kg，日给量干草 3～3.5 kg，每天饮水 2～3 次。

3）空怀期。以放牧和青粗饲料为主，如膘情偏差，则应根据情况每日补饲 0.2～0.3 kg 精料。

4）饮水。要求水质干净，随时满足饮水需求，尤其是夏天，更应保证充足饮水。

（3）羊的一般饲养原则

1）喂盐。“喂羊没有巧，只要盐巴用得好。”一般每天每只喂量为 10～15 g，也可用含盐的舔砖。

2）饲料。以粗料为主，能放牧尽量放牧，放牧不能满足营养需要时，适当添加一定的精料。牧草中豆科牧草最多占 30%的比例。绵羊尽量在低平的草地放牧，山羊尽量在灌木林放牧。冬季到来前应贮备一定的干草或青贮料，以备越冬用。

3）饮水。一般每天应供应 1～2 次饮水，夏季稍多，饮水要求清洁、卫生。

四、猪

1. 猪常见品种的简介

（1）大白猪（见图 1—15、图 1—16）

图 1—15　大白猪（公）

图 1—16　大白猪（母）

1）品种形成历史。大白猪又称约克夏猪。大白猪在全世界猪种中占有重要的地位，因其既可作父本也可作母本，且具有优良的种质特征，在欧洲被誉为“全能品种”。

2）特征、生产性能及繁殖性能。特征：体大，毛色全白，少数额角皮上有小暗斑，耳大直立，背腰、腹线平直，后躯充实，前躯发育较好，平均乳头数 7 对。

生产性能：背膘厚为 1.5～2 cm，饲料利用率为 2.6～3，肥育期平均日增重 847 g，瘦肉率为 64%～68%。

繁殖性能：大白猪性成熟较晚，母猪初情期在 5 月龄左右，一般 8 月龄达 125 kg 以上时开始配种，但以 10 月龄左右配种为宜，经产母猪每窝平均总产仔数为 11.5 头。

3）优缺点及生产应用。优缺点：全能品种，适应性强，产仔数多，生长快，饲料利用率高，胴体瘦肉率高；但肢蹄疾患较多，肉质性状一般。

生产应用：三元杂交中常作为第一父本或母本，如杜洛克×（大白×长白）、杜洛克×（长白×大白）、大白×（长白×通城）、丹麦长白×（大白×太湖）、长白×（大白×金华）；国内二元杂交作父本，如与民猪、华中两头乌、大花白、皖南花猪、荣昌猪、内江猪。

（2）长白猪（见图 1—17、图 1—18）

1）品种形成历史。长白猪原名兰德瑞斯（Landrace），因体躯特长、毛色全白，故在中国通称为长白猪。丹麦兰德瑞斯猪则起源于大白猪和本地吉尔斯特型猪的杂交，是适应英国市场需要而出现的种群。兰德瑞斯猪具有遗传基础广泛的特征，主要是缘于 Landrace 品种形成时，有来源于众多欧洲国家的不同“本地猪”的遗传基础，这就是一些育种家培育高瘦肉率 Landrace 品系和高繁殖率 Landrace 品系的基础。

2）特征及生产性能。特征：全身白色，体躯长呈流线形；耳向前倾，嘴比大白猪长，颈肩秀巧，肋骨多 1～2 根，背腰特长，后躯发达，乳头数 7～8 对。

生产性能：日增重快，饲料报酬在 3 以下，胴体瘦肉率 64%～68%，初产母猪平均产仔数为 10.8 头，经产母猪平均产仔数为 11.33 头。

图 1—17　长白猪（公）

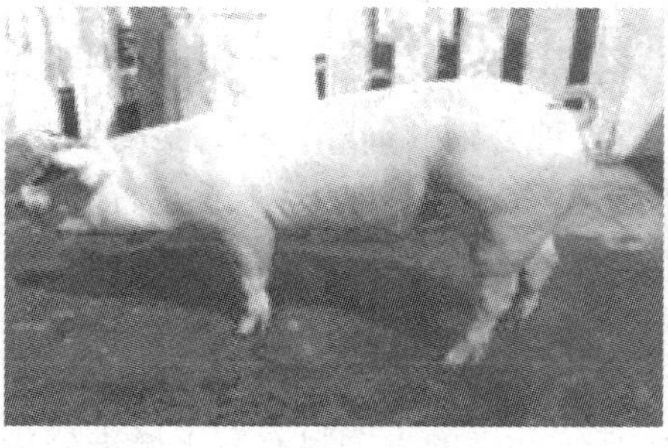

图 1—18　长白猪（母）

3）优缺点、生产应用及发展。优缺点：生长快，饲料利用率高，瘦肉率高，母猪产仔数多、泌乳力好，断奶窝重较高；但适应性差，有时有 PSE 肉，肢体比较纤细。

生产应用：在国外三元杂交中常作为第一父本或母本，国内作第一父本（二元、三元），如杜长大、长大太。在今后提高中国商品猪瘦肉率等方面，长白猪将成为一个重要父本发挥越来越大的作用。

发展：世界上培育出了许多长白猪新品系，如美系长白猪（四肢比较粗壮）、新丹系长白猪等。

（3）杜洛克猪（见图 1—19、图 1—20）

图 1—19　杜洛克猪（公）

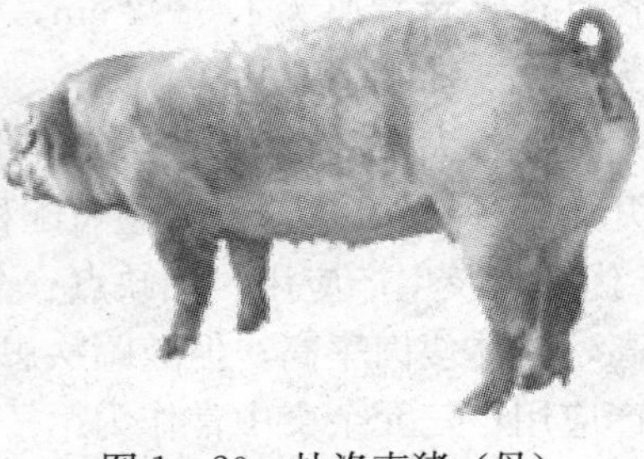

图 1—20　杜洛克猪（母）

1）品种形成历史。杜洛克猪原产地为美国东北部，其主要亲本是纽约州的杜洛克和新泽西州的泽西红。体形变化：在 18 世纪后半期和“一战”前期，强调大体形；20 世纪 20 年代，向着体格更高、更清秀的肥肉型猪发展；“二战”爆发时，缘于对猪油的需要，向大个体和高猪油产量方向选育；在 20 世纪 50 年代，猪油脂需要降低，向“瘦肉型猪”选育的时代开始。

2）特征。体形大，耳中等大、向前稍下垂，嘴粗，毛色棕红色，体躯丰满结实，四肢粗壮，耳根竖、耳尖垂（美系）。

3）生产性能、优缺点及生产应用。生产性能：产仔数 8～9 头（台系 11.25 头），培育期平均日增重 936 g，饲料报酬 2.37，瘦肉率 64%～65%。

优缺点：适应性强，日增重稳定，瘦肉率高，肌纤维较粗，肌内脂肪（IMF）较高，杂交时配合力强；但是产仔少，护仔性差，泌乳力差。

生产应用：生产中用作商品猪的主要杂交亲本，尤其是终端父本。

2. 猪的饲养

（1）种猪的饲养

1）种公猪的饲养。种公猪的日粮组成以精料为主，配合适量青饲料，少用或不用粗料，精青料比例在 1∶1.5 左右。饲料喂量应根据种公猪的年龄、体重、膘情、配种次数与食欲好坏等，个体差别区别对待。大体上体重 250～350 kg 的成年种公猪，在非配种季节日喂精料为 2～3 kg，配种期为 3～4 kg。夏秋季日喂 3 次，春冬季节日喂 2 次，晚上多喂一些，要求每顿吃完不剩料。喂料后让其充分饮水。

新鲜幼嫩的青饲料有利于增进公猪食欲，鸡蛋与饼类等是保持性机能与生产精液之必需，可适量添加。公猪承担配种时每日添加鲜鸡蛋 1～2 枚，效果良好。

2）母猪的饲养。母猪在不同阶段，其饲养技术应根据生产需要及时进行调整。

空怀期及妊娠前期：日粮以青、粗饲料为主，饲料中粗蛋白质含量达 12%～13% 即可，但饲料应多样化，能满足矿物质及微量元素的需要。一般每天应适当补充富含钙的饲料添加剂及 3～5 g 食盐，干物质进食量为体重的 2%～3%，最好采用湿拌料饲喂。

如配种前母猪体况太差，可在配种前 15～20 天采用短期优饲法——高营养、高能量方式进行饲喂，这对提高母猪的繁殖力具有明显的作用。

妊娠中后期：胎儿生长发育加快，对营养物质需求增多，尤其对蛋白质的要求相对较高，饲料中蛋白质含量应提高到 14%～15%，日粮中仍应有一定量的青绿多汁饲料和麸皮，以防止便秘。但青绿多汁饲料不可饲喂过量，防止因食入过多的饲料在体内挤压胎儿影响发育。禁喂冰冷霉变饲料，以防止流产。

哺乳期：一般日喂 3～4 次，日粮中要求有足够的青绿多汁饲料，最好能补充些动物性饲料。注意随时满足饮水的需要和禁喂霉变饲料，如母猪泌乳不足，还可加入淫羊藿等中药进行催乳。断奶前 3～5 天，要逐渐减少精料量和多汁饲料量。

根据妊娠母猪不同体况选用以下方法：

①抓两头带中间。即前期以精料为主、中期以青粗饲料为主、后期以精料为主的饲养方式。此种方式适用于膘情较差的母猪。

②前粗后精。妊娠前期以青粗饲料为主，后期逐渐增加精料量、适当减少青粗饲料。此种方式适用于膘情较好的母猪。

③步步登高。从空怀期起，日粮中精料比例及用量逐渐提高。此种方式适用于初产母猪和哺乳期的母猪。

（2）猪的饲养一般原则

1）饲料配合与调制

①科学配合日粮。以饲养标准及饲料营养为理论依据进行配合，饲料种类应多样化，既要考虑营养需要，又要考虑采食量的需要。

②饲料的形态。以颗粒料、干粉料、湿拌料、粥料均可。颗粒料、干粉料适用于机械化养猪。

③饲料的调制与处理。谷物类要经过粉碎，藤类要经过切断，野草家菜也要经过切碎。豆类在饲喂前要进行去毒处理，块根类要切碎。

2）饲喂方法

①自由采食法。将配制的饲粮投入饲料槽，昼夜不断，猪可以随意采食，这种饲喂方式称为自由采食。适用于仔猪和育肥猪。自由采食是国外养猪业普遍采用的一种饲喂方法。随着养猪规模化、专业化、集约化的迅速发展，猪的饲喂方式逐渐由传统的限制饲喂转变为自由采食。自由采食可使猪根据自身饥与饱的感觉来调整采食量和采食时间，避免由于人为饲喂不当而引起的过饥或过饱现象。同时，也可避免由于同一栏猪只大小不同以及猪采食行为存在个体差异而造成的采食不平衡现象。但是，自由采食猪由于食槽中一直保持有饲料，就猪的本性而言，如果槽中有料，一般情况下它不会采食洒于地面上的料，这就会导致饲料的浪费现象。

②限量饲喂法。此法适用于种猪。按猪的不同生长阶段所需营养物质配制符合营养需要的饲粮，每日限定饲喂时间、次数、供给量，称之为限量饲喂法。限量饲喂法可使猪保持较为旺盛的食欲，且对于猪的胃肠容积的发育也会起到促进作用，但是限量饲喂法会增加劳动强度和人工成本。

五、驴

1. 驴常见品种的简介（见图 1—21、图 1—22）

（1）德州驴。体格高大，体形紧凑，结实，结构匀称。毛色分为三粉和乌头两种，三粉为黑毛三白（鼻、眼圈和腹下），乌头为全身黑。

（2）关中驴。体格高大，结构匀称，体质结实，体形略呈长方形。毛色以黑为主。

（3）晋南驴。体格高大，体形结实紧凑。毛色以黑色居多，其次为灰色和栗色。

（4）广灵驴。体格高大，体质坚实，粗壮，结构匀称。毛色以黑化眉为主，青化眉灰、纯黑次之。

（5）佳米驴。体格中等，结构匀称，体躯呈方形。

（6）泌阳驴。属中型驴种，头直、额凸起，口方正，耳耸立，体形近似正方形。毛色为黑色，眼圈、嘴头周围和腹下为粉白色，又称三白驴。

（7）庆阳驴。体格中等，粗壮结实，体形近于正方形，结构匀称，体态美观。毛色以黑色为最多。

（8）新疆驴（包括喀什驴、库车驴、吐鲁番驴和疆岳驴）。体格矮小，结构匀称，四肢短而结实。被毛吐鲁番驴黑色、棕色居多。

图 1—21　驴（公）

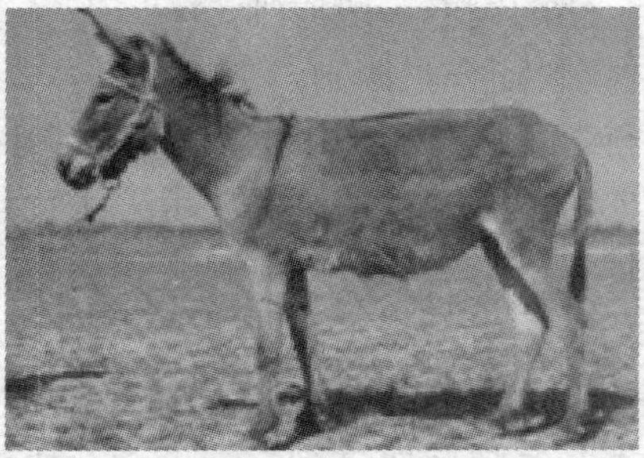

图 1—22　驴（母）

单元 1

疆岳驴（见图 1—23、图 1—24）是喀什地区 1958 年先后 8 次从陕西省引进 65 头优质关中驴种驴，以关中驴为父本、新疆驴为母本改良的后代驴，经自然交配，按照选种、配种、接驹分等级等技术手段培育出了疆岳驴这一新品种，属役肉兼用，主要分布在新疆喀什的岳普湖。2000 年，岳普湖县“疆岳”牌毛驴正式被国家商标管理局注册命名。因岳普湖县“疆岳”驴品系纯正、数量多，繁殖已成规模，2001 年岳普湖县又被农业部授予“中国毛驴之乡”。

体型外貌：体格高大，结构匀称，动作灵敏，持久力强；体形略呈长方形，头颈高扬，眼大而有神，前胸宽广，肋弓，尻短斜，体态优美；90%以上为黑毛。疆岳驴耐粗饲、适应性强、繁殖快、饲养成本低、经济效益高，且具有“三白一黑”之特点，即“白眼圈、白嘴头、白肚皮、黑身体”，既适宜于药品加工，又适宜田间耕作和作脚力，深受农民和商人们的喜爱。疆岳驴成年公驴平均体高 135.5 cm，平均体重为 314 kg；母驴平均体高 130 cm，平均体重 285 kg。其动作灵敏、持久力强、适应性强、饲养成本低。存栏 7.2 万头，年均出栏 1.29 万头，产肉约 100 t。

图 1—23　疆岳驴（公）

图 1—24　疆岳驴（公）

生产性能：在正常饲养管理条件下，1.5 岁能达到成年驴体高的 93.4%，并表现性成熟。3 岁时公、母驴均可配种。公驴以 4～12 岁配种能力最强，母驴怀胎率一般在 80%以上，怀驴驹期为 350～356 天，母驴终生产 5～8 胎。

(9) 华北驴。体质紧凑，头较清秀，四肢细而干燥。毛色复杂，灰、黑、青、苍、栗色皆有，但以灰色为主。

(10) 西南驴（川驴）。属小型驴，体质结实，头较粗重，额宽，背腰平直，被毛厚密。毛色以灰、栗毛居多。

(11) 阳原驴。体质结实干燥，结构匀称。毛色有黑、青、灰、铜 4 种，黑毛最多。

(12) 太行驴。体型多呈高方形，头大耳长，四肢粗壮。毛色以浅灰色居多，粉黑色和黑色次之。

(13) 临县驴。体格强健，体质结实，体形中等，结构匀称。毛色主要为黑色，并常带有“四白”。

(14) 库伦驴。结构紧凑，四肢粗壮有力。毛色有黑、灰两种，多数有白眼圈，乌嘴巴，腿上有虎斑。

(15) 淮北灰驴。属华北驴种。体小紧凑，四肢干燥。毛色多为灰色，有背线和鹰膀。

(16) 苏北毛驴。体形矮小，体格结实。毛色以青色居多，其次为灰色、黑色。

(17) 云南驴（属西南驴）。体质干燥结实，头较粗重，体形矮小。毛色灰色为主，黑色次之。

(18) 陕北毛驴。体质结实，头稍大、颈低平，眼小耳长，前躯低，背腰平直，尻短斜，腹部稍大，四肢干燥，关节明显，蹄质坚实。外貌不甚美观。性情温顺，吃苦耐劳，适于骑乘、拉车、驮运、碾磨等多种劳役，其驮运能力最优。毛色常见的有黑色、灰色、杂色（白灰色、红黑褐灰色、灰色、褐色），缺乏光泽，具有背线和鹰膀。

2. 驴的饲养

(1) 饲喂次数。饲喂次数取决于饲喂对象、生产目的、生长阶段、劳动组织、牧场设备等情况。一般每天饲喂 2～3 次，公驴在配种季节或在配种旺季，母驴在妊娠后期及泌（哺）乳期，应根据情况适当增喂 1～2 次/天。

饮水：有条件的牧场采用自动饮水器，也可采用水槽饮水。

（2）饲喂方式

1）喂料定时。一般早上在 8：00—9：00，中午在 12：00—13：00，下午在 17：00—18：00，可根据不同地区或生产安排适当调整。

2）给料有序。多种饲料饲喂时，一般给料顺序是：精料→青料→青贮料→多汁饲料→饮水。

3）饲料定量。各种饲料的量一旦定下来，一般不要突然增加或减少。

4）少给勤添。每次饲喂时，不要把饲料一次性投放，而是开始少放一点，等将要吃完时再添加一点，直至驴吃饱。

（3）饲料更换。每当要变换某种饲料时，应采取逐渐变化方式，即第 1 天原来的饲料占 70%、需换的饲料占 30%，第 2 天各占 50%，第 3 天原来的饲料占 30%、需换的饲料占 70%，第 4 天完全换成新饲料。

第二节　种畜管理

培训目标

→ 简要了解和掌握几种常见种畜的生殖器官基础知识。

→ 简要了解和掌握几种常见种畜繁殖管理内容。

一、马

1. 马的生殖器官

公马睾丸为长椭圆形，其长轴与躯干平行；阴茎呈两侧稍扁的圆柱状。

母马卵巢（见图 1—25）形如蚕豆，具有排卵窝（马类特有），卵泡均在凹陷中破裂排出卵子。卵巢长 4 cm，宽 3 cm，厚 2 cm。子宫为双角子宫，子宫大部分位于腹腔，小部分位于骨盆腔，背侧为直肠，腹侧为膀胱，前接输卵管，后接阴道，借助于子宫阔韧带悬于腰下腹腔。

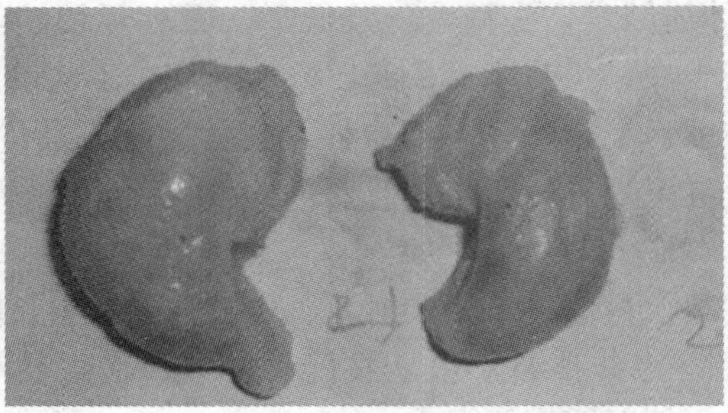

图 1—25　母马卵巢

2. 马的生物学特性

不同品种的马体格大小相差悬殊。重型品种体重达 1 200 kg，体高 200 cm，所谓袖珍矮马仅高 60 cm。头面平直而偏长，耳短。四肢长，骨骼坚实，肌腱和韧带发育良好，附有掌枕遗迹的附蝉（俗称夜眼），蹄质坚硬，能在坚硬地面上迅速奔驰。毛色复杂，以骝、栗、青和黑色居多；被毛春、秋季各脱换一次。汗腺发达，有利于调节体温，不畏严寒酷暑，容易适应新环境。胸廓深广，心肺发达，适于奔跑和高强度劳动。

食道狭窄，单胃，大肠特别是盲肠异常发达，有助于消化吸收粗饲料。无胆囊，胆管发达。牙齿咀嚼力强，切齿与臼齿之间的空隙称为受衔部，装勒时放衔体，以便驾驭；根据牙齿的数量、形状及其磨损程度可判定年龄。听觉和嗅觉敏锐。

两眼距离大，视野重叠部分仅有 30%，因而对距离判断力差；同时眼的焦距调节力弱，对 500 m 以外的物体只能形成模糊图像，而对近距离物体则能很好地辨别其形状和颜色。头颈灵活，两眼可视面达 330°～360°。眼底视网膜外层有一层照膜，感光力强，在夜间也能看到周围的物体。

马易于调教。通过听、嗅和视等感觉器官，能形成牢固的记忆。4～5 岁成年，平均寿命 30～35 岁，最长可达 60 余岁。使役年龄为 3～15 岁，有的可达 20 岁。

3. 种马繁殖管理

（1）畜舍卫生消毒。消毒是指清除或杀灭外环境中的病原微生物及其他有害微生物，达到预防和阻止疫病发生、传播和蔓延的目的。主要有以下方法：

1）机械消毒。机械消毒是指通过清扫、洗刷、通风和过滤等手段机械清除带有病原体废弃物的方法，是最普通、最常用的消毒方法。但它不能杀死病原体，必须配合其他消毒方法，才能取得良好的消毒效果。

①准备

a. 器械。扫帚、铁锹、清扫机、污物桶、喷雾器、水枪等。

b. 防护用品。雨靴、工作服、口罩、防护手套、毛巾、肥皂等。

②操作方法

a. 清扫。用清扫器具清除畜舍的粪便、垫料、尘土、废弃物等污物。清扫要全面彻底，不遗漏任何地方。

b. 洗刷。对水泥地面、地板、饲槽、水槽、用具或畜体等用清水或消毒液进行洗刷，或用喷水枪冲洗。冲洗要全面彻底。

c. 通风。一般采取开启门窗和用换气扇排风等方法进行通风。通风不能杀死病原体，但能使畜舍内空气清洁、新鲜，减少空气病原体对家畜的侵袭。

d. 空气过滤。在畜舍的门窗、通风口等处安装过滤网，阻止粉尘、病原微生物进入畜舍。

2）焚烧消毒。焚烧消毒是直接将废弃物进行焚烧或在焚烧炉内焚烧。该方法主要是对病死家畜、垫料、污染物品等进行消毒处理。

3）火焰消毒

①准备

a. 器械。火焰喷灯或火焰消毒机、汽油、煤油或酒精等。

b. 防护用品。手套、防护眼镜、工作服等。

②操作方法

a. 消毒对象是畜舍墙壁、地面、用具、设备等耐烧物品。

b. 将装有燃料的火焰喷灯或火焰消毒机用电子打火或人工打火点燃。

c. 用喷出的火焰对被消毒物进行烧灼，消毒时一定要按顺序进行，以免遗漏，但不要烧灼过久，防止消毒物品损坏和引起火灾。

4）煮沸消毒。煮沸消毒温度一般不超过100℃。杀灭繁殖体类微生物，只要几分钟即可，但要达到灭菌则往往需要较长的时间，一般应煮沸20～30 min。各种耐煮物品及金属器械均可采用煮沸消毒。

5）化学消毒。化学消毒是指用化学药物杀灭或抑制病原微生物的方法，是常用的消毒法。常用消毒方法有：洗刷、浸泡、喷洒、熏蒸、擦拭、拌和及撒布等。

①准备。消毒器械喷雾器、抹布、刷子、天平、量筒、容器、消毒池、加热容器、温（湿）度计等。

②消毒药品。根据消毒目的选择消毒剂。选择的消毒剂必须具备抗菌谱广、对病原体杀灭力强、性质稳定、维持消毒效果时间长、对人畜毒性小、价廉易得、运输保存和使用方便、对环境污染小等特点。使用化学消毒剂时要考虑病原体对不同消毒剂的抵抗力、消毒剂的杀菌谱、有效使用浓度、作用时间、对消毒对象及环境温度的要求等。

③防护用品。防护服、防护镜、高筒靴、口罩、橡皮手套、毛巾、肥皂等。

④消毒液的配制。根据消毒面积或体积、消毒目的，按说明正确计算溶质和溶剂的用量，按要求配制。

⑤消毒方法。根据消毒对象和目的采取不同的方法。

a. 洗刷。用刷子蘸消毒液刷洗饲槽、水槽、用具等设备，洗刷后用清水清洗干净。

b. 浸泡。将需要消毒的物品浸泡在装有配制好的消毒液的消毒池中，按规定浸泡一定时间后取出。如将各种器具浸泡在0.5%～1%新洁尔灭（苯扎溴铵）中消毒。浸泡后用清水清洗。

c. 喷洒。喷洒消毒是用喷雾器或喷壶对需要消毒的对象（畜舍地面墙壁、道路等）进行喷洒消毒。畜舍喷洒消毒一般以“先里后外、先上后下”的顺序为宜，即先对畜舍的最里头、最上面（顶棚或天花板）喷洒，然后对墙壁、设备和地面仔细喷洒，从里到外逐渐到门口。水泥地面、棚顶、墙壁等，每平方米用药量控制在800 mL；土地面、土墙壁等，每平方米用药量控制在1 000～1 200 mL；设备每平方米用药量控制在200～400 mL。

d. 熏蒸。先将需要熏蒸消毒的场所彻底清扫、冲洗干净，关闭所有门窗、排气孔。将盛装消毒剂的容器均匀摆放在要消毒的场所内，如场所长度超过50 m，应每隔20 m放一个容器。根据消毒空间大小计算消毒药的用量进行熏蒸。

高锰酸钾和福尔马林：用高锰酸钾和福尔马林混合熏蒸进行畜舍消毒时，一般每立方米用高锰酸钾7～25 g、福尔马林14～47 mL、水7～25 mL，熏蒸12～24 h。如果反应完全，剩下的是褐色干燥残渣；如果残渣潮湿，说明高锰酸钾用量不足；如果残渣呈紫色，说明高锰酸钾加得太多。

过氧乙酸：过氧乙酸熏蒸消毒使用浓度是3%～5%，每立方米2.5 mL，在相对湿度60%～80%条件下，熏蒸1～2 h。

固体甲醛：固体甲醛熏蒸消毒按每立方米3～5 g用量，置于耐烧容器中，放在热源上加热，当温度达到20℃以上时即可发出甲醛气体。

（2）繁殖配种记录

1）种公马档案卡。档案应记录：种公马本身的品种名称、个体号、亲本号、出生时间，出生体重、断奶体重、出场体重，出场时已进行的预防注射。卡片要求加盖有效公章。

2）种公马供精记录。从种公马开始正常进行采精起，每一次都要进行如实记录，内容包括采精时间、采精量、pH值、色泽气味、活力、密度、相关技术员的签名等。

3）种母马档案卡。内容包括品种名称、个体号、亲本号、出生时间，出生体重、断奶体重、出场体重，乳头数，防疫注射记录等。卡片要求加盖有效公章。

4）种母马种用生产记录卡。主要包括个体号、品种、胎次、出生日期、产地、配种方法、与配公马体号、公马品种、配种日期、预产期、实产期、所产后代初生重、断奶重、断奶日期。

5）配种成绩记录表。包括与配母马数、受胎头数、受胎率等。

6）母马发情及输精记录表。包括发情时间、输精时间、输精次数等。

二、牛

1. 牛的生殖器官

（1）母牛的生殖器官

1）牛的卵巢（见图1—26）。外形为稍扁的椭圆形，位于子宫角尖端的外侧，耻骨前缘附近，但随胎次的增加逐渐前移进入腹腔。性成熟后牛的卵巢体积增大，长、宽、厚分别约为2.5 cm、2 cm和1.5 cm，卵巢中央为髓质，周围为皮质，表面盖有上皮。大卵泡直径可达1.5～2.0 cm，排卵后形成黄体。卵泡（见图1—27）和黄体（见图1—28）都部分凸出于卵巢表面。

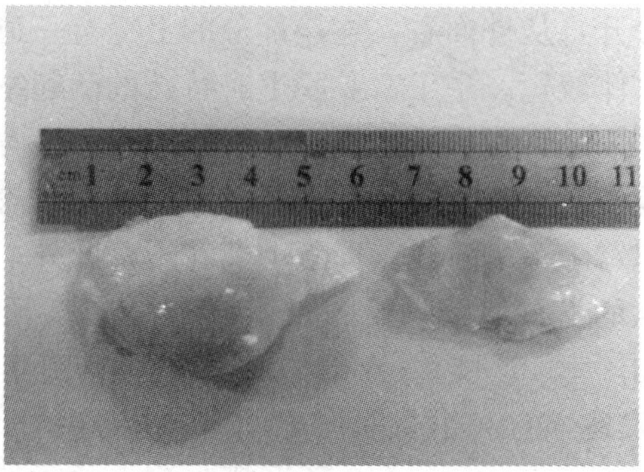

图1—26 牛卵巢

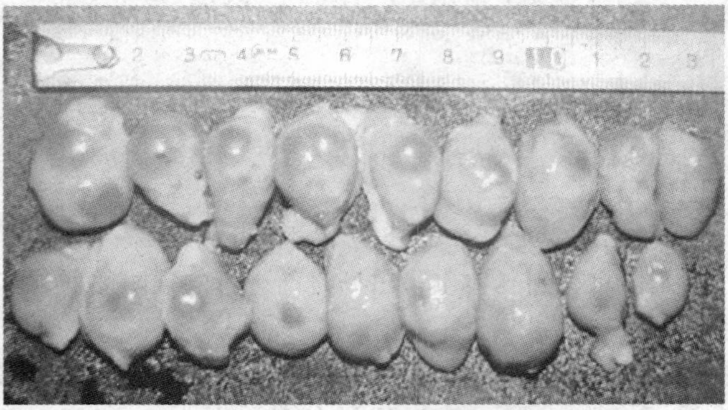

图 1—27　牛卵巢和卵巢上的卵泡

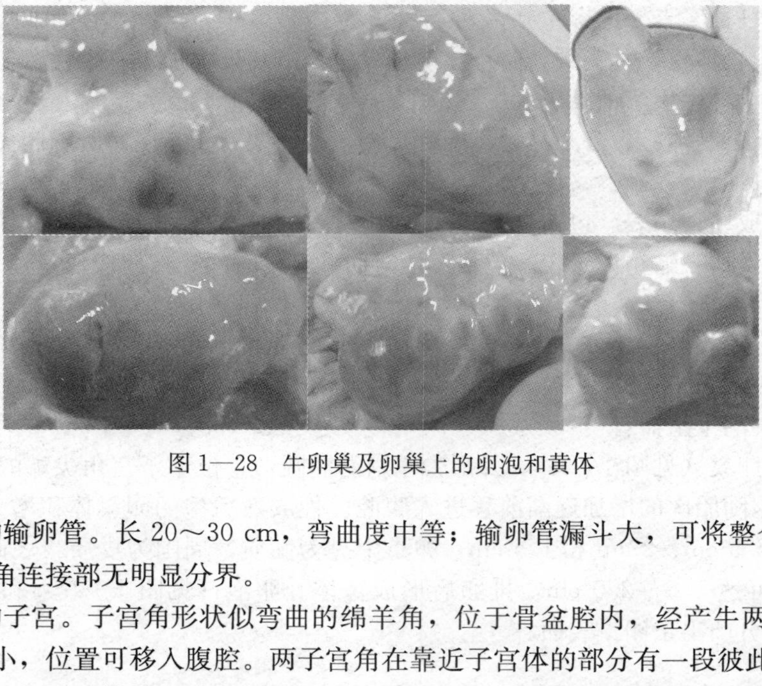

图 1—28　牛卵巢及卵巢上的卵泡和黄体

2）牛的输卵管。长 20～30 cm，弯曲度中等；输卵管漏斗大，可将整个卵巢包裹，末端与子宫角连接部无明显分界。

3）牛的子宫。子宫角形状似弯曲的绵羊角，位于骨盆腔内，经产牛两子宫角常一侧大、一侧小，位置可移入腹腔。两子宫角在靠近子宫体的部分有一段彼此相连，中间有一纵隔将它们的腔体分开，从外面看，连接部分的上缘有一道明显的纵沟（角间沟），直肠检查时可摸到。子宫体较短。牛子宫黏膜上有特殊的凸起结构，称为子宫阜（见图 1—29），其数目为 80～120 个，一般排成 4 列，妊娠时它们发育成母体胎盘。牛子宫颈粗而坚硬，可作为直肠检查时寻找子宫的起点及标志的结构，管腔关闭也较紧密。子宫颈突入阴道形成膣部，但穹隆下侧较浅，形状似菊花瓣。此外，牛子宫颈管道内有彼此契合的小的纵行皱襞和大的横行皱襞（见图 1—30），使子宫颈管成为螺旋状。牛的子宫颈发达，青年牛（见图 1—31）长 5～6 cm，经产牛（见图 1—32）约 8 cm，壁厚可达 3 cm。子宫颈环状肌发达，它和纵行肌层之间有一层稠密的血管网，破裂时出血很多。黏膜呈白色，它与环形肌形成 3～4 个环形褶，褶上的黏膜又集拢成许多纵皱襞，皱襞彼此契合，使子宫颈管呈螺旋状并紧密闭合，妊娠时封闭更紧密，发情时也仅可开放为一弯曲的细管，人工扩张极为困难。黏膜上还有许多低的纵皱襞。子宫颈黏膜上的黏液腺发达，发情时可分泌大量的黏液。

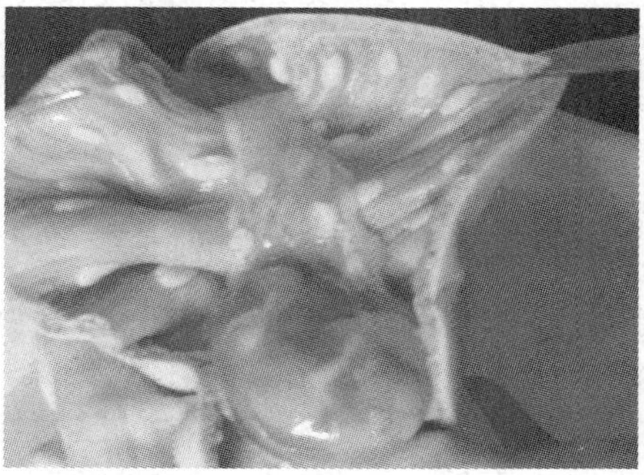
图 1—29　牛子宫阜（子叶）

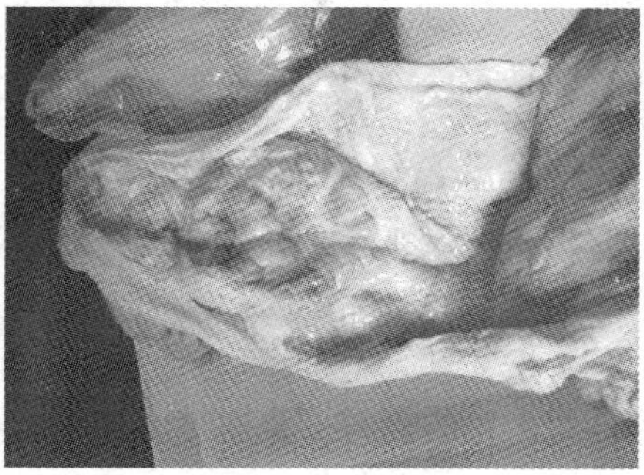
图 1—30　子宫颈环形皱襞

图 1—31　后备母牛生殖器官

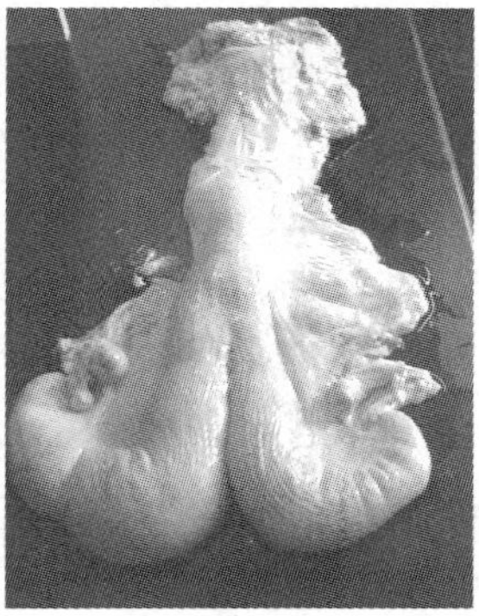
图 1—32　经产母牛生殖器官

（2）公牛的生殖器官。公牛的生殖器官包括：性腺（睾丸和阴囊）；输精管，即附睾、输精管和尿生殖道；副性腺，即精囊腺、前列腺和尿道球腺；外生殖器，即阴茎和包皮。

睾丸呈长卵圆形，成对，分别在阴囊的两个腔内。牛睾丸的长轴与地面垂直。附睾分头、体、尾三部分，在睾丸的后外缘，头朝上、尾朝下。附睾头膨大，主要由睾丸输出管与附睾管组成。附睾管是一条长而弯曲的小管，构成附睾体和附睾尾，在附睾尾处管径增大延续为输精管。输精管和通向睾丸的血管、淋巴管、神经和提睾肌等包裹于睾丸系膜内而组成精索。输精管的肌肉层较厚，交配时输精管通过强有力的收缩将精子通过尿生殖道排出体外。

尿生殖道是尿和精液的共同排出管道，分为两部分：一是骨盆部，由膀胱颈直达坐骨弓，位于骨盆底部，为一长圆柱形管，外面包有尿道肌；二是阴茎部，阴茎海绵体腹部的尿道沟外面包有尿道海绵体和球海绵肌。在坐骨弓处，尿道阴茎部在左右阴茎脚之间稍膨大形成尿道球。射精时，从壶腹聚集来的精子在尿道骨盆部与副性腺的分泌物混合，在膀胱颈的后端有一个榛子大的隆起，即精阜。精阜由海绵组织构成，射精时可以关闭膀胱，从而阻止精液倒流进入膀胱。

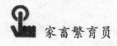

牛的阴茎呈圆柱状，细而长，阴茎体在阴囊后方形成乙状弯曲，勃起时伸直，阴茎头尖而扭转。阴茎前端膨大部叫龟头，牛的龟头较尖，略呈扭转形。包皮是由皮肤凹陷而发育成的皮肤褶。在不勃起时，阴茎头位于包皮腔内，具有容纳和保护阴茎头的作用。包皮内容易侵入污染物，采精时要注意清洗，防止污染精液、影响精液品质和造成母牛子宫炎症。

2. 牛的生物学特性

（1）耐寒不耐热。牛体形较大，单位体重的体表面积小，皮肤散热比较困难，因此比较怕热，但具有较强的耐寒能力。在－18℃的环境中，乳牛也能维持正常的体温，但低温时，牛需采食大量的饲料来维持一定的生产力水平。高温时，牛的采食量会大幅度下降，导致肉牛的生长发育速度减慢和乳牛的泌乳量明显下降。高温对牛的繁殖性能也有很大的影响，可使公牛的精液品质和母牛的受胎率降低。因此，生产中必须采取防暑降温措施以减少高温对牛的影响，并避免在盛夏时采精和配种。

（2）反刍与嗳气。牛是反刍动物，有 4 个胃，即瘤胃、网胃、瓣胃和皱胃。前三个胃没有腺体，又称前胃；只有皱胃能分泌胃液，又称真胃。

牛无门齿和犬齿，靠高度灵活的舌把草卷入口中，并借助头的摆动将草扯断，匆匆咀嚼后即吞咽入瘤胃。休息时，瘤胃中经过浸泡的食团通过逆呕重回到口腔，经过重新咀嚼并混入唾液后再吞咽入瘤胃，这个过程称为反刍。瘤胃寄居着大量的微生物，是饲料发酵的主要场所，故有“天然发酵罐”之称。进入瘤胃的饲料在微生物的作用下，不断发酵产生挥发性脂肪酸和各种气体（如 CO_2、CH_4、NH_3 等），这些气体由食管进入口腔后吐出的过程称为嗳气。当牛采食大量带有露水的豆科牧草和富含淀粉的根茎类饲料时，瘤胃发酵急剧上升，所产生的气体超过嗳气负荷时，就会出现臌气，如不及时救治，会使牛窒息而死。

（3）食管沟反射。食管沟始于贲门，延伸至网瓣胃口，是食道的延续，收缩时呈一个中空闭合的管子。它使食管直接和瓣胃相通。犊牛哺乳时，引起食管沟闭合，称食管沟反射。这样可防止乳汁进入瘤网胃中由细菌发酵而引起腹泻。

（4）群居性与优势序列。牛喜群居。牛群在长期共处过程中，通过相互交锋，可以形成群体等级制度和优势序列。这种优势序列在规定牛群的放牧游走路线，按时归牧，有条不紊进入挤奶厅以及防御敌害等方面都有重要意义。

（5）食物特性与消化率。牛是草食动物，放牧时喜食高草。在草架上吃草有往后甩的动作，故对饲草的浪费很大。应根据这一采食行为采取合适的饲喂设施和方法。牛喜食青绿饲料和块根饲料，喜食带甜、咸味的饲料，但通过训练能大量采食带酸性成分的饲料。

（6）生殖特性。牛是常年发情的家畜，发育正常的后备母牛在 18 月龄左右时就可进行初配。母牛发情周期为 18～24 天，平均 21 天，妊娠期为 280 天。种公牛一般从 1.5 岁开始利用。

3. 种牛的繁殖管理

（1）畜舍环境和卫生消毒。消毒的主要方法与上面叙述部分相同。

（2）繁殖配种记录。母牛的发情及配种记录表格式可参考表 1—3。

表 1—3　　　　　　　　　　母牛发情及配种记录表

发情鉴定日期	输精			种公牛号	输精量	精子活力	日期	结果	预产期	实产期	胎次	犊牛		
	月	日	时									编号	性别	初生重

三、羊

1. 羊的生殖器官

（1）公羊的生殖器官。包括：睾丸、附睾、输精管、尿生殖道、精囊腺、前列腺、尿道球腺及输精管壶腹部和阴茎、阴囊。公羊的生殖器官有产生精子、分泌雄激素以及将精液运入母羊生殖道等作用。

1）睾丸。睾丸是产生精子的场所，也是合成和分泌雄性激素的器官，它能刺激公羊的生长发育，促进第二性征及副性腺发育等。

2）附睾。附睾位于睾丸的背后缘，分头、体、尾三部分。附睾头和尾部比较大，体部较窄。附睾是精子贮存和最后成熟的场所，也是排出精子的管道。此外，附睾管口上皮稀薄分泌物可供给精子营养和运动所需的物质。

3）输精管。精子由附睾排出的通道。

4）副性腺。副性腺包括精囊腺、前列腺和尿道球腺。

5）阴茎。公羊交配的器官，主要由海绵体构成。公羊必须先有阴茎勃起才能有正常的射精。

6）阴囊。位于体外，主要作用是保护睾丸及调节睾丸处于合适的温度。

（2）母羊的生殖器官。主要由卵巢、输卵管、子宫、阴道及外生殖道等部分组成。

1）卵巢。卵巢是母羊生殖器官中最重要的生殖腺体，位于腹腔的下后方，由卵巢系膜悬在腹腔靠近体壁处，左右各一个。主要功能是生产卵子和分泌雌激素。

2）输卵管。位于卵巢和子宫之间，为一弯曲的小管，管壁较薄。其主要功能是精子和卵子受精结合和开始卵裂的地方，并将受精卵送到子宫。

3）子宫。子宫为一膜囊，位于骨盆腔前部、直肠下方和膀胱上方。其主要生理功能：一是发情时，子宫借助肌纤维有节奏且强有力的阵缩运送精子；二是分娩时，子宫通过强有力的阵缩排出胎儿；三是胎儿生长发育的场所；四是在发情期前，子宫内膜分泌的前列腺素对卵巢黄体有溶解作用，使黄体机能减退，并在促卵泡素的作用下引起母羊发情。

4）阴道。阴道为一富有弹性的肌肉腔体，是交配器官、产道和尿道。阴道平时的功能是排尿，发情时交配、接纳精液，分娩时为胎儿产出的产道。

2. 羊的生物学特性

（1）合群性。羊的合群性较强，这是在长期进化的过程中，为适应生存和繁衍而形成的一种生物学特性。绵羊是一种性情温和、缺乏自卫能力、习惯群居栖息、警觉灵敏、觅食力强、适应性广的小反刍动物。

（2）喜高燥厌潮湿。绵、山羊均适宜在干燥、凉爽的环境中生活。

（3）抗病力强。绵、山羊均有较强的抗病力。只要搞好定期的防疫注射和驱虫，给足草、料和饮水，满足营养需要，羊是很少生病的。

（4）适应性广。羊的适应性，通常是指耐粗饲、耐热、耐寒和抗灾度荒等方面的特性。

（5）母性强。羊的母性较强。分娩后，母羊会舔干羔羊体表的羊水，并熟悉羔羊的气味。母仔关系一经建立就比较牢固。

3. 种羊的繁殖管理

（1）建立消毒卫生管理制度。能根据实际需要选择合适的消毒方法（具体消毒方法同上）。

（2）繁殖配种记录。建立表格包括种公羊采精及冻精生产记录（见表1—4）、母羊人工授精记录（见表1—5）、母羊配种繁殖记录（见表1—6），及时填写整理。

表1—4　　种公羊采精及冻精生产记录

品种：　　　公羊号：　　　出生日期：

采精日期（年月日）	精液编号	采精量（mL）	颜色	活力	密度	稀释倍数	稀释后活力	冻精生产数	冻后活力	备注

表1—5　　母羊人工授精记录

畜主	村（场）	羊号	羊发情情况		配种情况				备注
			发情时间	黏液状况	输精日期	公羊号	输精剂量	精液活力	

表1—6　　母羊配种繁殖记录

编号	配种前体重（kg）	第一情期		第二情期		第三情期		预产期	实际分娩日期	产羔				备注
		种公羊号	日期	种公羊号	日期	种公羊号	日期			羔羊号	性别	羔羊号	性别	

四、猪

1. 猪的生殖器官

（1）母猪的生殖器官

1）性腺（卵巢）。卵巢附在卵巢系膜上，其附着缘上有卵巢门，血管、神经由此出入。初生仔猪的卵巢类似肾脏，色红，一般是左侧稍大；接近初情期时，表面出现许多小卵泡很像桑葚；初情期和性成熟以后，猪卵巢上有大小不等的卵泡、红体或黄体凸出于卵巢表面，凹凸不平，像一串葡萄。卵巢组织分皮质部和髓质部，外周为皮质部，中间为髓质部，两者的基质都是结缔组织。这种结缔组织在皮质的外面形成一层膜，叫白膜。白膜外面盖有一层生殖上皮。皮质部有卵泡，卵子便在卵泡中发育。髓质部内有大量的血管、淋巴管和神经。

2）生殖道。包括输卵管、子宫、阴道。

①输卵管。输卵管是卵子进入子宫的通道，包在输卵管系膜内，长 10～15 cm，有许多弯曲。管的前半部或前 1/3 段较粗，称为壶腹部，是卵子受精的地方。其余部分较细，称为峡部，管的前端（卵巢端）接近卵巢，扩大呈漏斗状，叫作漏斗部。漏斗边缘上有许多皱褶和凸起，称为伞，包在卵巢外面，可以保证从卵巢排出的卵子进入输卵管内，到壶峡连接部，将精子由峡部运送到壶腹部。输卵管是精子获能、卵子受精和受精卵卵裂的场所。

②子宫。子宫包括子宫角、子宫体及子宫颈三部分（见图 1—33、图 1—34）。猪的子宫属双角子宫，子宫角形成很多弯曲，长 1～1.5 m，很似小肠，两角基部之间的纵隔不很明显，子宫体长 3～5 cm。子宫颈是由阴道通向子宫的门户，前端与子宫体相通，为子宫内口，后端与阴道相连，其开口为子宫外口。猪的子宫颈长达 10～18 cm，内壁上有左右两排彼此交错的半圆形凸起。子宫颈后端逐渐过渡为阴道，没有明显的阴道部。

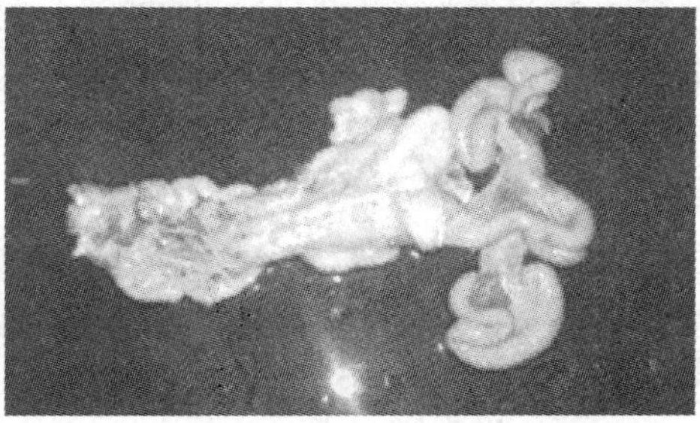

图 1—33　母猪生殖器官（一）

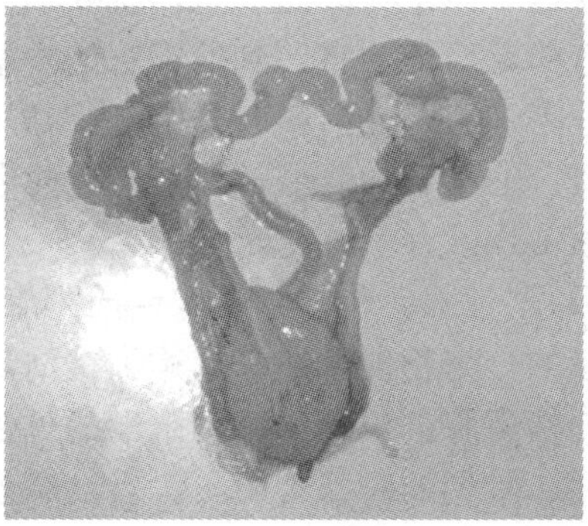

图 1—34　母猪生殖器官（二）

③阴道。阴道位于骨盆腔，背侧为直肠，腹侧为膀胱和尿道，呈一扁平缝隙。其前接子宫、后接尿生殖道前庭，以尿道外口和阴瓣为界，猪阴道长度为 10～15 cm。阴道既是交配器官，又是分娩时的产道。

3）外生殖器官。包括尿生殖道前庭、阴唇、阴蒂。

①尿生殖道前庭。尿生殖道前庭是从阴瓣到阴门裂的短管，前高后低，稍倾斜。前庭大腺开口于侧壁小盲囊，前庭小腺不发达，开口于腹侧正中沟。尿生殖道前庭既是产道、尿道，又是交配器官。

②阴唇。阴唇构成阴门的两侧壁，为尿生殖道的外口，位于肛门下方。两阴唇间的开口为阴门裂，阴唇的外面是皮肤、内为黏膜，两者之间有阴门括约肌及大量结缔组织。

③阴蒂。阴蒂位于阴门裂下角的凹窝内，由海绵体构成，具有丰富的感觉神经末

梢，为退化了的阴茎。马的最发达，猪的长而弯曲，末端为一小圆锥形。

（2）公猪的生殖器官。性腺：睾丸；输精管道：附睾、输精管、尿生殖道；副性腺：精囊腺、前列腺、尿道球腺；尿生殖道、阴茎、包皮。

1）性腺（睾丸）。睾丸是具有内外分泌双重机能的性腺，为长卵圆形，睾丸的长轴倾斜，前低后高。睾丸分散在阴囊的两个腔内。在胎儿期一定时期，睾丸才由腹腔下降入阴囊内。如果成年公猪有时一侧或者两侧并未下降入阴囊，称为隐睾。隐睾睾丸的分泌机能虽未受到损害，但睾丸对一定温度的特殊要求不能得到满足，从而影响生殖机能。如系双侧隐睾，虽多少有点性欲，但无生殖力。

2）输精管道。包括附睾、输精管、尿生殖道。

①附睾。附睾附着于睾丸的附着缘，分头、体、尾三部分。睾丸输出管在附睾头部汇成附睾管。附睾管极度弯曲，其长度约 12～18 m，管腔直径 0.1～0.3 mm。管道逐渐变粗，最后过渡为输精管。附睾管壁很薄，其上皮细胞具有分泌作用，分泌物呈弱酸性，同时具有纤毛，能向附睾尾方向摆动，以推动精子移行。附睾尾部很粗大，有利于贮存精子。附睾管的管壁包围一层环状平滑肌，在尾部很发达，有助于在收缩时将浓密的精子排出。

②输精管。输精管是由附睾管延伸而来，沿腹股沟管到腹腔，折向后方进入盆腔。输精管是一条壁很厚的管道，主要功能是将精子从附睾尾部运送到尿道。输精管的开始部分弯曲，后即变直，到输精管的末端逐渐形成膨大部，称为输精管壶腹，其壁含有丰富的分泌细胞，在射精时具有分泌作用。输精管在接近膀胱括约肌处，通过一个裂口进入尿道。输精管的肌层较厚，交配时收缩力较强，能将精子排送入尿生殖道内。在输精管内通常也贮存一些精子。

3）副性腺。包括精囊腺、前列腺、尿道球腺。射精时，它们的分泌物，加上输精管壶腹的分泌物混合在一起称为精清，与精子共同组成精液。

①精囊腺。位于输精管末端的外侧，呈蝶形覆盖于尿生殖道骨盆部前端。分泌物为弱碱性、黏稠的胶状物质，含有高浓度的球蛋白、柠檬酸、酶以及高含量还原性物质，如维生素 C 等；其分泌物中的糖蛋白为去能因子，能抑制顶体活动，延长精子的受精能力。其主要生理作用是提高精子活动所需能源（果糖），刺激精子运动，其胶状物质能在阴道内形成栓塞，防止精液倒流。

②前列腺。位于精囊腺的后方，由体部和扩散部组成。体部为分叶明显的表面部分，扩散部位于尿道海绵体的尿道肌之间。其分泌物为无色、透明的液体，呈碱性，有特殊的臭味。其含有果糖、蛋白质、氨基酸及大量的酶，如糖酵解酶、核酸酶、核苷酸酶、溶酶体酶等，对精子的代谢起一定作用。分泌物中含有抗精子凝集素的结合蛋白，能防止精子头部互相凝集，还含有钾、钠、钙的柠檬酸盐和氯化物。其生理作用是中和阴道酸性分泌物，吸收精子排出的二氧化碳，促进精子的运动。

③尿道球腺。位于尿生殖道骨盆部后端，是成对的球状腺体。猪的尿道球腺特别发达，呈棒状。尿道球腺分泌物为无色、清亮的水状液体，pH 为 7.5～8.5。其生理作用为在射精前冲洗尿生殖道内的剩余尿液，进入阴道后可中和阴道酸性分泌物。

4）尿生殖道、阴茎及包皮。尿生殖道是排精和排尿的共同管道，分骨盆部和阴茎两个部分，膀胱、输精管及副性腺体均开口于尿生殖道的骨盆部。

阴茎是公畜的交配器官，分阴茎根、阴茎体和阴茎头三部分。猪的阴茎较细，在阴囊前形成S状弯曲，龟头呈螺旋状，并在一浅沟内。阴茎勃起时，此弯曲即伸直。

包皮是由皮肤凹陷而发育成的皮肤褶。在不勃起时，阴茎头位于包皮腔内。猪的包皮腔很长，有一憩室，内有异味的液体和包皮垢，采精前一定要排出公猪包皮内的积尿，并对包皮部进行彻底清洁。在选留公猪时应注意，包皮过大的公猪不要留做种用。

2. 猪的生物学特性

（1）性成熟早，多胎高产，世代间隔短，繁殖力强。猪一般4～6月龄性成熟，7～8月龄便可以初次配种。妊娠期114天，年产两胎以上，每胎可产活仔10头左右。

（2）生长发育迅速，蓄积脂肪能力强。猪的生长速度快，6月龄以后利用饲料转化为体脂的能力特别强。

（3）分布广，适应性强；食性广，饲料利用率高。猪是杂食动物，对饲料的利用能力强，饲料转化率高（仅次于鸡）。

（4）听觉、嗅觉、触觉灵敏，视觉不发达。猪的听觉灵敏，能鉴别声音的强烈程度、音调和节律，饲养员可以对猪进行调教。猪的嗅觉灵敏，能嗅到地下很深的食物。猪的视觉弱，对光线的强弱和物体的形象判断能力差，辨色能力也很差。

（5）小猪怕冷，大猪怕热。仔猪皮下脂肪薄，体温调节能力差。大猪汗腺不发达、脂肪层厚，阻止了体内热量向外散发，主要靠呼吸散热。由于猪的皮肤层薄、被毛稀少，对阳光照射的防护能力也差。

（6）定居漫游，群居位次明显。猪具有合群性，同时竞争性也非常明显。

（7）讲卫生、喜爱清洁，定点排便。加强对猪的调教，使之吃、睡、排粪尿“三点定位”，以便做好圈内清洁工作。

3. 种猪的繁殖管理

（1）建立消毒卫生防疫管理制度，并且根据实际需要选择合适的消毒方法。具体消毒方法同上。

（2）种猪的生产、配种等应记录在笔记本或猪舍日志上，这些原始记录应有专门人员负责，对原始记录要进行收集整理并妥善保管。针对种猪的主要有采精记录、公猪登记卡、配种记录、母猪繁殖产仔记录等。

单元测试题

一、名词解释

1. 睾丸　　2. 长白猪

二、填空题（请将正确答案填在横线空白处）

1. 公羊的生殖器官包括：睾丸、________、输精管、尿生殖道、精囊腺、________、尿道球腺及输精管壶腹部和阴茎。

2. 对猪而言，自由采食法适用于________和________。

3. 我国著名的绒用山羊主要有________、________、________等。

4. 我国培育的优良肉用牛品种有________和________。

5. 母畜的生殖器官由________、________、________、________和________组成。

三、简答题

1. 简述羊的一般饲养原则。

2. 简述乳用品种牛体型具有的典型“三角形”特点。

单元测试题答案

一、名词解释

1. 睾丸是产生精子的场所，也是合成和分泌雄性激素的器官，它能促进生长发育，促进第二性征及副性腺发育等。

2. 原名兰德瑞斯，因体躯特长、毛色全白，故在中国通称为长白猪。

二、填空题

1. 附睾、前列腺　　2. 仔猪、育肥猪　　3. 辽宁绒山羊、内蒙古绒山羊、河西绒山羊　4. 夏南牛、延黄牛　　5. 卵巢、输卵管、子宫、阴道、尿生殖道前庭、外生殖器

三、简答题

1. 羊的一般饲养原则

（1）喂盐。“喂羊没有巧，只要盐巴用得好。”一般每天每只喂量为 10～15 g。

（2）饲料以粗料为主，能放牧尽量放牧，放牧不能满足营养需要时，适当添加一定的精料。牧草中豆科牧草最多占 30%的比例。绵羊尽量在低平的草地放牧，山羊尽量在灌木林放牧。冬季到来前应贮备一定的干草或青贮料，以备越冬用。

（3）一般每天应供应 1～2 次饮水，夏季稍多，饮水要求清洁、卫生。

2. “三角形”特点

从牛的正前方看，从鬐甲向肩部两侧引延长线于胸底水平线相交呈一三角形；从牛的正上方看，鬐甲与髋结节各连成一线，两个髋结节连成一线，成为一三角形；从牛的侧方看，背部和腰部连成的直线、腹底与乳房底连成的直线，这两条直线的延长线与尾根向下的垂线相交，形成一个三角形，有的书上认为是三个楔形。

第2单元

发情与发情鉴定

第一节 发情

培训目标

- → 掌握几种常见家畜的初情期、性成熟、初配年龄、发情周期。
- → 了解常见家畜发情症状特点。

母畜达到一定的年龄时，由卵巢上的卵泡发育所引起的，受下丘脑—垂体—卵巢轴系调控的一种生殖生理现象称为发情。

初情期：母畜初次发情和排卵的时期称为初情期，也是繁殖能力开始的时期，此时的生殖器官仍在继续生长发育。

性成熟：母畜初情期以后的一段时间。此时生殖器官已经发育成熟，具备了正常的繁殖能力。但此时的躯体其他组织器官仍在生长发育，尚未达到完全成熟阶段，故一般情况下不适宜配种，以免影响母畜和胎儿的生长发育。

发情周期：母畜自第一次发情后，如果没有配种或配种后没有妊娠，则间隔一定时间便开始下一次发情，如此周而复始地进行，直到性机能停止活动的年龄为止。这种周期性的活动，称为发情周期。

以下是常见家畜的基本情况。

一、马

1. 初情期

10～18 月龄。

2. 性成熟和初配年龄

性成熟 12～18 个月，初配年龄 30～36 个月。

3. 发情季节

马是季节性多次发情的家畜，属于长日照季节繁殖动物。发情从三四月开始，至深秋季节停止。

4. 发情周期

母马发情周期为 21（16～25）天，发情持续时间比较长，平均为 5～7 天。发情时各个时期的变化与母牛相似，但直肠检查和阴道检查时稍有不同。

5. 发情症状

公马发情时主要表现是性激动、主动接触母马、阴茎勃起，且表现明显。

母马发情时，既有外部表现，也有内部变化。母马的发情征候在发情初期、盛期和末期各阶段表现不同。发情初期表现不明显，盛期性欲加强，末期兴奋逐渐消退。外部表现有：

（1）求偶表现。母马主动接近公马，举尾、叉开后肢、接受爬跨。

（2）外生殖道变化。外阴部、阴蒂潮红肿胀；流出阴门的黏液增多，随着发情时间的推移，黏液由多变少，由薄变黏稠，牵缕性增强。

（3）行为变化。母马在发情时往往表现出兴奋不安，对外界的变化十分敏感，频繁走动，食欲下降，嘶叫或发出特殊的叫声。

二、牛

1. 初情期

母牛的初情期一般为6～10个月。

2. 性成熟和初配年龄

性成熟是8～14个月，初配年龄14～22个月。

3. 发情季节

牛为全年多次发情，发情现象在气候温暖时比严寒时明显。牦牛属季节性多次发情的动物，但约有70%的个体在发情季节中只发情一次。发情开始的时间受海拔高度、气温及牧草质量的影响较大。

4. 发情周期

平均21天，发情周期为18～24天。

5. 发情症状

在生殖内分泌的作用下，母牛卵巢上的卵泡周期性发育成熟，在激素调节下，母牛生殖道产生一系列变化并产生性欲，爬跨其他牛，也接受其他牛的爬跨。我们把这种生理状态叫发情，农牧民常称为跑栏、行犊。

母牛发情时表现为外部生殖道上皮充血肿胀，黏膜潮红，子宫增生，比平时大而硬（勃起）；子宫和阴道前庭的分泌机能增强，分泌的黏液增多，并流出阴门。母牛发情时敏感、兴奋不安、哞叫，走动频繁，食欲下降，产奶量减少，主动接近公牛，两后肢叉开，举尾，回头探望，排尿次数增多，开始仅爬跨其他牛，进入发情盛期也接受公牛或其他母牛的爬跨（见图2—1）。卵巢上有成熟卵泡并排卵。

图2—1　奶牛发情时爬跨

三、羊

1. 初情期

春季所产的绵羊羔，初情期为8～9月龄，秋季所产羊羔为10～12月龄。山羊初情期多为6～8月龄。

2. 性成熟和初配年龄

性成熟6～10个月，初配年龄12～18个月。

3. **发情季节**

羊属于季节性多次发情自发排卵的家畜，常常是短日照季节发情，一般在秋分后出现多个发情周期。

4. **发情周期**

绵羊发情周期平均为 17 天，山羊平均为 21 天，但母羊的发情持续时间短，一般为 18～36 h。

5. **发情症状**

母羊发情时外部表现不明显，尤其绵羊，主要通过试情公羊进行判断。母羊发情时，阴户没有明显的肿胀和充血现象，黏液分泌较少或少见有黏液流出，愿意接近公羊。遇到公羊时，强烈摆动尾部；公羊爬跨时，站立不动。

四、猪

1. **初情期**

在正常饲养管理条件下，母猪的初情期一般为 5～8 月龄，平均为 7 月龄，但我国的一些地方品种可以早到 3 月龄。引进品种猪初情期为 7 月龄。公猪的初情期略晚于母猪，一般为 6～9 月龄。

2. **性成熟和初配年龄**

猪的性成熟就是猪的生殖器官发育完全、具备了繁殖能力的时期。由于猪品种、营养、环境等因素的不同，性成熟也不同。一般情况下，我国地方品种性成熟期早。如梅山黑、北京黑、东北猪等品种，5～6 个月即可性成熟；哈白 6～7 个月性成熟；大白猪 7～8 个月性成熟；长白、杜洛克、皮特兰等品种，8～9 个月性成熟；二元母猪一般7～8 个月性成熟。初情期后 1.5～2 个月时的年龄为适配年龄。猪的适配年龄一般为 8～10 月龄。

3. **发情季节**

母猪属常年发情自发性排卵。

4. **发情周期**

母猪的发情周期平均为 21 天，发情持续时间一般为 2～3 天。

5. **发情症状**

（1）发情初期。开始烦躁不定，不断鸣叫，爱爬圈墙，食欲减退；对公猪敏感，但不接受公猪的爬跨；阴户微肿，有少量黏液流出。

（2）发情中期。仍表现烦躁不定，不断鸣叫，爱爬圈墙，食欲减退；阴户肿胀明显，黏液量稍增，喜欢爬跨其他猪，也接受其他猪的爬跨。但若有公猪刺激，则表现呆立状，阴户肿胀更加明显，有水肿发亮的形状。公猪爬跨时表现得非常温顺，尾稍翘起，凹腰弓背，表现“静立反射”，也就是压背腰不动，向前推母猪时有向后用力的感觉，喜欢主动接触人。

（3）发情末期。阴户肿胀逐渐消退，略有紫红色，开始出现皱褶，最终恢复正常，不再对公猪敏感和接受其他猪爬跨。

五、驴

1. 初情期

10～18 个月。

2. 性成熟和初配年龄

一般驴驹的性成熟期为 12～15 月龄。有的性成熟期为 18～30 个月。初配年龄母驴为 36 个月，约为 2.5～3 岁，公驴为 48 个月。种公驴到 4 岁时才能正式配种使用。

3. 发情季节

驴是季节性多次发情的动物，一般在每年的 3—6 月进入发情旺期，7—8 月酷热时发情减弱。发情期延长至深秋才进入乏情期。在气候适宜和饲养管理好的条件下，母驴也可长年发情。

4. 发情周期

驴的发情周期平均有 21 天，其变化范围为 10～33 天。有的母驴的发情周期平均为 23（20～28）天。影响发情周期长短的主要因素是气候和饲养管理条件。

5. 发情症状

公驴发情时主要表现是性激动、主动接触母驴、阴茎勃起，且表现明显。

母驴发情时，既有外部表现，也有内部变化。母驴的发情征候在发情初期、盛期和末期各阶段表现不同。发情初期表现不明显，盛期性欲加强，末期兴奋逐渐消退。外部表现有：

（1）求偶表现。母驴主动接近公驴，举尾、叉开后肢、接受爬跨。

（2）外生殖道变化。外阴部、阴蒂潮红肿胀；流出阴门的黏液增多，随着发情时间的推移，黏液由多变少，由薄变黏稠，牵缕性增强。

（3）行为变化。母驴在发情时往往表现出兴奋不安，对外界的变化十分敏感，频繁走动，食欲下降，嘶叫或发出特殊的叫声。

表 2—1 中列举了常见家畜的发情周期和发情持续期。

表 2—1　　常见家畜的发情周期和发情持续期

动物种类	发情周期（天）	发情持续期
黄牛	21（18～24）	18～19（13～27）h
奶牛	21（18～24）	18～19（13～27）h
水牛	21（16～25）	25～60 h
牦牛	6～25	48 h 以上
马	21（18～25）	5～7（2～9）天
驴	18～28	2～7 天
绵羊	16～17（14～19）	26～36（24～48）h
山羊	20（18～22）	48（30～60）h
猪	21（18～23）	48～72（15～96）h

第二节 发情鉴定

培训目标

→ 了解几种常见家畜的发情鉴定方法。

→ 掌握常见家畜外部发情表现。

一、马的发情鉴定

1. 外部观察法

根据母马的外生殖器变化、精神状态、食欲和行为变化进行综合鉴定的方法。

（1）外阴部变化。发情母马的阴户会逐渐肿胀而显得饱满，阴唇黏膜充血、潮红而有光泽，阴门有黏液流出，其黏液从少变多，从稀变稠，由透明变成混浊，最后呈乳白色样。

（2）精神变化。发情母马对公马较敏感，躁动不安，食欲下降，不断鸣叫。

（3）性欲表现。发情母马接受其他母马的爬跨或爬跨其他母马。

2. 试情法

试情法是根据母马发情时的精神表现及性欲表现规律，用经过特殊处理的公马放入畜群或接近母马，观察母马对公马的反应，以判断母马是否发情及发情的程度。试情公马要求健康、性欲旺盛、无恶癖。

3. 直肠检查法

直肠检查法是发情鉴定常用方法。术者站在母马的侧后方，五指并拢呈锥状，缓慢伸入直肠内，排出宿粪。当手到达直肠狭窄部后，掌心向肷窝处靠拢并左右触摸，找到卵巢后，将其握在手中，触摸卵巢上卵泡的发育情况。当卵泡表现为弹性弱、波动强，有一触即破之感，母马发情表现非常明显，处于发情盛期，此时是配种的适宜时期。

二、牛的发情鉴定

母牛发情时，既有外部的特征，又有内部的变化。内部变化是以卵巢卵泡发育变化情况作为本质来确定，而外部特征是内部变化的反映。发情鉴定既要观察外部表现，更要注意内部本质的变化，观察外部特征，也是为了透过现象看到本质。影响发情特征的因素很多，有外因和内因，这就造成了发情鉴定的复杂性。因此在进行发情鉴定时，必须联系影响的因素来考虑，做出综合的分析，决定是否配种。

牛的发情期短，发情的外部表现也较明显，因此母牛的发情鉴定主要是观察，也可通过放牧试情，必要时通过直肠检查生殖道和卵巢的变化。

1. 外部观察法

（1）发情初期。表现不安，不静卧，个别牛出现不反刍，常和其他牛以额对额相对立。与牛群隔离时会大哞叫，甚至在大群舍饲时也发出求偶的哞叫。大群舍饲有个别母牛哞叫就应注意。放牧时追逐并爬跨它牛，但一爬即跑；不肯接受它牛爬跨，采食减少。产奶量降低，发情数小时后进入发情盛期。

（2）发情盛期。母牛游走减少，常做排尿状，尾根经常抬举，并常摇尾，其他牛嗅其外阴部或爬跨，举尾不拒，后肢开张，站立不动。

（3）发情末期。母牛转入平静，它牛爬跨时臀部避让，不奔跑，尾根紧贴阴门。

2. 试情法

根据母牛发情时的精神表现及性欲表现规律，用经过特殊处理的公牛放入畜群或接近母牛，观察母牛对公牛的反应，以判断母牛是否发情及发情的程度。试情公牛要求健康、性欲旺盛、无恶癖。

三、羊的发情鉴定

1. 外部观察法

羊的发情期短，外部表现不明显，又无法进行直肠检查，因此主要是靠试情，结合外部观察。

2. 试情法

将公羊（结扎了输精管或腹下带兜布的公羊）按一定比例（一般为 1∶40），每天一次或早晚两次定时放入母羊群中，母羊发情时可能寻找公羊或尾随公羊，但只有当母羊愿意站着并接受公羊爬跨时，才是发情的确实证据。发现母羊发情时，将其分离出来，继续观察，准备配种。试情公羊的腹部也可以采用标记装备（或称发情鉴定器），或胸部涂上颜料。如母羊发情时，公羊爬跨其上，便将颜料印在母羊臀部上，以便识别。发情母羊的行为表现不太明显，主要表现出喜欢接近公羊，并强烈摆动尾部，当被公羊爬跨时不动。发情母羊很少爬跨其他母羊，只分泌少量黏液，或不见有黏液分泌，外阴部也没有明显的肿胀或充血现象。

四、猪的发情鉴定

1. 外部观察法

母猪发情时，外阴部表现比较明显，故发情鉴定主要采用外阴部观察法。母猪在发情时，对于公猪的爬跨反应敏感，可用公猪试情，根据接受爬跨安定的程度判断发情期的早晚。如无公猪，也可用手压其背部，如母猪静立不动，可谓静立反射，即表示该母猪已发情至高潮。母猪发情时的行为表现不安，有时鸣叫，阴部微充血肿胀，食欲减退，这是发情开始时的表现。之后，阴门充血肿胀明显，微湿润，喜欢爬跨别的猪，同时也愿意接受爬跨，尤其是公猪，这就是交配欲的开始。以后，母猪性欲更旺盛，阴门充血肿胀，阴道湿润，慕雄性渐强，看见其他母猪则频频爬跨其背，或静站一处，似等待什么。这时若用公猪试情，则可见很喜欢接近公猪，当公猪爬到背上时可见安定不动；如旁边有人，其臀部往往趋近人的身旁，推不开，这正是发情盛期。这一时期过后，猪的性欲逐渐降低，阴门充血肿胀逐渐消退，慕雄性亦渐弱，阴门变成淡红，微皱，间或有变成紫红色，阴门较干，常沾有垫草，表情迟滞，喜欢静卧，这时才是配种适期。之后，性欲渐趋减退，阴门充血肿胀，呈淡红色，食欲逐渐恢复，对公猪表现厌烦，如用公猪试情，则不接受爬跨，表示发情已结束。

2. 试情法

由于母猪对公猪的气味异常敏感，亦可对公猪尿液或其包皮囊冲洗液（内有外激素）进行喷雾；或用一木棒，其末端扎上一块布，布上蘸有公猪的尿液或精液，扔入母猪栏内，观察母猪的反应，以鉴定是否发情。目前已有合成外激素，用于母猪的试情。此外，母猪在发情时，对公猪的叫声异常敏感，可利用公猪求偶叫声的录音来鉴定母猪是否发情。

五、驴的发情鉴定

1. 外部观察法

根据母驴的外生殖器变化、精神状态、食欲和行为变化进行综合鉴定的方法。

（1）外阴部变化。发情母驴的阴户会逐渐肿胀而显得饱满，阴唇黏膜充血、潮红而有光泽，阴门有黏液流出，其黏液从少变多，从稀变稠，由透明变成浑浊，最后呈乳白色样。

（2）精神变化。发情母驴对公驴较敏感，躁动不安，食欲下降，不断鸣叫。

（3）性欲表现。发情母驴接受其他母驴的爬跨或爬跨其他母驴。

2. 试情法

根据母驴发情时的精神表现及性欲表现规律，用经过特殊处理的公驴放入畜群或接近母驴，观察母驴对公驴的反应，以判断母驴是否发情及发情的程度。试情公驴要求健康、性欲旺盛、无恶癖。

3. 直肠检查

通过直肠检查可进行驴的发情鉴定，并且准确性大，但操作要求高，应严格遵照直肠检查的操作程序进行检查。触摸卵巢时，应注意卵巢的形状，卵泡大小、弹力、波动和位置。

单元测试题

一、名词解释

1. 初情期　2. 性成熟　3. 初配年龄　4. 发情周期　5. 发情持续期

二、填空题（请将正确答案填在横线空白处）

1. 发情周期可分为________、________、________和发情间期。

2. 发情鉴定的方法主要有________和________。

三、简答题

1. 猪初情期有哪些表现？

2. 牛在发情期的外部表现有哪些？

单元测试题答案

一、名词解释

1. 初情期是指母畜首次表现发情并发生排卵的时期。

2. 性成熟是指母畜发育到一定年龄，生殖器官已经发育完全，基本上具备了正常的繁殖功能。

3. 初配年龄指实施第一次参加配种的年龄，一般要求体重相当于成年体重的70%。

4. 母畜性成熟后便出现周期性的发情表现，通常将两次发情间隔的时间叫作发情周期（性周期）。

5. 从发情开始到发情结束所持续的时间称为发情持续期。

二、填空题

1. 发情前期、发情期、发情后期　　2. 外部观察法、试情法

三、简答题

1. 开始烦躁不定，不断鸣叫，爱爬圈墙，食欲减退；对公猪敏感，但不接受公猪的爬跨；阴户微肿，有少量黏液流出。

2. （1）发情初期。表现不安，不静卧，个别牛出现不反刍，常和其他牛以额对额相对立。如果与牛群隔离时会大哞叫，甚至在大群舍饲时也发出求偶的哞叫。大群舍饲有个别母牛哞叫就应注意。放牧时追逐并爬跨它牛，但一爬即跑；不肯接受它牛爬跨，采食减少。产奶量降低，发情数小时后进入发情盛期。

（2）发情盛期。母牛游走减少，常做排尿状，尾根经常抬举，并常摇尾，其他牛嗅其外阴部或爬跨，举尾不拒，后肢开张，站立不动。

（3）发情末期。母牛转入平静，它牛爬跨时臀部避让，不奔跑，尾根紧贴阴门。

第3单元

人工授精

第一节 采精技术

培训目标

- → 了解有关常见家畜采精准备的相关知识，包括台畜的基本使用、种畜的调教以及相关器械的消毒。
- → 了解公畜的采精过程、采精的基本方法和要求。

一、马的采精技术

1. 台马的基本使用

（1）假台马。指用有关材料仿照母马的体型制作的采精台架。各种家马均可采用，可根据公马体尺制作。假台马包括架子部分与台架包裹材料。架子部分可用钢质材料或木质材料制作，材料要求坚固耐用，制作尺寸要适合公马的正常爬跨，架子下面应为空心，以利采精操作；包裹材料一般分两层，内层可用弹性较好的棕垫、棉垫、海绵垫、布垫等作主要材料，将其固定于架子背侧及两侧，主要作用是使公马爬跨时感到舒适，外层则用经过防腐处理的母马皮张或麻布等进行包裹，最好用母马的皮张，其余存的外激素有利于刺激公马的性欲。有条件的，可增设可升降、可调温的结构。制作好的台马要求无损伤公马的刺划物，并固定到采精场地上。

（2）真台马。用发情的母马作台马即为真台马。真台马要求健康、体壮、性情温顺、无恶癖，体格与公马相适应。采精时要求对其外阴及周围的部位进行清洗、消毒，还应进行适当的保定。

2. 种公马的调教

利用假台马采精需对公马进行调教。调教公马时，一般按以下方法步骤进行：

（1）对未包裹母马皮的假台马，调教时，可在假台马的后躯涂抹发情母马阴道分泌物、尿液等，利用其中所含外激素刺激公马的性兴奋，诱导其爬跨假台马。多数公马经几次即可成功。

（2）在假台马的旁边拴系一发情母马，让待调教公马爬跨发情母马，然后拉下，反复几次，当公马的性兴奋达到高峰时将其牵向假台马，一般可成功。

（3）可让待调教公马目睹已调教好的公马利用假台马采精，然后诱导其爬跨假台马，可调教成功。

3. 采精前种公马和器材的消毒

对公马的包皮口周围要进行清洗，如包皮口有长毛，应剪掉。采精员手臂要清洗、消毒，剪短磨光指甲，穿着工作服。

马采精器械有集精杯、内胎、输精管等。凡与采精有关的所有器械均要求彻底进行清洗、消毒，然后按要求安装、润滑并调试到可用状态。

单元 3

4. 种公马采精的方法和要求

假阴道采精法（见图3—1、图3—2）：利用假阴道法采精时，采精员一般站在台马的右后方，当公马爬跨台马时，右手执假阴道，并迅速将其靠在台马尻部，使假阴道与公马阴茎伸出方向一致，同时用左手托起阴茎，将阴茎导入假阴道内。当公马射精完毕从台马上跳下时，持假阴道跟进，阴茎自然脱离假阴道后，取下集精杯，把精液送到处理室。

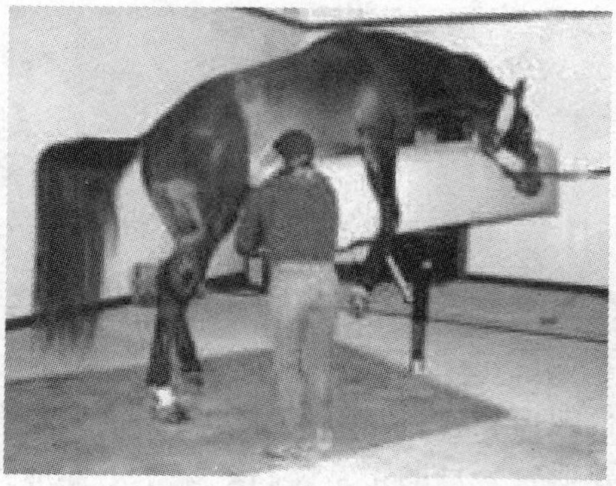

图3—1 利用假台马和假阴道采精

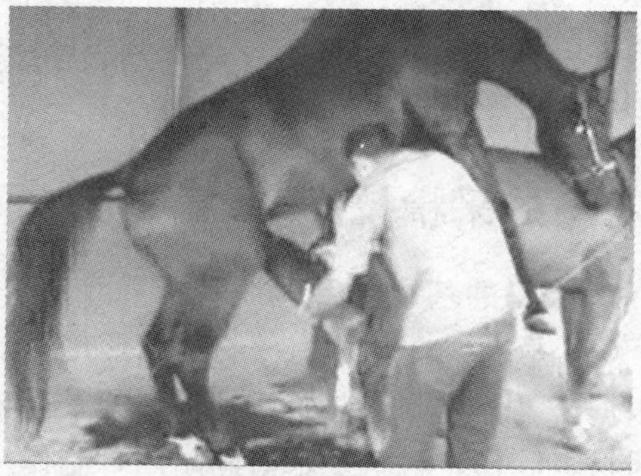

图3—2 利用发情母马和假阴道采精

公马对假阴道的压力及温度敏感，且阴茎在假阴道内抽动的时间较长（1～3 min），假阴道又较重，所以必要时可换手操作，即用右手托住集精杯，左手环抱假阴道，以有利于假阴道的固定。采精过程中，当公马头部下垂、啃咬台马肩头、臀部的肌肉和肛门出现有节律颤动时，即表示已射精，此时需使假阴道向集精杯方向倾斜，以免精液倒流。

二、牛的采精技术

1. 台牛的基本使用

（1）假台牛。指用有关材料仿照母牛的体形制作的采精台架。可根据公牛体尺制作。假台牛包括架子部分与台架包裹材料。架子部分可用钢质材料或木质材料制作，材料要求坚固耐用，制作尺寸要适合于公牛的正常爬跨，架子下面应为空心，以利于采精操作；包裹材料一般分两层，内层可用弹性较好的棕垫、棉垫、海绵垫、布垫等作主要材料，将其固定于架子背侧及两侧，主要作用是使公牛爬跨时感到舒适，外层则用经过防腐处理的母牛皮张或麻布等进行包裹，最好用母牛的皮张，其余存的外激素有利于刺激公牛的性欲。有条件的，可增设可升降、可调温的结构。制作好的台牛要求无损伤公牛的刺划物，并固定到采精场地上。

（2）真台牛。用发情的母牛作台牛即为真台牛。真台牛要求健康、体壮、性情温顺、无恶癖，体格与公牛相适应。采精时要求对其外阴及周围的部位进行清洗、消毒，还应进行适当的保定。

2. 种公牛的调教

利用假台牛采精需对公牛进行调教。调教公牛时，一般按以下方法步骤进行：

（1）对未包裹母牛皮的假台牛，调教时，可在假台牛的后躯涂抹发情母牛阴道分泌物、尿液等，利用其中所含外激素刺激公牛的性兴奋，诱导其爬跨假台牛。多数公牛经几次即可成功。

（2）在假台牛的旁边拴系一发情母牛，让待调教公牛爬跨发情母牛，然后拉下，反复几次，当公牛的性兴奋达到高峰时将其牵向假台牛，一般可成功。

（3）可让待调教公牛目睹已调教好的公牛利用假台牛采精，然后诱导其爬跨假台牛，可调教成功。

3. 采精前种公牛和器材的消毒

对公畜的包皮口周围要进行清洗，如包皮口有长毛，应剪掉。采精员手臂要清洗、消毒，剪短磨光指甲，穿着工作服。

凡与采精有关的所有器械均要求彻底进行清洗、消毒，然后按要求安装、润滑并调试到可用状态。

4. 种公牛采精的方法和要求

主要是假阴道法采精（见图 3—3、图 3—4），必要时也可用电刺激采精法。利用假阴道法采精时，采精员一般站在台畜的右后方，当公畜爬跨台畜时，右手执假阴道，并迅速将其靠在台畜尻部，使假阴道与公畜阴茎伸出方向一致，同时用左手托起阴茎，将阴茎导入假阴道内。当公畜射精完毕从台畜上跳下时，持假阴道跟进，阴茎自然脱离假阴道后，取下集精杯，把精液送到处理室。牛对假阴道的温度较敏感，要特别注意温度的调节。将阴茎导入假阴道时，切勿用手抓握，否则会造成阴茎回缩。采精过程中，当公畜用力向前一冲即表示射精。牛采精时间及射精时间很短，要求采精员操作必须准确、迅速、熟练。

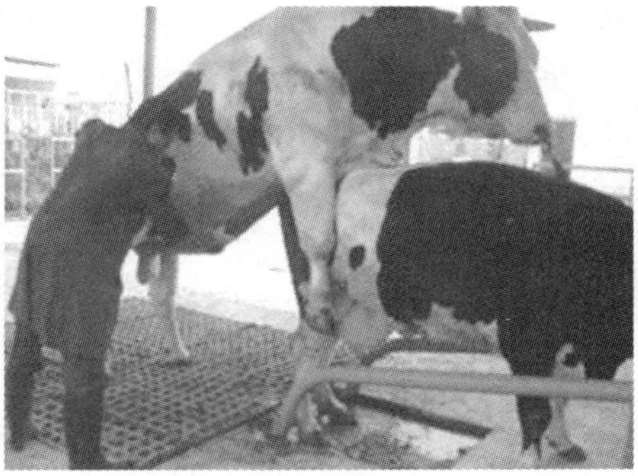

图 3—3　利用发情母牛和假阴道采精

图 3—4　利用假台牛和假阴道采精

三、羊的采精技术

1. 台羊和假阴道的基本使用

羊假阴道的构造基本与牛的相同（见图 3—5、图 3—6），但羊用假阴道较小。牛、羊假阴道的外壳系用硬橡胶或硬质塑料制成。内胎是由软橡胶或乳胶制成，装入外壳中并翻卷于外壳两端，加固定圈固定，在假阴道的一端安装有集精杯。集精杯有两种：一种是夹层棕色玻璃集精杯，外面用专用的集精杯固定套固定；另一种是在橡胶漏斗上套上一个玻璃管，连同假阴道一并装入人造保温套内。假阴道的外壳中部有一注水孔，可插入带有气门活塞的橡皮塞。在外界气温低时采精，应在集精杯夹层内灌入35℃的温水，以免对精液造成低温打击。

图3—5　羊用假阴道和集精杯

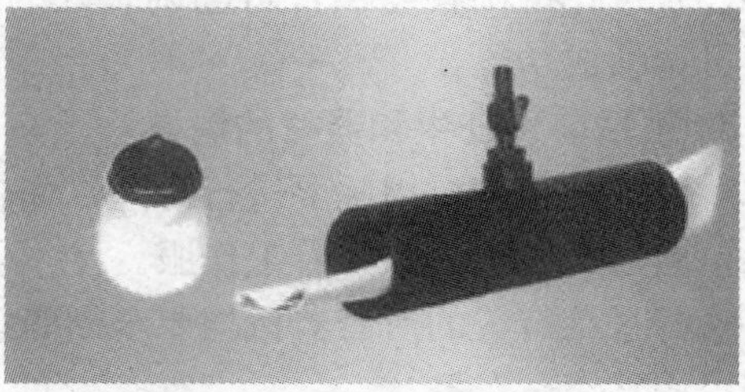

图3—6　羊用假阴道、集精杯和内胎

2. 种公羊的调教

（1）在假台羊旁牵一发情母羊，诱使其爬跨数次，但不使其交配。当公羊性兴奋达到高峰时，牵向假台羊使其爬跨。

（2）在假台羊后躯涂抹发情母羊的阴道分泌物或尿液，刺激公羊的性欲并诱使其爬跨假台羊。

（3）将待调教的公羊拴在假台羊附近，让其观看另一只已调教好的公羊爬跨假台羊采精，然后再诱导其爬跨假台羊。

3. 采精前种公羊和器材的消毒

应事先擦洗干净公羊阴茎周围，并剪去多余的长毛。所有器械都必须经过严格的消毒。在消毒前将器械洗净擦干，然后按器械的性质、种类分别包装。消毒时，除不宜放入或不能放入高压消毒锅的金属器械、玻璃输精器及胶质的内胎以外，一般都应尽量采用蒸汽消毒，其他用酒精或火焰消毒。

4. 种公羊采精的方法和要求

（1）假阴道采精法。与牛基本相同。

（2）采精的要求。与牛基本相同。

公羊配种季节较短，射精量少且附睾贮存量大，每天可采2～3次，每次之间至少间隔12 min。

四、猪的采精技术

1. 台猪的基本使用

（1）用钢筋、木材、橡胶制品等材料模拟母猪的外形制作。

（2）将假台猪固定在地面上，其大小高低与真畜相近。

（3）假台畜（见图3—7）的外层覆以棉絮、泡沫塑料等柔软之物，亦可用真畜皮包裹伪装。

（4）安装的地点应选择宽敞平坦、环境没有干扰、清洁、距离精液处理室近的地方，也可设置在室内。

2. 假阴道的安装方法

（1）器械。采精用假阴道（确认部件齐全、完整，无裂缝及针眼；将经过干燥消毒的各部件放在消毒过的大搪瓷盘中）和温度计等。

（2）物品。水浴箱、搪瓷盘、烧杯、漏斗、镊子、双连球、75%酒精、凡士林或红霉素软膏、稀释液、基础液、肥皂、毛巾等。

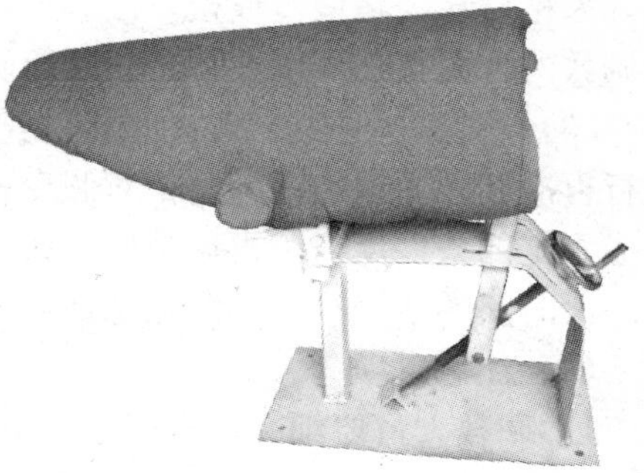

图 3—7　猪用假台畜

猪假阴道的外形和构造基本上与牛、羊假阴道相同，不同的是，其较牛假阴道短些，使用双连球维持并控制内胎的压力变化。集精瓶容量较大，用乳胶漏斗固定在假阴道外口上。

3. 种公猪的调教

种公猪的调教过程实际上是种公猪的一个学习过程，整个过程包括观察—学习、模仿—实践和重复—动作定型。种公猪调教的成功是人工授精的基础，是人工授精技术的重要环节。种公猪一般在210～240日龄开始调教，体重在120 kg左右。过早调教，种公猪生理上未发育成熟，体形较小，爬跨假台畜困难，会使其产生畏惧心理，对种公猪的调教造成不良影响；过晚调教，种公猪体格过大、肥胖、性情暴躁，不易听从调教员的指挥，严重的甚至会攻击调教人员，使调教难度增加。

（1）观察—学习。首先让待训公猪隔栏观看采精公猪的爬跨和采精过程，使其对此过程有一个感观认识。每天调教前收集发情母猪尿液、公猪精液、尿液等喷洒于假台畜上。调教时把发情母猪赶入紧邻调教室的圈舍，使种公猪可以闻到母猪的气味、听见其声音，但不能让种公猪看见母猪。以发情母猪的气味、叫声来刺激、诱导种公猪，使其主动爬跨假台畜。

（2）模仿—实践。在待训公猪经历一段“观察—学习”（2～3天）后，应正式调教种公猪爬跨假台畜。调教前在假台畜上喷洒发情母猪的尿液或公猪的精液等。假台畜安放到靠墙角的位置，与墙大概呈45°角。把种公猪赶到假台畜与墙的夹角中，然后调教人员喊着“上”和“爬”等词语诱导种公猪爬跨。如果种公猪不爬跨，可用手晃动假台畜的头部，使其做上下左右的晃动，吸引种公猪的注意力诱导其爬跨；也可让调教人员再把脚放在假台畜上左右晃动，逐渐诱导种公猪，在种公猪慢慢嗅闻调教人员的脚并开始爬跨假台畜时，调教人员再把脚慢慢撤下来。如果采取上述措施后种公猪还不爬跨，可找一头正在发情的母猪，给母猪身上覆盖一片麻布，种公猪见到发情正旺的母猪会急剧刺激其性欲，当种公猪阴茎快要插入母猪阴道的时候，将其拽下，如此反复几次。当种公猪性欲达到最高潮时，赶走发情母猪，将麻布覆盖在假台畜上诱导种公猪爬跨。种公猪阴茎出来时，用手握住阴茎头部。种公猪爬跨后阴茎做活塞式运动时，手的用力程度应使公猪既感觉到一定压力但又不是过紧。拇指顶住阴茎前端，轻轻摩擦，增加种公猪的快感，种公猪阴茎用力向前一顶时开始射精，此时手应有节奏地、一松一紧地加压，并将拇指和食指稍微张开露出阴茎前端的外口，以便精液顺利射出，初次采精成功。采精后让公猪慢慢放松，使其自然跳下假台畜，然后将其赶回公猪圈。遇到比较难以调教的种公猪，可以在种公猪爬跨真正发情的母猪时，徒手对种公猪进行体外采精。

（3）重复—动作定型。种公猪初次调教成功后，每隔 12 天，按照初次调教的方法进行再次调教，以加深种公猪对假台畜的认识。经过一个星期左右的调教，种公猪就会形成固定的条件反射，再遇到假台畜时，一般都做出舔、嗅、擦和咬假台畜等动作，经过一段时间的亲密接触和酝酿感情后就会主动爬跨假台畜。

（4）注意事项

1）调教人员要细心，有耐心和恒心，不能急于求成，在调教过程中要保护公猪生殖器官免遭损伤。在人工采精之前，要注意检查公猪包皮的前毛，如果较长可用剪刀将其剪短，防止在采精过程中不小心揪住包皮毛对公猪产生不良影响。

2）采精人员采精动作要规范。用手握法采精，动作要快而准，用力要均匀适度，采精要一次完成。

3）种公猪的采精强度要适宜。对调教过程中出现疲劳、喘气的公猪，要让其充分休息后再赶回圈舍。

4）在调教过程中，种公猪出现对假台畜不感兴趣或在采精室转圈的情况，不要强迫其爬跨假台畜，给种公猪一个逐渐适应的过程。每次调教的时间以 20 min 左右为宜，时间太长会造成种公猪的厌倦心理。

5）为使调教更易成功，后备公猪在调教前最好不予本交，使之无交配史。

4. 采精前种公猪和器材的消毒

传统的洗涤剂是 2%～3%碳酸氢钠或 1%～1.5%碳酸钠溶液，在洗涤时一定要反复冲洗干净，防止器材上洗涤剂残留影响精液品质。具体消毒方法因各种器材质地不同而异。

（1）玻璃器材。采用电热鼓风干燥箱或干热灭菌器进行高温干燥消毒，要求温度为 130～150℃，并保持 20～30 min，待温度降至 60℃以下时，才可开箱取出使用。也可采用高压蒸汽消毒，维持 20 min。

（2）橡胶制品。一般采用 75%酒精棉球擦拭消毒，最好再用 95%酒精棉球擦拭一次，以加速挥发残留在橡胶上面的水分和酒精气味，然后用生理盐水反复冲洗三次。对于猪、马用的输精胶管，可放入煮沸的开水中浸煮 3～5 min，然后用生理盐水反复冲洗。

（3）金属器械。可先用苯扎溴铵（新洁尔灭）等消毒溶液浸泡，最后用生理盐水反复冲洗干净。也可用 75%酒精棉球擦拭，或用酒精灯火焰消毒。

（4）溶液。如润滑剂和生理盐水等，装在容器内煮沸 20～30 min；或用高压蒸汽消毒，消毒时为避免玻璃瓶爆裂，要取去瓶盖或插上大号注射针头，瓶口用纱布包扎。

（5）其他用品。如药棉、纱布、棉塞、毛巾、软木塞等，可采用隔水蒸煮消毒或高压蒸汽消毒。

5. 种公猪采精的方法和要求

采精频率 3 次/周，配种高峰也可 1 次/天，但连采三天应休息一天，且应注意加强营养。

对公猪进行采精，最好用徒手采精法（见图 3—8、图 3—9）。徒手采精法具有用具少、操作简单、采精量相对较多的优点。

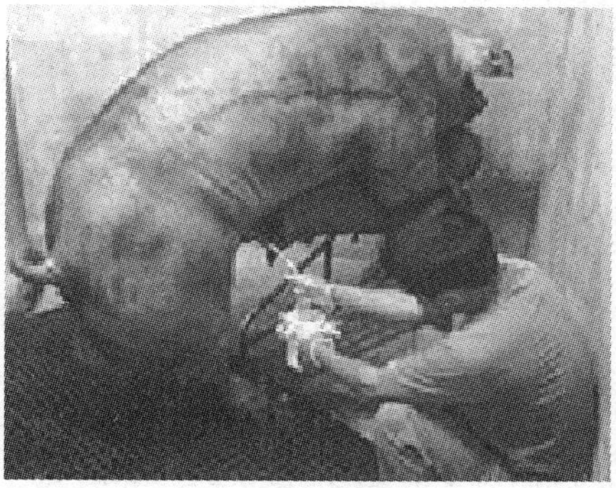

图 3—8　利用假台畜手握法采集猪精液

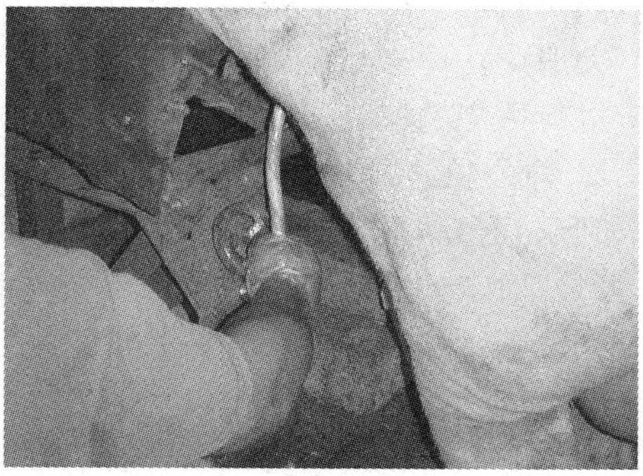

图 3—9　手握法采精

采精时，按要求进行必要的准备后，采精员或助手将用于采精的种公猪赶到台畜处，用 0.3%高锰酸钾水溶液将公猪包皮及周围部位进行擦洗消毒，再用生理盐水冲刷并擦干。然后诱导其爬跨台畜，采精员面朝公猪头端蹲于台畜一侧，用对侧手（即在公猪右侧用左手，在左侧用右手）呈半握状置于公猪包皮处。当公猪阴茎逐渐勃起并伸出包皮时，让阴茎在拳内抽动数次，使公猪阴茎所带出的分泌物润滑乳胶面，以减少对公猪阴茎的不良刺激。当阴茎充分勃起后，采精员迅速握住公猪阴茎螺旋部，将阴茎拉出包皮，然后用食指、中指握住阴茎，拇指有节律地按摩龟头，无名指、小指则配合中指、食指有节律地握放（80～120 次/min），以刺激公猪的性兴奋。当公猪出现弓背、颤尾现象时，说明公猪即将开始射精，握放动作及对龟头的刺激应逐渐停止下来，准备收集精液。

收集精液时，一般用带有过滤纱布的保温集精杯收集。公猪射精时间可持续 5～7 min，分 3～4 次射出。开始射出的精液较透明，精子较少，且含有少量对精子有害的残留物，应不予收集，当精液呈混浊状时，再用集精瓶收集。

采精时，手握阴茎用力要适当，以既不让公猪阴茎滑脱又不使公猪产生不适应感觉为宜，拇指对龟头的按摩要轻柔。公猪射精过程中，会不断产生对精子有害的胶状物，采精员应用另一只手随时清除。

五、驴的采精技术

1. 台驴的基本使用

（1）假台驴。指用有关材料仿照母驴的体形制作的采精台架。各种家驴均可采用，可根据公驴体尺制作。假台驴包括架子部分与台架包裹材料。架子部分可用钢质材料或木质材料制作，材料要求坚固耐用，制作尺寸要适合于公驴的正常爬跨，架子下面应为空心，以利采精操作；包裹材料一般分两层，内层可用弹性较好的棕垫、棉垫、海绵垫、布垫等作主要材料，将其固定于架子背侧及两侧，主要作用是使公驴爬跨时感到舒适，外层则用经过防腐处理的母驴皮张或麻布等进行包裹，最好用母驴的皮张，其余存的外激素有利于刺激公驴的性欲。有条件的，可增设可升降、可调温的结构。制作好的台驴要求无损伤公驴的刺划物，并固定到采精场地上。

（2）真台驴。用发情的母驴作台驴即为真台驴。真台驴要求健康、体壮、性情温顺、无恶癖，体格与公驴相适应。采精时要求对其外阴及周围的部位进行清洗、消毒，还应进行适当的保定。

2. 种公驴的调教

利用假台驴采精需对公驴进行调教。调教公驴时，一般按以下方法步骤进行：

（1）对未包裹母驴皮的假台驴，调教时，可在假台驴的后躯涂抹发情母驴阴道分泌物、尿液等，利用其中所含外激素刺激公驴的性兴奋，诱导其爬跨假台驴。多数公驴经几次即可成功。

（2）在假台驴的旁边拴系一发情母驴，让待调教公驴爬跨发情母驴，然后拉下，反复几次，当公驴的性兴奋达到高峰时将其牵向假台驴，一般可成功。

（3）可让待调教公驴目睹已调教好的公驴利用假台驴采精，然后诱导其爬跨假台驴，可调教成功。

3. 采精前种公驴和器材的消毒

对公驴的包皮口周围要进行清洗，如包皮口有长毛，应剪掉。采精员手臂要清洗、消毒，剪短磨光指甲，着工作服。

凡与采精有关的所有器械均要求彻底进行清洗、消毒，然后按要求安装、润滑并调试到可用状态。

4. 种公驴采精的方法和要求

种公驴多采用假阴道采精法。利用假阴道法采精时，采精员一般站在台驴的右后方，当公驴爬跨台驴时，右手执假阴道，并迅速将其靠在台驴尻部，使假阴道与公驴阴茎伸出方向一致，同时用左手托起阴茎，将阴茎导入假阴道内。当公驴射精完毕从台驴上跳下时，持假阴道跟进，阴茎自然脱离假阴道后，取下集精杯，把精液送到处理室。

公驴对假阴道的压力及温度敏感，且阴茎在假阴道内抽动的时间较长（1～3 min），假阴道又较重，所以必要时可换手操作，即用右手托住集精杯，左手环抱假阴道，以有利于假阴道的固定。采精过程中，当公驴头部下垂、啃咬台驴肩头、臀部的肌肉和肛门出现有节律颤动时，即表示已射精，此时需使假阴道向集精杯方向倾斜，以免精液倒流。

第二节　精液品质鉴定

培训目标

→ 掌握精液品质感官检查的内容。

一、马的精液品质鉴定

马精液品质的感官检查包括：

1. 射精量

40～70 mL。

2. 精液色泽

正常情况下，马的精液呈乳白色或灰白色。色泽越浓，说明精子密度越大。如呈现异常颜色，则说明有问题。

3. 精液气味

一般精液有微腥味，如有异味则说明不正常。

二、牛的精液品质鉴定

精液品质检查的目的是鉴定精子品质的优劣，作为输精参考，同时依此评价公畜的饲养管理水平和种用价值，也反映出精液处理的水平。

检查精液品质时，要对精液进行编号，将采得的精液迅速置于30℃的温水中，防止低温打击。检查要迅速、准确，取样有代表性。

牛的精液精子密度大，放在玻璃容器中观察，精液呈上下翻滚状态，像云雾一样，称为云雾状。这是精子运动活跃的表现。云雾状明显用“＋＋＋”表示，“＋＋”较为明显，“＋”表示不明显。精液品质的感官检查包括：

1. 射精量

采精后即可测出精液量的多少。牛的一般射精量 5～10 mL，大致范围在 0.5～14 mL。

2. 精液色泽

牛的精液呈乳白或乳黄，有时呈淡黄色，如果精液颜色异常属不正常现象。若精液呈红色说明混有陈血，精液呈淡黄色则是混有脓汁或尿液。颜色异常的精液应废弃，立即停止采精，查明原因及时治疗。

3. 精液气味

正常精液略带有腥味，牛精液除具有腥味外，另有微汗脂味。气味常常伴有颜色的变化。

三、羊的精液品质鉴定

羊精液品质的感官检查包括：

1. 射精量

一般射精量 0.8～1.2 mL。

2. 精液色泽

正常情况下，羊的精液呈乳白色或乳黄色。色泽越浓，说明精子密度越大。如呈现异常颜色，则说明有问题。

3. 精液气味

一般精液有微腥味，如有异味则说明不正常。

四、猪的精液品质鉴定

猪精液品质的感官检查包括：

1. 射精量

一般射精量 150～300 mL。

2. 精液色泽

猪的精液呈乳白色或灰白色。

3. 精液气味

一般精液有微腥味，如有异味则说明不正常。

五、驴的精液品质鉴定

驴精液品质的感官检查包括：

1. 射精量

50～80 mL。

2. 精液色泽

正常情况下，驴的精液呈乳白色或灰白色。色泽越浓，说明精子密度越大。如呈现异常颜色，则说明有问题。

3. 精液气味

一般精液有微腥味，如有异味则说明不正常。

表 3—1 中列举了正常成年公畜的采精频率及其精液特性。

表 3—1　　正常成年公畜的采精频率及其精液特性

项目	每周采精次数（次）	每次射精量（mL）	每次射出精子总数（亿个）	每周射出精子总数（亿个）	精子活率（%）	正常精子率（%）
奶牛	2～6	5～10	50～150	150～400	50～75	70～95
肉牛	2～6	4～8	50～100	100～350	40～75	65～90
水牛	2～6	3～6	36～89	80～300	60～80	80～95
马	2～6	30～100	50～150	150～400	40～75	60～90
驴	2～6	20～80	30～100	100～300	70～80	80～90
猪	2～5	150～300	300～600	1 000～1 500	50～80	70～90
绵羊	7～25	0.8～1.2	16～36	200～400	60～80	80～95
山羊	7～20	0.5～1.5	15～60	250～350	60～80	80～95

第三节 输精

培训目标

- 学习了解几种常见家畜精液的保存和稀释。
- 掌握输精器材的洗涤和消毒，能完成输精前精液的准备和输精母畜的保定。

一、输精器材的洗涤和消毒方法

1. 准备

(1) 消毒用具。高压灭菌器或手提式高压蒸汽器、煮沸消毒锅、电热鼓风干燥箱、酒精灯、消毒柜等。

(2) 输精用品。各种家畜开膣器、各式输精器等。

(3) 常用药品。2%～3%碳酸氢钠或1%～1.5%碳酸钠溶液、酒精、蒸馏水、生理盐水、颗粒冷冻精液、稀释液等。

2. 方法和步骤

输精的所有器材在用后和用前，使用2%～3%碳酸氢钠或1%～1.5%碳酸钠溶液洗涤，也可用肥皂或洗衣粉洗涤。但无论哪种洗涤方法，洗涤后都要用蒸馏水反复冲洗，最后用稀释液冲洗干净，防止洗涤剂残留在器材上。

输精器材的消毒方法有：

(1) 蒸汽消毒。注射器、玻璃输精管、马猪用的输精胶管、毛巾等，洗净后用纱布包紧，放在高压灭菌器中蒸汽消毒30 min。消毒后放入消毒柜中保存备用。

(2) 酒精消毒。卡苏枪、输精管、开膣器、玻璃棒、温度计等可用75%酒精棉球擦拭消毒，待酒精挥发即可使用。

(3) 火焰消毒。开膣器、金属输精器亦可采用酒精灯进行火焰消毒。

(4) 煮沸消毒。注射器、针头等可用水浴煮沸消毒，时间为10～20 min。

(5) 清洗消毒。金属输精器、玻璃器皿，如烧杯、三角烧瓶、漏斗等，洗净后倒置于电热鼓风干燥箱内，1～2 h即可完成消毒。

橡胶或塑料输精管可用75%酒精棉球擦拭消毒外壁，然后用稀释液冲洗外壁及内腔2～3次，目前大多为一次性使用制品。

3. 注意事项

凡是输精所用的器械均应彻底洗净后进行严格消毒，输精枪（细管输精器除外）或输精管在输配之前要用稀释液冲洗1～2次后才能使用。

每头家畜必须使用经过洗涤和消毒处理后的输精管或者用市售处理好的一次性输精管，防止发生交叉感染。

二、输精前精液的处理

低温和冷冻保存的精液要进行升温或解冻，精液要经检查，符合输精要求者方能使用（常温保存精液活率不低于0.6，低温保存的精液不低于0.5，冷冻保存精液不低于0.3）。

目前精液保存方式主要有3种：常温保存、低温保存和冷冻保存。

1. 精液的常温保存

常温保存是在室温条件（15～25℃）下进行，温度允许有一定变动，又称为变温保存或室温保存。

2. 精液的低温保存

精液进行低温保存时，应采取逐步降温的方法，并使用含卵磷脂较高的稀释液，以防止精子发生冷休克。

保存精液时，首先把稀释后的精液按一个输精量进行分装，再将其放到1～5℃的低温环境中进行保存。在保存过程中，要尽量维持温度的恒定，防止升温。

3. 精液的冷冻保存

精液冷冻保存主要是利用液氮（－196℃）作冷源，将精液处理后置于超低温环境下，达到长期保存的目的。现阶段，牛、羊的精液冷冻保存已取得很好的效果，其他家畜的精液冷冻保存效果一般，需进行一些特殊处理，正处于探索中。

精液的冷冻保存主要包括精液的品质检查、稀释、分装、平衡、冷冻保存等环节，现主要以工厂化生产方式生产细管冻精为主，也有生产和使用颗粒冻精的。精液稀释是向精液中添加适合精子体外存活并保持受精能力的液体。一般在精液保存、输精之前都要进行稀释。

精液的处理要考虑合适的输精量和有效精子数，输精量和有效精子数应根据不同家畜的生理特点、不同生理状况及精液保存方式等确定。一般情况下，马（驴）、猪的输精量大，牛、羊的输精量小；体型大、经产、子宫松弛的母畜输精量大些，体型小、初配母畜输精量小些；液态保存的精液输精量比冷冻精液多一些。

三、输精母畜的保定

输精是人工授精的最后一个环节，也是最重要的技术之一，能否及时、准确地把精液输送到母畜生殖道的适当部位，是保证受胎的关键。输精前应做好各方面的准备，确保输精的正常实施。

输精人员应穿好工作服，剪短、磨光指甲，将手臂进行清洗、消毒，需将手伸入阴道或直肠时，手臂还应涂上润滑剂或套上一次性塑料或乳胶手套。

输精前应对拟配母畜进行发情鉴定，确定适宜的输精时间。对于大家畜还需将其牵入保定栏内保定，尾巴拉向一侧，对外阴部进行清洗消毒。规模化奶牛场可在有颈枷或在保定通道中进行保定。

猪使用保定架保定。羊可由助手抓住羊后肢，使其倒立保定。母羊可实行横杆保定，使羊头朝下、前肢着地，后腹部压伏在横杆上，后肢离地保定；可在输精架后设置一坑，让羊站立在地面，输精人员蹲在坑内进行输精，或将羊保定在一个升高的输精架内或转盘式输精架台上。

表 3—2 中列举了各种家畜的输精要求。

表 3—2　　各种家畜的输精要求

项目 输精要求	牛		马、驴		猪		羊	
	液态	冷冻	液态	冷冻	液态	冷冻	液态	冷冻
输精量（mL）	1～2	0.25～1.0	15～30	15～30	30～40	20～30	0.05～0.1	0.1～0.2
输入有效精子数（亿个）	0.3～0.5	0.1～0.2	2.5～5	1.5～3	20～50	10～20	0.5	0.3～0.5
输精次数（次）	1～2		1～3		1～2		1～2	
输精部位	子宫颈深部或子宫体		子宫内		子宫内		子宫颈	

单元测试题

一、名词解释

1. 采精　　2. 假发情　　3. 季节性乏情　　4. 假台畜

二、填空题（请将正确答案填在横线空白处）

1. 对公猪进行采精，最好用________。

2. 猪的射精量一般为________。

3. 目前精液保存方式主要有三种：________、________和________。

三、简答题

简述如何进行种公羊的调教。

单元测试题答案

一、名词解释

1. 采精是指通过人工方式采集公畜精液的方法，分为手握法、电刺激法和假阴道法等。

2. 假发情指无排卵性发情，即母畜因雌激素的分泌反常占优势而出现行为发情，但卵巢上并无卵泡发育的异常发情现象。

3. 季节性乏情指季节性繁殖的动物在非繁殖季节内卵巢不出现周期性活动的现象。

4. 假台畜是用木头等材料制作的采精时供种公畜（猪、羊、马等）爬跨的人工支撑物。

二、填空题

1. 徒手采精法　　2. 150～300 mL　　3. 常温保存、低温保存、冷冻保存

三、简答题

（1）在假台羊旁牵一发情母羊，诱使其爬跨数次，但不使其交配，当公羊性兴奋达

到高峰时，牵向假台羊使其爬跨。

（2）在假台羊后躯涂抹发情母羊的阴道分泌物或尿液，刺激公羊的性欲并诱使其爬跨假台羊。

（3）将待调教的公羊拴在假台羊附近，让其观看另一只已调教好的公羊爬跨假台羊采精，然后再诱导其爬跨假台羊。

第4单元

妊娠与分娩

第一节　常见家畜的妊娠鉴定

培训目标

→ 了解几种常见家畜妊娠时外部生殖器官的变化和全身变化。
→ 掌握用外部观察法初步进行妊娠诊断。

一、马的妊娠鉴定

1. 妊娠期外部生殖器官的变化

母马妊娠初期，阴唇收缩，阴门紧闭。随着妊娠期的延长，阴唇水肿程度增加。阴道黏膜的颜色变为苍白，并有从子宫颈分泌出来的浓稠黏液。妊娠末期，阴唇、阴道因水肿加剧而变得柔软。

2. 全身变化

母马妊娠后，外部观察一般表现为：正常情况下母马妊娠后不再发情，周期性发情停止，食欲增加，营养状况改善，被毛逐渐变为光亮，性情举止变得安稳，易离群（特别是放牧的马）；5 个月左右时，腹围增大，腹壁向一侧凸出，通常左侧腹部凸出，乳房膨胀变大，有时腹下及后肢出现水肿；6 个月以后，可以看到胎动（胎儿活动所造成的母畜腹壁的颤动）；8 个月以后，隔着腹壁左侧可以触诊到胎儿，当胎儿胸壁紧贴母马腹壁时，能听到胎儿心音。

二、牛的妊娠鉴定

1. 妊娠期外部生殖器官的变化

母牛妊娠初期，阴唇收缩，阴门紧闭。随着妊娠期的延长，阴唇水肿程度增加、变化明显，初孕牛和成年母牛分别在 5 个月和 7 个月时出现水肿。阴道黏膜的颜色变为苍白，并有从子宫颈分泌出来的浓稠黏液。妊娠末期，阴唇、阴道因水肿加剧而变得柔软。

2. 全身变化

正常情况下母牛妊娠后不再发情，食欲增加，营养状况改善，被毛逐渐变为光亮，性情举止变得安稳。初孕牛从妊娠 3 个月左右，乳房膨大；经产牛妊娠中期以后，乳房明显增大。5 个月左右时，腹围增大，腹壁向一侧凸出，通常右侧腹部凸出，乳房膨胀变大，有时腹下及后肢出现水肿。8 个月以后，可以看到胎动（胎儿活动所造成的母畜腹壁的颤动）。7 个月以后，隔着腹壁右侧可以触诊到胎儿，当胎儿胸壁紧贴母牛腹壁时，能听到胎儿心音。

三、羊的妊娠鉴定

1. 妊娠期外部生殖器官的变化

母羊怀孕后，妊娠黄体在卵巢中持续存在，从而使发情周期中断。妊娠母羊子宫增生，继而生长和扩展，以适应胎儿的生长发育。怀孕初期阴门紧闭，阴唇收缩，阴道黏膜的颜色苍白。随妊娠的进展，阴唇表现水肿，其水肿程度逐渐增加。

2. 全身变化

妊娠母羊的体况变化主要表现为新陈代谢旺盛，食欲增强，消化能力提高。因胎儿的生长和母体自身重量的增加，怀孕母羊体重明显上升。怀孕前期，因代谢旺盛、妊娠母羊营养状况改善，表现毛色光润、膘肥体壮；怀孕后期则因胎儿急剧生长消耗母体营养，如饲养管理较差，妊娠母畜则表现瘦弱。

四、猪的妊娠鉴定

1. 妊娠期外部生殖器官的变化

母猪妊娠后，阴道黏膜苍白、表面干燥、无光泽、干涩。子宫颈口关闭，有子宫栓存在。随着胎儿的发育、子宫重量的增加，子宫颈往往向一侧偏斜。

2. 全身变化

母猪配种后约经过 3 周没再出现发情，并且出现食欲逐渐增加、被毛光亮、增膘明显、性情温顺、行动稳重、贪睡、尾巴自然下垂、阴门缩成一条线、驱赶时夹着尾巴走路等现象。

五、驴的妊娠鉴定

1. 妊娠期外部生殖器官的变化

母驴妊娠后，阴道被黏稠分泌物所粘连，手不容易插入。阴道黏膜呈现苍白色，无光泽。子宫颈收缩呈现弯曲状，子宫颈口被脂状物（称子宫栓）堵塞。妊娠初期，阴唇收缩，阴门紧闭。随着妊娠期的延长，阴唇水肿程度增加。阴道黏膜的颜色变为苍白，并有从子宫颈分泌出来的浓稠黏液。妊娠末期，阴唇、阴道因水肿加剧而变得柔软。

2. 全身变化

正常情况下母驴妊娠后不再发情。随着妊娠日期的增加，母驴食欲增加，被毛逐渐变为光亮，营养状况改善上膘快，行动变得缓慢，出气粗。腹围增大，后期腹壁向一侧凸出，乳房膨胀变大，可以看到胎动（胎儿活动所造成的母驴腹壁的颤动）。

表 4—1 中列举了几种家畜的妊娠期。

表 4—1　　家畜的妊娠期　　单位：天

畜别		妊娠期	
		范围	平均
牛	中国荷斯坦	205～305	208
	西门塔尔		285

续表

畜别		妊娠期	
		范围	平均
羊	绵羊	146～157	150
	山羊	147～155	155
猪	家猪	110～123	115
	野猪	124～140	
马	纯血马	301～345	335
	轻型马	340～342	
马鹿			250

第二节 分娩

培训目标

→ 了解常见家畜的分娩预兆以及接产助产的相关知识。

一、马的分娩

1. 分娩预兆

母马临近分娩时，乳房迅速膨大，腺体充实，有的乳房底部水肿，可挤出少量乳状物，有的有漏乳现象，乳头增大变粗；外阴柔软、充血肿大，黏液增多、稀薄透明，子宫颈松弛；骨盆及荐髂韧带松弛，臂部肌肉出现明显的塌陷现象；行为上表现出食欲下降、好静、离群。

2. 接产

（1）接产的准备工作。根据配种记录及分娩预兆进行综合预测，母马在分娩前1～2周转入产房。事先对产房进行清扫消毒，厩床上铺垫清洁柔软的干草。产房内应准备必要的药品及用具，如肥皂、毛巾、绷带、消毒药、产科绳、镊子、剪刀、针头、注射器、盆、催产素等常用手术助产器械。

（2）接产的方法步骤。当胎儿头部露出阴门之外而羊膜尚未破裂，应立即撕破使胎儿鼻端露出，以防胎儿窒息。如羊水流尽而胎儿尚未产出，母马阵缩及努责又弱时，可抓住胎头及两肢，随着母马努责，沿骨盆轴方向拉出，倒生时，更应迅速拉出。

当胎头通过阴门困难时，尤其是在母马反复努责的情况下，可帮助慢慢拉出，防止阴门破裂。站立分娩时，应用双手接住胎儿。分娩后脐带多自动挣断，一般不用结扎，但须用较浓的碘酊（5%～10%）消毒；仔畜产出后，鼻腔或口腔中的黏液用清洁的干毛巾或纱布擦净，呼吸有困难的需进行人工呼吸。

3. 助产

产后母马的检查及护理：发现母马难产时，除检查母马全身状况外，必须重点对产道及胎儿进行临床检查，然后对症救助。产力性难产可用催产素催产或拉住胎儿的前置部分，顺着产马的努责将胎儿拉出体外；胎儿过大引起的难产，可行剖腹产术或采用将胎儿强行拉出的办法救助；胎位、姿势不正引起的难产，可行纠正其胎位、胎向和胎势的办法助产；产道轻度狭窄造成的难产，可向产道内灌注石蜡油，然后缓慢地强行拉出胎儿，并注意保护阴门、防止撕裂，如胎儿死亡，可施行截胎手术，将胎儿分割拿出。

二、牛的分娩

1. 分娩预兆

母牛临近分娩时，乳房迅速膨大，腺体充实，有的乳房底部水肿，尤其是头胎牛，有的可挤出少量乳状物，有的有漏乳现象，乳头增大变粗；外阴柔软、充血肿大，黏液增多、稀薄透明，子宫颈松弛；骨盆及荐髂韧带松弛，臀部肌肉出现明显的塌陷现象；行为上表现出食欲下降、好静、离群、时起时卧等现象。

2. 接产

（1）接产的准备工作。根据配种记录及分娩预兆进行综合预测，母牛在分娩前1～2周转入产房。规模化奶牛场产房要求宽敞、清洁、干燥、光线充足、通风良好且无贼风。事先对产房进行清扫消毒，厩床上铺垫清洁柔软的干草，有条件的也可准备干净的橡胶垫，做到每接产一头清洗消毒一次床垫或更换一次垫料。大型牛场应配备清洁干燥的橱柜存放接产用的药品和用具。产房内应准备必要的药品及用具，如体温计、肥皂、毛巾、绷带、消毒药（75%酒精、5%～10%碘酒、高锰酸钾、新洁尔灭）、产科绳、镊子、剪刀、针头、注射器、脸盆、催产素、石蜡油、麻醉药、照明设备、剖腹产所用的产科器械等。接产人员应有接产经验且责任心强，要做好夜间值班，接产时做好自身保护和防御工作。

（2）接产的方法步骤。当胎儿头部露出阴门之外而羊膜尚未破裂，应立即撕破使胎儿鼻端露出，以防胎儿窒息。如羊水流尽而胎儿尚未产出，母牛阵缩及努责又弱时，可抓住胎头及两肢，随着母牛努责，沿骨盆轴方向拉出，倒生时，更应迅速拉出。

当胎头通过阴门困难时，尤其是在母牛反复努责的情况下，可帮助慢慢拉出，防止会阴破裂。站立分娩时，应用双手接住胎儿。分娩后脐带多自动挣断，一般不用结扎，但须用较浓的碘酊（5%～10%）消毒；牛产双胎时，第一个犊的脐带应行两道结扎，然后从中间剪断。犊牛产出后，鼻腔或口腔中的黏液用清洁的干毛巾或纱布擦净，呼吸有困难的可拍打或按压胸部数次，将新产犊牛倒提，使口鼻腔黏液流出，再用毛巾擦干净。

3. 助产

原则上，对正常分娩的母牛无须助产，可等其自然分娩。胎儿胎位正常时，胎势是两前蹄和头部先进入产道，并且是伸直的，头颈在两前肢之间、之上；倒生时，胎儿的两后肢先进入产道，并且是伸直的。

需要助产时，用0.1%高锰酸钾溶液清洗母牛的外阴部，最好用纱布绷带将母牛的尾巴系于一侧，接产人员穿好工作服，消毒手臂。胎儿胎位正常时，胎儿头及两前肢露出阴门外以后，可让其自然分娩产出。如果羊膜尚未破裂，应立即撕破羊膜，使胎儿的嘴、鼻暴露出来，并擦净黏液，以利呼吸，防止窒息。但也不要过早撕破羊膜，以免羊水流失过早。当羊水已流出、胎儿仍未排出，而母牛阵缩和努责比较微弱时，接产人员可抓住胎头和两前肢，随母牛努责，沿着骨盆轴的方向拉出，切不可强行拉出。同时，在牵引过程中要注意保护阴门。如发现胎儿胎位倒置，应迅速拉出胎儿，否则胎儿脐带被挤在胎儿和骨盆之间会阻碍脐带的血液循环，使供氧中断，出现反射性呼吸，吸入羊水而导致胎儿窒息。当出现母牛努责和阵缩微弱、无力排出胎儿、产道狭窄、胎儿过大通过产道很难等情况时，应立即实施救助。胎儿产出后，要立即擦干口鼻的黏液，防止吸入肺内引起异物性肺炎。注意初生犊牛的断脐和脐带的消毒，防止感染。

当母牛难产时，应立即实施助产。注意把握是正生还是倒生，了解胎势、胎位、胎向和进入产道的程度，并正确判断胎儿的死活，以便确定助产原则和助产方式方法。

三、羊的分娩

1. 分娩预兆

分娩前子宫颈和骨盆韧带松弛，胎羔活动和子宫的敏感性增强。分娩前 12 h，子宫内压增高，子宫颈逐步扩张。分娩前数小时出现精神不安、刨地和起卧不安等现象。

2. 接产

（1）接羔的准备工作

1）接羔圈舍和用具的准备。一般 300 只产羔母羊至少应有接羔室 90 m^2。无条件可在羊舍内搭建接羔棚，尽量宽敞明亮，温度在 15℃以上。地面上三面可用木板和草帘围起来。产羔开始前 2～3 天，对接羔棚舍、运动场、饲草架、饲槽、分娩栏等进行彻底修理、清扫和消毒。消毒后的接羔棚舍应保持地面干燥、空气新鲜、光线充足，能挡风御寒。

接羔棚舍内可分为大、小两处，大的一处放母子群，小的一处放初产母子。运动场也分成两处，一处圈母子群，羔羊小时白天可留在此处，羔羊稍大时只供母子夜间停留，另外一处提供给待产母羊。

2）饲草和饲料的准备。养羊户和羊场应该为冬季、春季产羔的母羊备足干草、农作物秸秆、玉米青贮、微贮和精料等。

3）接羔人员的准备。接羔是一项繁重而细致的技术性工作，若是胚胎移植的母羊则分娩期更为集中，因此每圈（群）产羔母羊除专职饲养员外，还必须配备一名技术人员，以确保接羔工作顺利进行。此外，还应对饲养员进行技术培训，明确责任、落实到人，确保全天候坚守岗位，认真负责完成自己的工作任务。

4）兽医人员和药品的准备。胚胎移植数量较多或规模较大的羊场，或养羊比较集中的乡村，应当设置兽医室（站），购足产羔期间必需的药品和器材。兽医人员应轮流值班、巡回检查，做到发现问题及时解决，发现疾病及时治疗、处理。

根据配种记录和产前预兆，一般在预产期前1～2周将母羊转入产房。产房要预先消毒，并准备必需的药品和用具。对临产前母羊要做好外阴消毒，换上清洁柔软的垫草，组织好夜间值班。在助产时要注意操作人员自身的消毒和防御，防止人身伤害和人畜共患病的感染。

（2）接产的方法步骤

1）清洗和消毒。用温热的0.1%新洁尔灭或高锰酸钾溶液清洗和消毒接产人员的手臂、母羊的外阴部及周围。

2）临产检查。母羊体格相对较牛小得多，因此要注意观察产羔，遇到下列情况可以帮助拉出胎儿：母羊努责和阵缩微弱，无力排出胎儿；产道狭窄或者胎儿过大，产出缓慢；正生时胎头通过阴门困难，迟迟没有进展；倒生臀部产出时。

3. 助产

母羊在分娩过程中失水较多，新陈代谢机能下降，抵抗力下降，如此时护理不当，不仅影响母羊的健康，并使其生产性能下降，还会直接影响羔羊的哺乳。

产后母羊应注意保暖、防潮，避免贼风，预防感冒，并使母羊安静休息。产后1 h，应给母羊饮温水，第一次不宜过多，切忌给母羊饮冷水。为了防止乳房炎，补饲量较大或体况好的母羊，产羔期应稍减精料。

羊舍垫草要经常更换，保持圈舍卫生，以防细菌感染。母羊产后头几天消化功能较弱，应喂给质量好、容易消化的饲料，喂量不宜过多。绵羊3天逐渐达到正常喂量。产羔后，某些因素可使母羊出现病理现象，如发生胎衣不下、阴道或子宫脱出、乳汁缺乏、急性乳房炎等，必须随时注意观察并进行定期检查，一旦出现异常现象，应立即采取相应措施。

注意观察母羊恶露颜色、气味及排出的时间，防止发生子宫感染。如有异常，立即采取措施。注意观察母羊产后发情表现及发情状况，适时配种，防止漏配。

四、猪的分娩

1. 分娩预兆

母猪临产前在生理上和行为上都发生一系列变化（产前征兆），掌握这些变化规律既可防止漏产，又可合理安排时间。母猪的一些产前征兆如下：

一是腹部膨大下垂，乳房膨胀有光泽，两侧乳头外张；从后面看，最后一对乳头呈八字形，用手挤压有乳汁排出。一般初乳在分娩前数小时或一昼夜就开始分泌，个别产后才分泌。但应注意营养较差的母猪，其乳房的变化不十分明显，要依靠综合征兆做出判断。

二是母猪阴门松弛红肿，尾根两侧开始凹陷，母猪表现出站卧不安、时起时卧、闹圈。一般出现这种现象后6～12 h产仔。

三是频频排尿，阴部流出稀薄黏液。母猪侧卧，四肢伸直，阵缩时间逐渐缩短，呼吸急促，表明即将分娩。

归纳起来为：行动不安，起卧不定，食欲减退，衔草做窝，乳房膨胀、具有光泽，挤出奶水，频频排尿。出现这些征兆，一定要安排专人看护，做好接产准备工作。

2. 接产

（1）接产的准备工作。根据推算的母猪预产期，应在母猪分娩前5～10天准备好分娩舍（产房）。分娩舍要求：一要保温。舍内温度最好控制在15～18℃。寒冷季节舍内温度较低时，应有采暖设备（暖气、火炉等），同时应配备仔猪的保温装置（护仔箱等），如用垫草，应提前将垫草放入舍内，使其温度与舍温相同。要求垫草干燥、柔软、清洁，长短适中（10～15 cm）。炎热季节应防暑降温和通风，若温度过高、通风不好，对母猪、仔猪均不利。二要干燥。舍内相对湿度最好控制在65%～75%。若舍内潮湿，应注意通风，但在冬季应注意通风会造成舍内温度的降低。三要卫生。母猪进入分娩舍前，要进行彻底的清扫、冲洗、消毒工作，清除过道、猪栏、运动场等内的粪便、污物，地面、圈栏、用具等用2%火碱水溶液刷洗消毒，然后用清水冲洗、晾干，墙壁、天棚等用石灰乳粉刷消毒，对于发生过仔猪下痢等疾病的猪栏更应彻底消毒。此外，要求产房安静、阳光充足、空气新鲜、产栏舒适，否则易使分娩推迟、分娩时间延长、仔猪死亡率增加。

（2）接产的方法步骤。接产是分娩母猪管理的重要环节，一般分娩多在夜间，所以安静的环境对临产母猪非常重要，对分娩时的母猪更为重要。因此，在整个接产过程中要求安静，禁止喧哗和大声说笑，动作迅速准确，以免刺激母猪，引起母猪不安，影响正常分娩。接产人员必须将指甲剪短、磨光，洗净双手。

1）将母猪引进分娩舍。为使母猪适应新的环境，应在产前3～5天将母猪赶入分娩舍。以免进分娩栏过晚，母猪精神紧张，影响正常分娩。在母猪进入分娩舍前，要清除猪体尤其是腹部、乳房、阴户周围的污物，有条件的可进行母猪淋浴，效果更佳。进栏宜在早饲前空腹时进行，将母猪赶入产栏后立即进行饲喂，使其尽快适应新的环境。母猪进栏后，饲养员应训练母猪，使之养成在指定地点趴卧、排泄的习惯。

2）准备分娩用具。应准备如下分娩用具或药物：洁净的毛巾或拭布两条（一为接产人员擦手用，一为擦拭仔猪用），剪刀一把，5%碘酊（消毒剪断的脐带）、高锰酸钾溶液，凡士林油（难产助产时用），称仔猪的秤及耳号钳，分娩记录卡，等等。

3. 助产

母猪产仔以躺卧方式为主，如果母猪站着产仔，可用手抚摩其腹部，使其躺卧产仔。胎儿娩出后，用左手握住胎儿，右手将连于胎盘的脐带在距离仔猪腹部3～4 cm处把脐带用手掐断或用剪刀剪断（一般为防止仔猪流血过多，不用剪刀），在断处涂抹碘酒消毒。断脐出血多时，可用手指掐住断头，直到不出血为止，或用线结扎。用洁净的毛巾、拭布或软草迅速擦去仔猪鼻端和口腔内的黏液，防止仔猪憋死或吸进液体呛死，然后用拭布或软草彻底擦干仔猪全身黏液。尤其在冬季，擦得越快越好，以促进血液循环和防止体热散失，并迅速将仔猪移至安全、保温的地方，如护仔箱内。留在腹部的脐带3天左右即可自行脱落。

断脐时，应先将脐带内的血液向仔猪腹部方向挤压，在距胎儿腹部3～5 cm处用剪刀剪断脐带，用碘酒消毒后放入装有干净垫草的箩筐中，对没有呼吸但心脏仍在跳动的假死仔猪，应根据不同情况采取不同措施抢救。如脐带缠颈的，要立即把脐带解开，将仔猪的四肢朝上，一手托着肩部，然后一屈一伸反复做屈伸运动，直到仔猪叫出声为止；对黏液堵住喉咙的，要立即掏出口、鼻内黏液，并倒提其两后肢轻拍胸部，待胎儿发出叫声再放下。

对于长时间努责产不出胎儿的难产母猪，应进行人工助产。可注射催产素，注射后一般 30 min 可产出仔猪，如注射催产素无效，可采用手术掏出。在进行手术前，应剪磨指甲，用肥皂、来苏尔洗净、消毒手臂后，涂上凡士林，母猪外阴部用来苏尔或高锰酸钾液消毒。然后趁着母猪努责、阴门启开时，将手握成锥形，手心向下慢慢伸入产道，摸到仔猪后随母猪努责慢慢将仔猪顺势拉出，防止损伤产道。掏出一头仔猪后，如果转为正常分娩，则不再继续掏，接产完毕后，母猪应注射抗菌素或服用抗菌药物，防止感染。母猪产仔时排出的胎盘要马上清除掉，严防母猪吃胎衣，避免养成吃仔猪的恶癖。产仔结束后，用温水擦洗擦干母猪乳房，换上干净褥草，然后把仔猪放到母猪身边吃奶。

五、驴的分娩

1. 分娩预兆

（1）乳房膨大。分娩前乳房迅速发育，腺体充实，乳房底部水肿，乳头增大变粗，可挤出少量清亮胶状液体或乳汁。营养不良的母驴乳头变化不明显。

（2）外阴部肿胀。临近分娩前数天，阴唇逐渐柔软、肿胀、增大，皱襞展平，黏膜潮红，黏液稀薄润滑，子宫颈松弛。

（3）骨盆韧带松弛。产前 12～36 h 荐髂韧带松弛，荐骨活动性增大，尾根及臀部肌肉明显塌陷，骨盆血流量增多。

（4）行为异常。多数母驴食欲下降，行动谨慎小心，喜欢僻静的地方。临产前精神不安，回顾腹部，来回走动。

2. 接产

（1）接产的准备工作

1）产房应在母驴进入前清扫干净，并用 2%火碱水喷洒消毒，要保持安静、清洁干燥，铺垫清洁干燥的垫草，冬季寒冷地区应注意保温。

2）根据母驴配种记录和分娩预兆，在母驴分娩前 1～2 周将其转入产房进行饲养管理。

3）用温水洗净母驴的外阴、肛门、尾根周围及臀部两侧的污物，并用 0.1%高锰酸钾溶液擦洗消毒。用纱布绷带将尾巴缠上系于一侧。

4）产房应准备必要的药品及用具，如肥皂、毛巾、刷子、绷带、消毒药（苯扎溴铵、煤酚皂、酒精和碘酒）、产科绳、镊子、剪子、盆等，有条件的还应备有常用的诊疗及手术助产器械。

5）接产人员应熟悉接产有关知识和方法，并在接产前洗净手臂，做好自身防护工作。

（2）接产的方法步骤。母驴正常分娩时，一般不需要人为帮助。接产人员的主要任务是观察分娩情况，发现异常及时处理，并护理好新生仔驴。为了防止难产，当胎儿前置部分进入产道时，可将手臂消毒后伸入产道内，检查胎儿的方向、位置和姿势是否正常。如果胎儿正常，正生时三件（唇、二蹄）俱全，可以自然产出；如有异常，应进行矫正处理。此外，还应检查母驴骨盆有无变形，阴门、阴道及子宫颈的松软程度，以判断有无产道异常而发生难产的可能。

1）当胎儿头部已露出阴门外、胎膜尚未破裂时，应及时撕破使胎儿鼻端露出，并擦净胎儿口鼻内的黏液，防止胎儿窒息。但不要过早撕破，以免羊水过早流失。

2）如羊水已流出而胎儿尚未产出，母驴阵缩和努责又减弱时，可拉住胎儿两前肢及头部，随着母驴的努责动作，沿骨盆轴方向拉出胎儿，倒生时更应迅速拉出胎儿，以免胎儿窒息。

3）当胎儿头部通过阴门困难时，尤其是母驴反复努责的情况下，可慢慢拉出胎儿，并用手保护阴门，防止阴门撕裂。

4）母驴站立分娩时，须接住胎儿。

3. 助产

发现母驴难产时，除检查母驴全身状况外，必须重点对产道及胎儿进行临床检查，然后对症救助。产力性难产可用催产素催产或拉住胎儿的前置部分，顺着母驴的努责将胎儿拉出体外；胎儿过大引起的难产，可行剖腹产术或采用将胎儿强行拉出的办法救助；胎位、姿势不正引起的难产，可行纠正其胎位、胎向和胎势的办法助产；产道轻度狭窄造成的难产，可向产道内灌注石蜡油，然后缓慢地强行拉出胎儿，并注意保护阴门、防止撕裂，如胎儿死亡，可施行截胎手术，将胎儿分割拿出。

单元测试题

一、名词解释

1. 分娩　　2. 助产　　3. 分娩预兆

二、填空题（请将正确答案填在横线空白处）

1. 母畜妊娠鉴定时，外部观察方法主要包括________和________。

2. 根据配种记录和产前预兆，一般在预产期前________周将母畜转入产房。

3. 产后 1 h，应给母羊饮水，第一次不宜过多，水温应高一些，切忌给母羊饮________。

三、简答题

1. 简述母猪的分娩预兆。

2. 简述产后母羊的护理。

单元测试题答案

一、名词解释

1. 妊娠期满，胎儿发育成熟，母体将胎儿及其附属物从子宫排出体外的生理过程。

2. 为使胎儿顺利娩出母体产道，于产前和产时采取的一系列措施。

3. 母畜临产前在生理上和行为上发生的一系列变化。

二、填空题

1. 生殖器官的变化、全身变化　　2. 1～2　　3. 冷水

三、简答题

1. 母畜临近分娩时，乳房迅速膨大，腺体充实，有的乳房底部水肿，可挤出少量乳状物，有的有漏乳现象，乳头增大变粗；外阴柔软、充血肿大，黏液增多、稀薄透明，子宫颈松弛；骨盆及荐髂韧带松弛，臂部肌肉出现明显的塌陷现象；行为上表现出食欲下降、好静、离群，猪在分娩前 6～12 h 衔草做窝。

2. 母羊在分娩过程中失水较多，新陈代谢机能下降，抵抗力下降，如此时护理不当，不仅影响母羊的健康，使其生产性能下降，还会直接影响羔羊的哺乳。

产后母羊应注意保暖、防潮，避免贼风，预防感冒，并使母羊安静休息。产后1 h，应给母羊饮水，第一次不宜过多，水温应高一些，切忌给母羊喝冷水。为了防止乳房炎，补饲量较大或体况好的母羊，产羔期应稍减精料。

初级家畜繁育员理论知识考核试卷

一、名词解释

1. 采精　　2. 初情期　　3. 性成熟　　4. 发情周期

二、填空题（请将正确答案填在横线空白处）

1. 母猪属常年发情自发性排卵，发情周期平均为________天，发情持续时间一般为________天。

2. 目前精液保存方式主要有三种：________、________和________。

3. 公羊配种季节较短，射精量少且附睾贮存量大，每天可采________次，每次之间至少间隔________ min。

三、简答题

1. 简述种公羊的调教方法。

2. 母猪的分娩预兆有哪些?

初级家畜繁育员理论知识考核试卷答案

一、名词解释

1. 采精是指通过人工方式采集公畜精液的方法，分为手握法、电刺激法和假阴道法等。

2. 初情期是指母畜首次表现发情并发生排卵的时期。

3. 性成熟是指母畜发育到一定年龄，生殖器官已经发育完全，基本上具备了正常的繁殖功能。

4. 母畜性成熟后便出现周期性的发情表现，通常将两次发情间隔的时间叫作发情周期（性周期）。

二、填空题

1. 21、2～3　　2. 常温保存、低温保存、冷冻保存　　3. 2～3、12

三、简答题

1. 种公羊的调教

（1）在假台羊旁牵一发情母羊，诱使其爬跨数次，但不使其交配，当公羊性兴奋达到高峰时，牵向假台羊使其爬跨。

（2）在假台羊后躯涂抹发情母羊的阴道分泌物或尿液，刺激公羊的性欲并诱使其爬跨假台羊。

（3）将待调教的公羊拴在假台羊附近，让其观看另一只已调教好的公羊爬跨假台羊采精，然后再诱导其爬跨假台羊。

2. 母猪的分娩预兆

母猪临近分娩时，乳房迅速膨大，腺体充实，有的乳房底部水肿，可挤出少量乳状物，有的有漏乳现象，乳头增大变粗；外阴柔软、充血肿大，黏液增多、稀薄透明，子宫颈松弛；骨盆及荐髂韧带松弛，臂部肌肉出现明显的塌陷现象；行为上表现出食欲下降、好静、离群，在分娩前 6～12 h 衔草做窝。

第二部分

家畜繁育员（中级）

第5单元

种畜饲养管理

第一节　种畜饲养

培训目标

- 了解常见家畜基本品种及其国内主要品种。
- 掌握常见家畜的基础饲养知识。

一、马

1. 马的简介

马为草食家畜，在4000年前被人类驯服。普氏野马（Przewalski's horse）66个染色体，家马（64个染色体）可以杂交可育的后代。马在古代曾是农业生产、交通运输和军事等活动的主要畜力。随着生产力的发展、科技水平的提高、动力机械的发明和广泛应用，马在现实生活中所起的作用越来越少，如今主要用于马术运动和生产乳、肉，饲养量也大为减少，目前主要分布在我国西北和东北地区。但在有些发展中国家和地区，马仍以役用为主，并是役力的重要来源。

2. 马的主要优良品种

（1）按北欧分类法主要有以下著名的类型及品种：一型小马（森林马），如埃克斯穆尔马（Exmoor）；二型小马（高原马），如高地小型马（Highland）；三型马（草原马），如塔克马（Akhal-Teke）；四型马（沙漠马），如里海马（Caspian）。

（2）按马的个性及气质分，主要有以下著名的类型及品种：热血马，如阿拉伯马（Arabian）、英国纯血马（Thoroughbred）；冷血马，如苏格兰克莱兹代尔马（Clydesdale）、法国佩尔什马（Perchcron）；温血马，如德国荷尔斯马（Holsteiner）、波兰特雷克纳马（Trakehner）。

（3）我国较著名的马品种主要有蒙古马、哈萨克马等。新疆共有哈萨克马、巴里坤马、焉耆马、柯尔克孜马4个地方品种，有伊犁马、伊吾马2个培育品种，其中伊犁马是国产马第一品牌。

伊犁马是我国著名的培育品种之一，力速兼备，挽乘皆宜，长途骑乘擅长走对侧步。伊犁马能适应高寒和粗放的山区群牧条件，抗病力强，能够适应海拔高、气候严寒、终年放牧的自然环境条件，保留了哈萨克马的优良特性，耐粗饲、善走山路，冬季在雪深40～50 cm时也能刨雪觅食，青草季节增膘快。

伊犁马平均体高144～148 cm、体重400～450 kg，体格高大、结构匀称、头部小巧。伊犁马伶俐，眼大眸明，头颈高昂，四肢强健。当它颈项高举时，有悍威，加之毛色光泽漂亮，外貌更为俊美秀丽。毛色以骝毛、栗毛及黑毛为主，四肢和额部常有被称作“白章”的白色斑块。伊犁马具有良好的兼用体型，体格高大，结构匀称紧凑。头秀美、高昂干燥，面部血管明显；眼大有神，额广，鼻直、鼻孔大，有悍威。颈长适中，肌肉充实，颈基高，颈肩结合良好。鬐甲中等高长，发育丰满。背腰平直，腰稍长，尻宽长中等、稍斜。胸深，肋骨开张良好，胸廓发达，腹形正常。肩胛长斜，四肢干燥，筋腱明显，关节清晰，肢势端正，系中等长，蹄质结实，运步轻快。有少部分马颈部肌肉欠丰满，前胸发育较差，四肢发育不足，有待今后在育种工作中改进。毛色以骝色为主，栗色和黑色次之，青色和其他毛色少见。

此外，产于新疆的哈萨克马也较为著名。其形态特征是：头中等大，清秀，耳朵短；颈细长，稍扬起；鬐甲高，胸稍窄，后肢常呈现刀状。主要分布于新疆天山北麓、准噶尔西部和阿尔泰西段一带。头中等大，显粗重，背腰平直；毛色以骝毛、栗毛、黑毛为主，青毛次之。其适应性强，能在寒冷的气候条件下生存。

3. 种马的饲养

（1）种公马的饲养。马属于季节性发情家畜，故种公马的饲养在配种季节和非配种季节要做适当的调整。

1）非配种季节。在保证役用的情况下，种公马以保持七八成膘为宜。一般日粮以粗饲料为主，根据役用情况和膘情，每天补充 2～3 kg 精料。

2）配种季节。在配种季节到来前 1 个月左右，要适当提高种公马的日粮营养水平，尤其要满足矿物质、维生素、蛋白质的需要。

轻型马的日粮可按下面的比例配给：麦类 1.5 kg，麸皮 1 kg，豆类或豆粕 1.5 kg，小米 1 kg，干草 8～10 kg，胡萝卜 3 kg，麦芽 1 kg，盐 50 g，骨粉 30 g。重型马应在此基础上增加 20%左右，配种繁重的时期应每天另补 3～5 个鸡蛋或 2～3 kg 的牛奶。

种公马要单槽饲养，草料要切短至 2～3 cm，俗话说“寸草轧三刀，无料也上膘”，草料要细碎，利于马的消化吸收；饲喂要定时、定量、定质、定人，一般日喂 3 次、饮水 3 次，部分草料可在夜间投放让其自由采食；饲料应加水搅拌后饲喂。

（2）母马的饲养

1）空怀母马。因经常担任中等劳役，所以在不工作时间每日应有适量运动，在放牧季节应尽量进行放牧饲养。冬季未担任工作的空怀母马，日粮可由粗料和含碳水化合物丰富的精料组成。配种开始前 1.5～2 个月，应补给多汁饲料和发芽饲料，管理上要经常注意观察发情征候，争取早期配种。

2）妊娠母马。母马在妊娠后 3 个月内，其日粮的营养标准与空怀母马基本相同，要求营养全面、饲料质量好。此期要多喂些优质干草和蛋白质含量较高的饲料。有条件的可适当放牧或喂青草，严禁饲喂霉烂变质饲草料。

3）妊娠中期。在日粮中应增加精料 0.5～1.0 kg。有条件的地方，要组织放牧。舍饲马应补饲青草，并适当减轻劳役强度。

4）妊娠后期。日粮应比一般役马增加精料 1.5～2.0 kg。适当减少粗料，增加饮水次数。分娩前 10～15 天，应适当减少日粮中的精料量，特别应减少富含蛋白质的饲料，如豆粕等。

5）哺乳母马。分娩后母马多感口渴和饥饿，须适时给母马少量饮水，然后喂给适量加有少量食盐的麸皮或小米汤。经过几小时后，喂给质量好的柔软干草。在饲草中应拌入少量的豆粕、胡萝卜等。母马产后体力较弱，尚不能充分消化利用饲料中的营养物质，因此在产后三四天内不要喂给大量精料，否则会引起腹胀。母马在哺乳期须饮温水1个月左右，这样有利于体质的恢复。

二、牛

1. 牛的常见品种简介

(1) 奶牛品种。我国现已培育的奶牛品种主要有中国荷斯坦牛，其前身为黑白花奶牛，因其毛色黑白相间的特征而获此名，分北方黑白花和南方黑白花奶牛两个品系，1992年统一命名为中国荷斯坦牛。其平均泌乳量达6 500 kg左右，乳脂率3.3%～3.4%，其体形具有乳用品种典型的“三角形”特点。

荷兰荷斯坦牛是世界著名的奶牛品种。该品种原产于荷兰，有“奶牛之父”的美称，以产奶量高而著称于世，许多国家均引进该品种参与本国的乳用牛品种培育。荷斯坦牛也称荷斯坦－弗里生牛或荷兰牛，原产于荷兰，在欧洲称为弗里生牛。荷斯坦牛风土驯化能力强，世界上大多数国家均能饲养。经各国长期的驯化及系统选育，育成了各具特征的荷斯坦牛，并冠以本国的国名，如美国荷斯坦牛、加拿大荷斯坦牛、中国荷斯坦牛等。

荷斯坦牛外貌特征：体格高大，结构匀称，皮薄骨细，皮下脂肪少，乳房特别庞大、乳静脉明显，后躯较前躯发达，侧望呈楔形，具有典型的乳用型外貌。被毛细短，毛色呈黑白斑块、界线分明，额部有白星，腹下、四肢下部（腕、跗关节以下）及尾帚为白色。成年公牛体高145 cm、体重900～1 200 kg，成年母牛体高135 cm、体重650～750 kg，犊牛初生重为40～50 kg。

此外，国外优良乳用牛品种还有娟姗牛（原产于英国）、爱尔夏牛（原产于苏格兰）等。

(2) 肉牛品种。我国先后引进了很多世界优良的肉牛品种，并已广泛用于我国肉牛的品种改良。通过国内有关专家的努力，已培育出了我国的两个新肉牛品种。

1) 引进品种

①利木赞牛。原产于法国，属大型肉用品种。

②夏洛来牛。原产于法国，属大型肉用品种，1965年开始引进到我国，具有“双肌肉”性状。

③安格斯牛（又名无角黑牛）。原产于英国，属中小型肉用品种。

④海福特牛。原产于英国，属中小型肉用品种，20世纪70年代引入我国。

⑤皮埃蒙特牛。原产于意大利，属中型肉牛品种。

2) 我国培育的优良肉用品种

①夏南牛。我国培育的第一个优质肉牛品种，经过21年的培育，于2007年5月15日通过国家畜禽品种遗传资源委员会审定。夏南牛是以我国优良地方品种南阳牛为母本、法国夏洛来牛为父本，用杂交培育方法培育出来的一个肉牛品种。夏南牛平均屠宰率为60.13%，净肉率为48.84%，眼肌面积为117.7 cm^2，优质肉切块率可达38.37%。该品种牛性情温顺，耐粗饲，适应性强，采食速度快，具有生长发育快、易育肥特点。

②延黄牛。我国最先开始培育的一个优质肉牛品种，经过 27 年的培育，于 2008 年 1 月 14 日通过国家畜禽品种遗传资源委员会审定。延黄牛是以我国优良地方品种延边牛为母本、以利木赞牛为父本，用杂交培育方法培育出来的一个肉牛品种。延黄牛成年公牛体重 1 056.6 kg、体高 156.2 cm，母牛成年体重 625.5 kg、体高 136.3 cm，平均屠宰率为 59.8%，净肉率为 49.3%，眼肌面积为 98.6 cm^2，平均日增重 1.22 kg。延黄牛具有肉牛的典型外貌特征，有耐寒、耐粗饲、抗病力强等特性。

（3）役用牛品种

1）黄牛。收入我国地方良种品种志的品种有近 30 个，蒙古牛（原产于内蒙古）、秦川牛（原产于陕西）、南阳牛（原产于河南）、鲁西黄牛（原产于山东）、晋南牛（原产于山西）、延边牛（原产于吉林）等品种较有名。

2）水牛。我国水牛统称中国水牛，主要的水牛品种（品系）有上海水牛、云南德宏水牛、四川德昌水牛等。

我国现引进的水牛品种主要有摩拉水牛（原产于印度）、尼里一拉菲水牛（原产于巴基斯坦）。

3）牦牛。主要有青海高原牦牛、天祝白牦牛、西藏高山牦牛、九龙牦牛、麦哇牦牛 5 个品种。

（4）兼用牛品种。我国现引进的兼用品种主要有西门塔尔牛（原产于瑞士）、短角黄牛（原产于英国）等。

西门塔尔牛原产于瑞士阿尔卑斯山区西部西门河谷，其外貌特征：毛色为黄白花或淡红白花，头、胸、腹下、四肢及尾帚多为白色；体格高大，成年公牛体高 142～150 cm、体重 1 000～1 200 kg，相应母牛体高、体重分别为 134～142 cm 和 550～800 kg，犊牛初生重 30～45 kg；后躯较前躯发达，蹄圆厚；乳房发育中等，乳头粗大，乳静脉发育良好。

中国西门塔尔牛核心群平均产奶量为 3 550 kg，乳脂率为 4.74%。与我国北方黄牛杂交，所生后代体格增大、生长加快，受到群众欢迎。西杂牛产奶量 2 871 kg，乳脂率 4.08%。中躯呈圆筒形；额与颈上有卷曲毛；四肢强壮，蹄皮皮肤为粉红色，头较长，面宽；角较细，向外上方弯曲，尖端稍向上；颈长中等；体长，呈圆筒状，肌肉丰满；胸深，尻宽平，四肢结实，大腿肌肉发达，乳房发育好；成年公牛体重平均为 800～1 200 kg，母牛为 650～800 kg。

2. 牛的主要优良品种

（1）乳用品种。主要包括荷斯坦牛、爱尔夏牛、娟姗牛、更赛牛等。

（2）肉用品种。主要包括海福特牛短角牛、阿伯丁一安格斯牛、夏洛来牛、利木赞牛、契安尼娜牛、林肯红牛、无角红牛、格罗维牛、德房牛、墨利灰牛，以及近代用瘤牛与普通牛杂交育成的一些品种，如婆罗门牛、婆罗福特牛、婆罗格斯牛、圣赫特鲁迪斯牛、肉牛王、帮斯玛拉牛和比法罗牛等。

（3）兼用品种。主要包括兼用型短角牛、西门塔尔牛、瑞士褐牛、丹麦红牛、安格斯牛、辛地红牛等，以及用兼用型短角牛和瑞士褐牛分别改良蒙古牛和新疆伊犁牛而育成的草原红牛和新疆褐牛等。

（4）役用品种。主要有中国的黄牛和水牛等。有的黄牛也可役肉兼用，20 世纪 70 年代前水牛在中国一些地方也作乳役兼用。关于中国的黄牛品种，其中鲁西黄牛是我国名贵牛种之一，其体躯高大、结构匀称、健壮威武、肉用价值高，闻名海内外。体形特征：被毛从浅黄到棕红，以黄色居多，鼻与皮肤均为肉红色，部分有黑色斑点。多数牛具有完全或不完全的“三粉”特征，即眼圈、口轮、腹下为粉白色。公牛角形多为“倒八字角”或“扁担角”，母牛角形以“龙门角”较多。公牛头短而宽，前躯发达，颈部短粗壮，肉垂明显，肩峰高大，胸深而宽，四肢粗壮；母牛颈部较长，背腰平直，四肢强健，蹄多为琥珀色，尾细长呈纺锤形。

3. 种牛的饲养

（1）种公牛的饲养。种公牛的饲养除了满足饱感和各元素的需要外，日粮应以精料为主来满足公牛的营养需要，同时注意饲料的多样性和适口性，精、粗、青合理搭配。酸性饲料不可过多，防止影响精液品质，粗饲料要控制喂量，防止形成“草腹”，在青饲料缺乏季节应加喂胡萝卜等富含维生素 A 的饲料。

在配种的繁忙季节，可适当增喂 2～3 个鸡蛋之类的动物性蛋白饲料，以保持、提高精液品质。

（2）乳用母牛的饲养。乳用母牛的饲养饲料要求新鲜干净、无异物和霉变。饲料的种类尽可能多样化，一般要求有粗料、青贮料、多汁料、精料等，奶和精料之比为（2～3）：1。

饲喂次数与挤奶次数一致，一般日泌乳 15 kg 以下饲喂两次，15 kg 以上可饲喂 3～4 次。

1）泌乳初期（产后 15～20 天）。该期乳牛产犊后身体虚弱，气血亏损，消化机能下降，抗病力下降，个别牛有水肿甚至产后瘫痪，故配给日粮时，要适当减少精料供给量，饲料要适口性好、容易消化。

2）泌乳盛期（产后 20～60 天）。该期是影响泌乳期产乳量最关键的时期，在这一时期，针对不同牛体采用不同的饲喂方法，才能充分挖掘其泌乳潜力。

一般产乳牛可采用短期优饲法，即从产后 15～20 天开始，每日除按饲养标准配料外，另加入 1～2 kg 精料，每周调整一次，原则是乳增则料增，乳减则料减。

高产牛则可采用引导饲养法，即从产犊前两周开始，在干乳期日粮标准基础上，逐日增加 0.45 kg，直到每 100 kg 体重采食 1.0～1.5 kg 精料为止。产犊恢复体况后，继续加料，直到泌乳停止上升。当泌乳量开始下降时，则逐渐减少精料喂量。

3）泌乳中后期。该期乳牛产乳量开始下降，饲料的营养浓度也要相应下调。一般泌乳中期精料占干物质 30%～40%，泌乳后期占 20%～30%。

（3）役用及肉用母牛的饲养

1）空怀期及妊娠前期。在天然饲草较丰富的季节，可以放牧或半放牧为主，并视情况适当补充精料即可。如处于天然牧草缺乏的季节或缺乏天然草场的地区，应在充分利用农副产品的基础上补充一定的精料，同时要满足矿物质的需要，一般每头母牛每天应适当补充富含钙的饲料及 5～10 g 食盐。

2）妊娠中后期。胎儿生长发育加快，营养需要增多，尤其对蛋白质的需求相对较高。在牧草采食不足的情况下，应增加日粮中精料所占的比例，增加的量根据牧草采食数量与质量而定。即使牧草不缺乏，每天在日粮中仍应考虑补充 1.5～3.0 kg 精料。

3）哺乳期。基本保持妊娠后期的营养水平，但日粮中要求有足够的青绿多汁饲料。如母牛泌乳不足，则应增加一定量的蛋白质饲料和催乳药物。断奶前 3～5 天，要逐渐减少精料和多汁饲料的饲喂量。

三、羊

1. 羊的简介

羊的本义是“驯顺的动物”。羊，哺乳纲，偶蹄目，牛科，包括绵羊和山羊两大类。羊是家畜之一，是有毛的四腿反刍动物，羊毛、羊肉的来源，原为北半球山地动物。羊吃草，所以主要生存在大草原上。羊全身是宝，如羊乳（包括羊奶酪）、羊毛、绵羊油和羊肉。在中国造纸术传入之前，羊皮纸在西方社会一直用于经典的传抄。牧羊业在当今世界上的一些国家里仍占有相当的经济地位。

2. 羊的主要优良品种

（1）奶山羊。世界最著名的奶山羊品种当数萨能奶山羊，该品种产于瑞士伯尔尼州西部的萨能山谷，1904 年我国就引进了该品种，参与我国崂山奶山羊的培育。

我国较出名的奶山羊品种主要有西农萨能奶山羊、崂山奶山羊、关中奶山羊等。

（2）普通山羊。我国比较出名的有贵州白山羊、成都麻山羊、建昌黑山羊、雷州山羊、马头山羊等。

（3）肉用山羊。世界著名的肉用山羊品种主要有波尔山羊，国内肉山羊品种主要有南江黄羊。

波尔山羊原产于南非，是世界著名优质肉用品种，我国 1995 年开始引入，现已广泛用于肉羊的杂交改良。

南江黄羊是新中国成立后培育的第一个优质肉脂用羊品种，现主要分布于四川省成都市南江县，于 1996 年通过国家鉴定。

（4）羔皮用与裘皮用山羊。我国羔皮用山羊品种主要有济宁青山羊，裘皮用品种主要有中卫山羊。

（5）绒用山羊。我国著名的绒用山羊主要有辽宁绒山羊、内蒙古绒山羊、河西绒山羊等。

（6）毛用绒山羊。世界著名的品种主要有安哥拉毛用山羊。

3. 种羊的饲养

（1）种公羊的饲养

1）非配种季节。种公羊应以放牧为主，结合补饲，每天每只喂精料 0.4～0.6 kg。冬季补饲优质干草 1.5～2.0 kg、青贮料及多汁料 1.5～2.0 kg，分早晚两次喂给，每天饮水不少于 2 次。加强放牧活动，每天游走不少于 10 km。羊舍的光线要充足，通风良好，保持干燥。

2）配种季节。配种前 45 天开始转为配种期的饲养管理。此期根据种公羊的配种数量确定补饲量。一般每只每天补饲混合精料 1～1.5 kg、骨粉 10 g、食盐 15～20 g，每天分3次喂给。干草任其自由采食。对日采精3次以上的优秀种公羊，每天加喂鸡蛋2～3个或牛奶1～2 kg。

(2) 母羊的饲养

1) 怀孕母羊。怀孕后2个月开始增加精料给量。怀孕后期每天每只补干草1～1.5 kg、精料0.5 kg，每天饮水2～3次。

2) 哺乳前期。每天每只补喂精料0.5 kg，产双羔的补喂0.7 kg，哺乳中期精料减至0.3～0.4 kg，日给干草3～3.5 kg，每天饮水2～3次。

3) 空怀期。以放牧和青粗饲料为主，如膘情偏差，则应根据情况每日补饲0.2～0.3 kg精料。

四、猪

1. 猪的简介

猪是杂食类哺乳动物。身体肥壮，四肢短小，鼻子口吻较长，体肥肢短，性温顺，适应力强，繁殖快，有黑、白、酱红或黑白花等颜色。出生后5～12个月可交配，妊娠期约为4个月，平均寿命20年。猪是五畜之一，在十二生肖中位列末位，称之为“亥”。

2. 猪的主要优良品种

(1) 大白猪

1) 品种形成历史。大白猪又称约克夏猪。大白猪在全世界猪种中占有重要的地位，因其既可作父本也可作母本，且具有优良的种质特征，在欧洲被誉为“全能品种”。

2) 特征、生产性能及繁殖性能。特征：体大，毛色全白，少数额角皮上有小暗斑，耳大直立，背腰、腹线平直，后躯充实，前躯发育较好，平均乳头数7对。

生产性能：背膘厚为1.5～2 cm，饲料利用率为2.6～3，肥育期平均日增重847 g，瘦肉率64%～68%。

繁殖性能：大白猪性成熟较晚，母猪初情期在5月龄左右，一般8月龄达125 kg以上时开始配种，但以10月龄左右配种为宜，经产窝产仔数平均为11.5头。

3) 优缺点及生产应用。优缺点：全能品种，适应性强，产仔数多，生长快，饲料转化率高，胴体瘦肉率高；但肢蹄疾患较多，肉质性状一般。

生产应用：三元杂交中常作为第一父本或母本，如杜洛克×（大白×长白）、杜洛克×（长白×大白）、大白×（长白×通城）、丹麦长白×（大白×太湖）、长白×（大白×金华）；国内二元杂交作父本，如与民猪、华中两头乌、大花白、皖南花猪、荣昌猪、内江猪。

(2) 长白猪

1) 品种形成历史。长白猪原名兰德瑞斯（Landrace），因体躯特长、毛色全白，故在中国通称为长白猪。丹麦兰德瑞斯猪则起源于大白猪和本地吉尔斯特型猪的杂交，是适应英国市场需要而出现的种群。兰德瑞斯猪具有遗传基础广泛的特征，主要是缘于Landrace品种形成时，有来源于众多欧洲国家的不同“本地猪”的遗传基础，这就是一些育种家培育高瘦肉率Landrace品系和高繁殖率Landrace品系的基础。

2）特征及生产性能。特征：全身白色，体躯长呈流线形，耳向前倾，嘴比大白猪长，颈肩秀巧，肋骨多1～2根，背腰特长，后躯发达，乳头数7～8对。

生产性能：日增重快，饲料报酬在3以下，胴体瘦肉率为64%～68%，初产母猪平均产仔数为10.8头，经产母猪平均产仔数为11.33头。

3）优缺点、生产应用及发展。优缺点：生长快，饲料利用率高，瘦肉率高，母猪产仔数多、泌乳力好，断奶窝重较高；但适应性差，有时有PSE肉（白肌肉），肢体比较纤细。

生产应用：在国外三元杂交中常作为第一父本或母本，国内作第一父本（二元、三元），如杜长大、长大太。在今后提高中国商品猪瘦肉率等方面，长白猪将成为一个重要父本发挥越来越大的作用。

发展：世界上培育出了许多长白猪新品系，如美系长白猪（四肢比较粗壮）、新丹系长白猪等。

（3）杜洛克猪

1）品种形成历史。杜洛克猪原产地为美国东北部，其主要亲本是纽约州的杜洛克和新泽西州的泽西红。体形变化：在18世纪后半期和“一战”前期，强调大体形；20世纪20年代，向着体格更高、更清秀的腌肉型猪发展；“二战”爆发时，缘于对猪油的需要，向大个体和高猪油产量方向选育；在20世纪50年代，猪油脂需要降低，向“瘦肉型猪”选育的时代开始。

2）特征。体型大，耳中等大、向前稍下垂，嘴粗，毛色棕红色，体躯丰满结实，四肢粗壮，耳根竖、耳尖垂（美系）。

3）生产性能、优缺点及生产应用。生产性能：产仔数8～9头（台系11.25头），培育期平均日增重936 g，饲料报酬2.37，瘦肉率64%～65%。

优缺点：适应性强，日增重稳定，瘦肉率高，肌纤维较粗，IMF（肌内脂肪）较高，杂交时配合力强；但是产仔少，护仔性差，泌乳力差。

生产应用：生产中用作商品猪的主要杂交亲本，尤其是终端父本。

3. 种猪的饲养

（1）种公猪的饲养。种公猪的日粮组成以精料为主，配合适量青料，少用或不用粗料，精青料比例在1∶1.5左右。饲料喂量应根据种公猪的年龄、体重、膘情、配种次数与食欲好坏等个体差别区别对待。大体上体重250～350 kg的成年种公猪，在非配种季节日喂精料为2～3 kg，配种期为3～4 kg。夏秋季日喂3次，春冬季节日喂2次，晚上多喂一些，要求每顿吃完不剩料。喂料后让其充分饮水。

新鲜幼嫩的青饲料有利增进公猪食欲，鸡蛋与饼类等是保持性机能与生产精液之必需，可适量添加。公猪承担配种时每日添加鲜鸡蛋1～2枚，效果良好。

（2）母猪的饲养。母猪在不同阶段，其饲养技术应根据生产需要及时进行调整。

在空怀期及妊娠前期，日粮以青、粗饲料为主，饲料中粗蛋白质含量达12%～13%即可，但饲料应多样化，能满足矿物质及微量元素的需要。一般每天应适当补充富含钙的饲料添加剂及3～5 g食盐，干物质进食量为体重的2%～3%，最好采用湿拌料饲喂。如配种前母猪体况太差，可在配种前15～20天采用短期优饲法——高营养、高能量方式进行饲喂，这对提高母猪的繁殖力具有明显的作用。

在妊娠中后期，胎儿生长发育加快，对营养物质需求增多，尤其对蛋白质的要求相对较高，饲料中蛋白质含量应提高到14%～15%，日粮中仍应有一定量的青绿多汁饲料和麸皮，以防止便秘。但青绿多汁饲料不可饲喂过量，防止因食入过多的饲料在体内挤压胎儿影响发育。禁喂冰冷霉变饲料以防止流产。

在哺乳期，一般日喂3～4次，日粮中要求有足够的青绿多汁饲料，最好能补充些蛋白质饲料。注意随时满足饮水的需要和禁喂霉变饲料，如母猪泌乳不足，还可加入淫羊藿等中药进行催乳。断奶前3～5天，要逐渐减少精料量和多汁饲料量。

根据妊娠母畜不同体况选用以下方法：

1）抓两头带中间。即前期以精料为主、中期以青粗饲料为主、后期以精料为主的饲养方式。此种方式适用于膘情较差的母猪。

2）前粗后精。妊娠前期以青粗饲料为主，后期逐渐增加精料量、适当减少青粗饲料。此种方式适用于膘情较好的母猪。

3）步步登高。从空怀期起，日粮中精料比例及用量逐渐提高。此种方式适用于初产母猪和哺乳期的母猪。

五、驴

1. 驴的简介

驴为马科、马属，马和驴虽同属马属，有共同的起源，但不同种。其体形比马和斑马都小，但与马属有不少共同特征：第三趾发达，有蹄，其余各趾都已退化。驴的形象似马，多为灰褐色，不威武雄壮。它头大耳长，胸部稍窄，四肢瘦弱，躯干较短，因而体高和身长大体相等，呈正方形。它颈项皮薄，蹄小坚实，体质健壮，抵抗能力很强。驴很结实，耐粗放，不易生病，并有性情温顺、吃苦耐劳、听从使役等优点。

我国疆域辽阔，养驴历史悠久。驴可分大、中、小三型，大型驴有关中驴、泌阳驴，这两种驴体高130 cm以上；中型驴有辽宁驴，这种驴高在110～130 cm之间；小型驴俗称毛驴，以华北地区和甘肃、新疆等地居多，这些地区的驴体高在85～110 cm之间。

2. 驴的主要优良品种

（1）德州驴。体格高大，体形紧凑，结实，结构匀称。毛色分为三粉和乌头两种，三粉为黑毛三白（鼻、眼圈和腹下），乌头为全身黑。

（2）关中驴。体格高大，结构匀称，体质结实，体型略呈长方形。毛色以黑为主。

（3）晋南驴。体格高大，体形结实紧凑。毛色以黑色居多，其次为灰色和栗色。

（4）广灵驴。体格高大，体质坚实，粗壮，结构匀称。毛色以黑化眉为主，青化眉灰、纯黑次之。

（5）佳米驴。体格中等，结构匀称，体躯呈方形。

（6）泌阳驴。属中型驴种，头直、额凸起，口方正，耳耸立，体型近似正方形。毛色为黑色，眼圈、嘴头周围和腹下为粉白色，又称三白驴。

（7）庆阳驴。体格中等，粗壮结实，体型近于正方形，结构匀称，体态美观。毛色以黑色为最多。

（8）新疆驴（包括喀什驴、库车驴和吐鲁番驴）。体格矮小，结构匀称，四肢短而结实。被毛吐鲁番驴黑色、棕色居多。

（9）华北驴。体质紧凑，头较清秀，四肢细而干燥。毛色复杂，灰、黑、青、苍、栗色皆有，但以灰色为主。

（10）西南驴（川驴）。属小型驴，体质结实，头较粗重，额宽，背腰平直，被毛厚密。毛色灰、栗毛居多。

（11）阳原驴。体质结实干燥，结构匀称。毛色有黑、青、灰、铜 4 种，黑毛最多。

（12）太行驴。体型多呈高方形，头大耳长，四肢粗壮。毛色以浅灰色居多，粉黑色和黑色次之。

（13）临县驴。体格强健，体质结实，体形中等，结构匀称。毛色主要为黑色，并常带有“四白”。

（14）库伦驴。结构紧凑，四肢粗壮有力。毛色有黑、灰两种，多数有白眼圈，乌嘴巴，腿上有虎斑。

（15）淮北灰驴。属华北驴种。体小紧凑，四肢干燥。毛色多为灰色，有背线和鹰膀。

（16）苏北毛驴。体形矮小，体格结实。毛色以青色居多，其次为灰色、黑色。

（17）云南驴（属西南驴）。体质干燥结实，头较粗重，体形矮小。毛色灰色为主，黑色次之。

（18）陕北毛驴。体质结实，头稍大、颈低平，眼小耳长，前躯低，背腰平直，尻短斜，腹部稍大，四肢干燥，关节明显，蹄质坚实。外貌不甚美观。性情温顺，吃苦耐劳，适于骑乘、拉车、驮运、碾磨等多种劳役，其驮运能力最优。毛色常见的有黑色、灰色、杂色（白灰色、红黑褐灰色、灰色、褐色），缺乏光泽，具有背线和鹰膀。

3. 种驴的饲养

（1）饲喂次数。饲喂次数取决于饲喂对象、生产目的、生长阶段、劳动组织、牧场设备等情况。一般每天饲喂 2～3 次，公驴在配种季节或在配种旺季，母驴在妊娠后期及泌（哺）乳期应根据情况适当增喂 1～2 次/天。

饮水：有条件的牧场采用自动饮水器，也可采用水槽饮水。

（2）饲喂方式

1）喂料定时。一般早上在 8：00—9：00，中午在 12：00—13：00，下午在 17：00—18：00，可根据不同地区或生产安排适当调整。

2）给料有序。多种饲料饲喂时，一般给料顺序是：精料→青料→青贮料→多汁饲料→饮水。

3）饲料定量。各种饲料的量一旦定下来，一般不要突然增加或减少。

4）少给勤添。每次饲喂时，不要把饲料一次性投放，而是开始少放一点，等将要吃完时再添加一点，直至驴吃饱。

（3）饲料更换。每当要变换某种饲料时，应采取逐渐变化方式，即第一天原来的饲料占 70%、需换的饲料占 30%，第二天各占 50%，第三天原来的饲料占 30%、需换的饲料占 70%，第四天完全换成新饲料。

第二节 种畜管理

培训目标

→ 掌握常见家畜的生殖器官基础知识。
→ 了解常见家畜的生物学特性。

一、马

1. 马的生殖器官和生物学特性

（1）马的生殖器官。公马睾丸长椭圆形，其长轴与躯干平行；阴茎呈两侧稍扁的圆柱状。

母马卵巢形如蚕豆，具有排卵窝（马类特有），卵泡均在凹陷中破裂排出卵子。卵巢长 4 cm、宽 3 cm、厚 2 cm。子宫为双角子宫，子宫大部分位于腹腔，小部分位于骨盆腔，背侧为直肠，腹侧为膀胱，前接输卵管，后接阴道，借助于子宫阔韧带悬于腰下腹腔。

（2）马的生物学特性。不同品种的马体格大小相差悬殊。重型品种体重达 1 200 kg，体高 200 cm，所谓袖珍矮马仅高 60 cm。头面平直而偏长，耳短。四肢长，骨骼坚实，肌腱和韧带发育良好，附有掌枕遗迹的附蝉（俗称夜眼），蹄质坚硬，能在坚硬地面上迅速奔驰。毛色复杂，以骝、栗、青和黑色居多；被毛春、秋季各脱换一次。汗腺发达，有利于调节体温，不畏严寒酷暑，容易适应新环境。胸廓深广，心肺发达，适于奔跑和高强度劳动。

食道狭窄，单胃，大肠特别是盲肠异常发达，有助于消化吸收粗饲料。无胆囊，胆管发达。牙齿咀嚼力强，切齿与臼齿之间的空隙称为受衔部，装勒时放衔体，以便驾驭；根据牙齿的数量、形状及其磨损程度可判定年龄。听觉和嗅觉敏锐。

两眼距离大，视野重叠部分仅有 30%，因而对距离判断力差；同时眼的焦距调节力弱，对 500 m 以外的物体只能形成模糊图像，而对近距离物体则能很好地辨别其形状和颜色。头颈灵活，两眼可视面达 330°～360°。眼底视网膜外层有一层照膜，感光力强，在夜间也能看到周围的物体。

马易于调教。通过听、嗅和视等感觉器官，能形成牢固的记忆。4～5 岁成年，平均寿命 30～35 岁，最长可达 60 余岁。使役年龄为 3～15 岁，有的可达 20 岁。

2. 种马的管理

（1）种公马的管理

1）采取单槽饲养。

2）每天可采精 1 次，每周休息 1 天，配种旺季也可 1 天采精 2 次，但必须提高其饲喂的营养水平，尤其是日粮中增加蛋白质含量。

3）乘用马每天运动 1～2 h，挽用马不使役时每天运动 2～3 h。

4）每天坚持刷拭，保持身体干净。

（2）种母马的管理

1）空怀母马可担任中等强度使役，母马妊娠后，在前期可适当使役，但不可重役；产驹 20 天后可开始役用，使役强度从轻到重，哺乳期使役要保证母马有充足的休息时间和哺乳时间。

2）妊娠母马在日常管理中不要混群，防止相互踢咬导致流产。

二、牛

1. 牛的生殖器官和生物学特性

（1）牛的生殖器官。公牛的生殖器官：睾丸为长卵圆形，其长轴与躯干垂直；附睾是精子暂时储存的器官，位于睾丸附着缘，分为附睾头、体、尾三部分。牛阴茎较细，在阴囊之后折成 S 状弯曲，是公牛的交配器官。

母牛的生殖器官：牛的卵巢为稍扁的椭圆形，位于子宫角尖端的外侧、耻骨前缘附近，但随胎次的增加逐渐前移进入腹腔。性成熟后牛的卵巢体积增大，长、宽、厚分别约为 2.5 cm、2 cm 和 1.5 cm，卵巢中央为髓质，周围为皮质，表面盖有生殖上皮。大卵泡直径可达 1.5～2.0 cm，排卵后形成黄体。卵泡和黄体都部分凸出于卵巢表面。

牛的输卵管长 20～30 cm，弯曲度中等；输卵管漏斗大，可将整个卵巢包裹，末端与子宫角连接部无明显分界。

牛的子宫分为子宫颈、子宫体和子宫角三部分。子宫角形状似弯曲的绵羊角，位于骨盆腔内，经产牛两子宫角常一侧大而另外一侧小，位置可移入腹腔。两子宫角在靠近子宫体的部分有一段彼此相连，中间有一纵隔将它们的腔体分开，从外面看连接部分的上缘有一道明显的纵沟（角间沟），直肠检查时可摸到。子宫体较短。牛子宫黏膜上有特殊的凸起结构，称为子宫阜，其数目为 80～120 个，一般排成 4 列，妊娠时它们发育成母体胎盘。牛子宫颈粗而坚硬，可作为直肠检查时寻找子宫的起点及标志的结构，管腔关闭也较紧密。子宫颈突入阴道形成膣部，但穹隆下侧较浅，形状似菊花瓣。

此外，牛子宫颈管道内有彼此契合的小的纵行皱襞和大的横行皱襞，使子宫颈管成为螺旋状。牛的子宫颈发达，青年牛的长 5～6 cm，经产牛约 8 cm，壁厚可达 3 cm。子宫颈环状肌发达，它和纵行肌层之间有一层稠密的血管网，破裂时出血很多。黏膜呈白色，它与环形肌形成 3～4 个环形褶，褶上的黏膜又集拢成许多纵皱襞，皱襞彼此契合，使子宫颈管呈螺旋状并紧密闭合，妊娠时封闭更紧密，发情时也仅可开放为一弯曲的细管，人工扩张极为困难。黏膜上还有许多低的纵皱襞。子宫颈伸入阴道 1～2 cm，形成子宫颈膣部，子宫颈外口形似菊花状。子宫颈黏膜上的黏液腺发达，发情时可分泌大量的黏液。

（2）牛的生物学特性

1）消化器官。牛的消化器官由口腔、胃、小肠和大肠构成。牛的口腔内黏膜呈粉红色，唇短厚、不灵活，鼻镜内有汗腺，经常排出汗液，若无汗液或汗不成珠，即反映代谢机能紊乱。舌表面有圆锥形丝状乳头。齿 32 枚，无上切齿，下切齿 4 对。

2）胃。牛有 4 个胃，其容积随年龄增长而发生变化。初生时，瘤胃和网胃发育还很差，只及皱胃的一半，以后瘤胃容积逐渐增大，到了 4 月龄时已接近成年牛比例。牛的肠道较长，为体高的 20 倍，小肠长 35～40 m，大肠长 8～9 m。从生物学角度看，牛有一个非常重要的特点，即牛一共有 4 个胃室。牛的胃由 4 个胃室组成，即瘤胃、网胃（蜂窝胃）、瓣胃和皱胃（真胃）。饲料按顺序流经这 4 个胃室，其中一部分在进入瓣胃前返回到口腔内再咀嚼。这 4 个胃室并非连成一条直线，而是相互交错存在。

胃的功能：瘤胃暂时贮存饲料，牛采食时把大量饲料贮存在瘤胃内，休息时将大的饲料颗粒反刍入口腔内，慢慢嚼碎，嚼碎后的饲料迅速通过瘤胃，为再吃饲料提供空间。微生物发酵饲料不断进入和流出瘤胃，唾液也很稳定地进入瘤胃，调控酸碱度。微生物（细菌、真菌和原虫）根据饲料类型进行不同的发酵，发酵终产物被牛经瘤胃壁吸收利用。瘤胃微生物可以消化粗纤维，分解糖、淀粉和蛋白质，合成氨基酸和蛋白质，合成 B 族维生素和维生素 K。

网胃位于瘤胃前部，实际上这两个胃并不完全分开，因此饲料颗粒可以自由地在两者之间移动。网胃内皮有蜂窝状组织，故网胃俗称蜂窝胃。网胃的主要功能如同筛子，随着饲料吃进去的重物，如钉子和铁丝，都存在其中，因此，美国的牛仔都称网胃为“硬胃”。瓣胃是第三个胃，其内表面排列有组织状的皱褶。对瓣胃的作用目前还不十分清楚，一般认为它的主要功能是吸收饲料内的水分和挤压磨碎饲料。牛的皱胃也称为真胃，其功能与单胃动物的胃相同，分泌消化液，使食糜变湿。真胃的消化液内含有酶，能消化部分蛋白质，基本上不消化脂肪、纤维素或淀粉。饲料离开真胃时呈液状，然后到达小肠，进一步消化。未消化的物质经大肠排出体外。

3）消化生理特点。牛的唾液的 pH 值为 8.1，呈碱性，可中和瘤胃内微生物发酵产生的有机酸，维持胃内一定的 pH 值。一般牛一昼夜约分泌唾液 50～60 L，而高产奶牛可达 150 L 左右。牛的瘤胃不分泌消化液，但对已经分解的营养物质具有很强的吸收作用。采食后咽下去的食物呈团状，每个食团约 100 g，其中稍重点的食团不经瘤胃直接进入网胃，一般的食团则先经瘤胃再入网胃。网胃经过反刍，将有充分水分的重食团送到瓣胃、皱胃，而将轻食团重新送回瘤胃做进一步消化。瘤胃是饲料的贮藏库，里面有无数细菌和原虫等微生物，能使饲料发酵产酸，尤其能消化含粗纤维较多的饲料，提高利用率，是饲料消化吸收的主要场所。

幼龄犊牛初生时，瘤胃和网胃发育还差，结构还不完善，微生物区系还未建立，消化主要靠皱胃和小肠，此后，瘤胃容积逐渐增大，到 4 月龄时，已建立起较为完善的微生物区系，担负起重要的消化任务。为了更快更省地培育犊牛，应该通过早补干草、少喂牛奶、适量给予精料以及接种瘤胃微生物等办法，促使瘤胃及早发育起作用。

哺乳犊牛在消化上还有一个特点，在直接哺乳时，网、瓣胃之间的食管沟闭合成管状，乳和水由食管沟直接进入瓣胃，再经瓣胃沟进入皱胃。但如用桶饮乳，食管沟闭合不完全，一部分乳进入瘤胃，这些乳汁常停留在瘤胃发酵腐败而引起疾病。因此，采取乳头式吸吮哺乳法更加符合新生犊牛的生理要求，应用专门用于犊牛的奶壶最好。

2. 种牛的管理

（1）种公牛的管理。配种安排：初配公牛，每周采精 2 次；成年后，每周可采精 3～4 次，繁忙季节可每天一次。坚持刷拭，保持牛体卫生，每天两次清洁圈舍，提供舒适的生活环境。每天运动 2～4 h。公牛有“三强”特性：记忆力强，防御反射强，性反射强。驯养时，尽量做到人畜亲和，管理时要恩威并施。

（2）种母牛的管理。母牛妊娠后，防止追、打、跌、摔，禁止饲喂冰冻饲料和霉败饲料，禁止给予冷水；乳用牛一般产犊后立即进行母子隔离，犊牛采用人工哺乳，并适时断乳，一般时间为 2～3 个月；肉用牛、役用牛多采用随母哺乳，一般在产后 6 个月左右断奶。

妊娠母牛适时干奶。乳用牛根据牛的体况，可安排 55～70 天的干奶期；肉牛及役用牛断奶时即为干奶时，一般在产后 6 个月左右干奶。

三、羊

1. 羊的生殖器官和生物学特性

（1）羊的生殖器官

1）公羊生殖器官。包括：睾丸、附睾、输精管、尿生殖道、精囊腺、前列腺、尿道球腺及输精管壶腹部和阴茎、阴囊。公羊的生殖器官有产生精子、分泌雄激素以及将精液运入母羊生殖道等作用。

①睾丸。睾丸是产生精子的场所，也是合成和分泌雄性激素的器官，它能刺激公羊的生长发育，促进第二性征及副性腺发育等。

②附睾。附睾位于睾丸的背后缘，分头、体、尾三部分。附睾头和尾部比较大，体部较窄。附睾是精子贮存和最后成熟的场所，也是排出精子的管道。此外，附睾管口上皮稀薄分泌物可供给精子营养和运动所需的物质。

③输精管。精子由附睾排出的通道。

④副性腺。副性腺包括精囊腺、前列腺和尿道球腺。

⑤阴茎。公羊交配的器官，主要由海绵体构成。公羊必须先有阴茎勃起才能有正常的射精。

⑥阴囊。位于体外，主要作用是保护睾丸及调节睾丸处于合适的温度。

2）母羊生殖器官。主要由卵巢、输卵管、子宫、阴道及外生殖道等部分组成。

①卵巢。卵巢是母羊生殖器官中最重要的生殖腺体，位于腹腔的下后方，由卵巢系膜悬在腹腔靠近体壁处，左右各一个，主要功能是生产卵子和分泌雌激素。

②输卵管。位于卵巢和子宫之间，为一弯曲的小管，管壁较薄。其主要功能是使精子和卵子受精结合和开始卵裂的地方，并将受精卵送到子宫。

③子宫。子宫为一膜囊，位于骨盆腔前部、直肠下方和膀胱上方。其主要生理功能：一是发情时，子宫借助肌纤维有节奏且强有力地阵缩运送精子；二是分娩时，子宫通过强有力的阵缩排出胎儿；三是胎儿生长发育的场所；四是在发情期前，内膜分泌的前列腺素对卵巢黄体有溶解作用，使黄体机能减退，并在促卵泡素的作用下引起母羊发情。

④阴道。阴道为一富有弹性的肌肉腔体，是交配器官、产道和尿道。阴道平时的功能是排尿，发情时交配、接纳精液，分娩时为胎儿产出的产道。

(2) 羊的生物学特性

1) 合群性。羊的合群性较强，这是在长期进化的过程中，为适应生存和繁衍而形成的一种生物学特性。绵羊是一种性情温和、缺乏自卫能力、习惯群居栖息、警觉灵敏、觅食力强、适用性广的小反刍动物。

2) 喜高燥厌潮湿。绵、山羊均适宜在干燥、凉爽的环境中生活。

3) 抗病力强。绵、山羊均有较强的抗病力。只要搞好定期的防疫注射和驱虫，给足草、料和饮水，满足其他营养需要，羊是很少生病的。

4) 适应性广。羊的适应性，通常是指耐粗饲、耐热、耐寒和抗灾度荒等方面的特性。

5) 母性强。羊的母性较强，分娩后，母羊会舔干羔羊体表的羊水，并熟悉羔羊的气味。母仔关系一经建立就比较牢固。

2. 种羊的管理

(1) 种公羊的管理。种公羊的饲养应该常年保持结实健壮的体质，达到中等以上种用体况，并有旺盛的性欲、良好的配种能力和能够用于输精的精液品质。要达到这个目的，首先必须保证饲料的多样性，尽可能确保青绿多汁饲料全年均衡的供给，在枯草期较长的地区，应准备充足的青贮饲料，同时注意补充矿物质和维生素。即使在非配种期，也不能单一饲喂粗饲料，必须补饲一定的混合精料。必须有适度的放牧和运动时间，防止过肥影响配种。

(2) 种母羊的管理。空怀期母羊的管理目标主要是抓膘复壮，为日后的发情和妊娠贮备营养。妊娠期母羊管理应围绕保胎进行，做到细心、周到。进出圈舍、放牧时要控制羊群，避免拥挤或驱赶；饮水时防止拥挤和滑倒，饮水温度应在10℃以上；增加舍外运动时间。

四、猪

1. 猪的生殖器官和生物学特性

(1) 猪的生殖器官

1) 母猪生殖器官。包括三部分：性腺（卵巢）、生殖道（输卵管、子宫、阴道）、外生殖器官（尿生殖道前庭、阴唇、阴蒂）。

①性腺（卵巢）。卵巢附在卵巢系膜上，其附着缘上有卵巢门，血管、神经由此出入。初生仔猪的卵巢类似肾脏，色红，一般是左侧稍大；接近初情期时，表面出现许多小卵泡很像桑葚；初情期和性成熟以后，猪卵巢上有大小不等的卵泡、红体或黄体凸出于卵巢表面，凹凸不平，像一串葡萄。卵巢组织分皮质部和髓质部，外周为皮质部，中间为髓质部，两者的基质都是结缔组织。这种结缔组织在皮质的外面形成一层膜，叫白膜。白膜外面盖有一层生殖上皮。皮质部有卵泡，卵子便在卵泡中发育。髓质部内有大量的血管、淋巴管和神经。其功能主要有：

a. 卵泡发育和排卵。卵巢皮质部的卵泡数目很多，主要是由卵母细胞和周围一单层卵泡细胞构成的初级卵泡，经过次级卵泡、生长卵泡和成熟卵泡，最后排出卵子。排卵后，在原卵泡处形成黄体。

b. 分泌雌激素和孕酮。在卵泡发育过程中，围绕在卵细胞外的两层卵巢皮质基质细胞，形成卵泡膜，它又可再分为血管性的内膜和纤维性的外膜。内膜可以分泌雌激素，一定量雌激素是导致母畜发情的直接因素。在排卵后形成的黄体能分泌孕酮，它是维持怀孕所必需的一种激素。

②生殖道。包括输卵管、子宫、阴道。

a. 输卵管。输卵管是卵子进入子宫的通道，包在输卵管系膜内，长 10～15 cm，有许多弯曲。管的前半部或前 1/3 段较粗，称为壶腹部，是卵子受精的地方。其余部分较细，称为峡部，管的前端（卵巢端）接近卵巢，扩大呈漏斗状，叫作漏斗部。漏斗边缘上有许多皱褶和凸起，称为伞，包在卵巢外面，可以保证从卵巢排出的卵子进入输卵管内。壶腹部和峡部连接处叫壶峡连接部。输卵管靠近子宫一端，与子宫角尖端相连并相通，称宫管连接部。输卵管的管壁从外向内由浆膜、肌肉层和黏膜构成，使整个管壁能协调收缩。黏膜上皮有纤毛柱状细胞，在输卵管的卵巢端更多。这种细胞有一种细长能颤动的纤毛伸入管腔，能向子宫摆动。主要功能有：a）接纳卵子，运送卵子和精子。排出的卵子被伞接受，借纤毛的活动将卵子运输到漏斗，送入壶腹。输卵管以分节蠕动及逆蠕动将卵子送到壶峡连接部，将精子由峡部运送到壶腹部。b）精子获能、卵子受精和受精卵卵裂的场所。c）分泌机能。输卵管的分泌细胞在卵巢激素影响下，在不同的生理阶段，分泌的量有很大的变化。发情时，分泌增多，分泌物主要是黏蛋白及黏多糖，它是精子、卵子的运载工具，也是精子、卵子及早期胚胎的培养液。

b. 子宫。子宫包括子宫角、子宫体及子宫颈三部分。猪的子宫属双角子宫，子宫角形成很多弯曲，长 1～1.5 m，很似小肠，两角基部之间的纵隔不很明显，子宫体长 3～5 cm。子宫颈是由阴道通向子宫的门户，前端与子宫体相通，为子宫内口，后端与阴道相连，其开口为子宫外口。猪的子宫颈长达 10～18 cm，内壁上有左右两排彼此交错的半圆形凸起。子宫颈后端逐渐过渡为阴道，没有明显的阴道部。主要功能：a）筛选、贮存和运送精子，促进精子获能。雌性动物发情配种时，子宫颈口开张，有利于精子进入，并具有阻止死精子和畸形精子进入子宫的能力，以防止过多的精子到达受精部位。大量的精子可贮存在子宫颈隐窝内。进入子宫的精子借助子宫肌的收缩运送到输卵管，在子宫内膜分泌液的作用下使精子完成获能。b）有利于孕体附植，胚胎发育，促进分娩。子宫内膜还可供孕体附植，附植后子宫内膜形成母体胎盘，与胎儿胎盘结合，为胎儿的生长发育提供营养。妊娠时，子宫颈柱状细胞分泌黏稠的液体形成栓塞，封闭子宫颈管，防止异物侵入，保护胎儿。分娩前子宫栓塞液化、子宫颈扩张，分娩时子宫以其强力阵缩将胎儿排出。c）调节卵巢黄体功能，导致发情。配种未孕或发情未配种的雌性动物，在发情周期的一定时间，子宫内膜分泌 $PGF_{2\alpha}$，使卵巢内周期黄体溶解退化，垂体又分泌大量的促卵泡素，引起卵泡发育，导致再次发情。

c. 阴道。阴道位于骨盆腔，背侧为直肠，腹侧为膀胱和尿道，呈一扁平缝隙。其前接子宫、后接尿生殖道前庭，以尿道外口和阴瓣为界。猪阴道长度为 10～15 cm。阴道既是交配器官，又是分娩时的产道。

③外生殖器官。包括尿生殖道前庭、阴唇、阴蒂。

a. 尿生殖道前庭。尿生殖道前庭是从阴瓣到阴门裂的短管，前高后低，稍倾斜。前庭大腺开口于侧壁小盲囊，前庭小腺不发达，开口于腹侧正中沟。尿生殖道前庭既是产道、尿道，又是交配器官。

b. 阴唇。阴唇构成阴门的两侧壁，为尿生殖道的外口，位于肛门下方。两阴唇间的开口为阴门裂，阴唇的外面是皮肤、内为黏膜，两者之间有阴门括约肌及大量结缔组织。

c. 阴蒂。阴蒂位于阴门裂下角的凹窝内，由海绵体构成，具有丰富的感觉神经末梢，为退化了的阴茎。马的最发达，猪的长而弯曲，末端为一小圆锥形。

2）公猪生殖器官。

①性腺（睾丸）。睾丸是具有内外分泌双重机能的性腺，为长卵圆形，睾丸的长轴倾斜，前低后高。睾丸分散在阴囊的两个腔内。在胎儿期一定时期，睾丸才由腹腔下降入阴囊内。如果成年公猪有时一侧或者两侧并未下降入阴囊，称为隐睾。隐睾睾丸的分泌机能虽未受到损害，但睾丸对一定温度的特殊要求不能得到满足，从而影响生殖机能。如系双侧隐睾，虽多少有点性欲，但无生殖力。其功能主要有：

a. 生精机能（外分泌机能）。曲精细管的生殖细胞经过多次分裂后最后形成精子。精子随精细管的液流输出，并经直精细管、睾丸网、输出管而至附睾。

b. 分泌雄激素（内分泌机能）。间质细胞分泌雄激素（睾酮），能激发公猪的性欲及性兴奋，刺激第二性征，刺激阴茎及副性腺发育、细胞质精子发生及附睾精子的存活。

②输精管道。包括附睾、输精管、尿道。

a. 附睾。附睾附着于睾丸的附着缘，分头、体、尾三部分。睾丸输出管在附睾头部汇成附睾管。附睾管极度弯曲，其长度约 12～18 m，管腔直径 0.1～0.3 mm。管道逐渐变粗，最后过渡为输精管。附睾管壁很薄，其上皮细胞具有分泌作用，分泌物呈弱酸性，同时具有纤毛，能向附睾尾方向摆动，以推动精子移行。附睾尾部很粗大，有利于贮存精子。附睾管的管壁包围一层环状平滑肌，在尾部很发达，有助于在收缩时将浓密的精子排出。

附睾是精子最后成熟的地方。睾丸曲精细管生产的精子在刚进入附睾头时形态上尚未发育完全，此时活动微弱，没有受精能力。精子通过附睾管时，附睾管分泌的磷脂及蛋白质形成脂蛋白膜，附在精子表面将精子包起来，它能在一定程度上防止精子膨胀，也能抵抗外部环境的不良影响。精子通过附睾管时获得负电荷，可以防止精子彼此凝集。附睾另外的功能是贮存精子。在附睾内贮存的精子，60 天内具有受精能力，贮存过久则活力降低，导致畸形及死精子增加，最后死亡被吸收。所以长期不配种或采精的公畜，第一、第二次采得的精液会有较多衰弱和死亡的精子；反之，如果配种或采精过频，则会出现发育不成熟的精子，故要求掌握好配种和采精频率。

b. 输精管。输精管是由附睾管延伸而来，沿腹股沟管到腹腔，折向后方进入盆腔。输精管是一条壁很厚的管道，主要功能是将精子从附睾尾部运送到尿道。输精管的开始部分弯曲，后即变直，到输精管的末端逐渐形成膨大部，称为输精管壶腹，其壁含有丰富的分泌细胞，在射精时具有分泌作用。输精管在接近膀胱括约肌处，通过一个裂口进入尿道。输精管的肌层较厚，交配时收缩力较强，能将精子排送入尿生殖道内。在输精管内通常也贮存一些精子。

c. 尿道。公畜的尿道兼有排精作用，因此称为尿生殖道。尿生殖道以坐骨弓为界分为骨盆部和阴茎部。尿生殖道是公猪骨盆内与尿道合并的一条生殖管道，它具有排精和排尿双重功能。射精时，从输精管送来的精子在尿道骨盆部与副性腺分泌物相混合。在膀胱颈的后方有一个大的隆起，即精阜，在射精时精阜可以关闭膀胱颈，从而阻止精液流入膀胱。

③副性腺。副性腺包括精囊腺、前列腺、尿道球腺。射精时，它们的分泌物，加上输精管壶腹的分泌物混合在一起称为精清，与精子共同组成精液。

a. 精囊腺。位于输精管末端的外侧，呈蝶形覆盖于尿生殖道骨盆部前端。分泌物为弱碱性、黏稠的胶状物质，含有高浓度的球蛋白、柠檬酸、酶以及高含量还原性物质，如维生素C等；其分泌物中的糖蛋白为去能因子，能抑制顶体活动，延长精子的受精能力。其主要生理作用是提高精子活动所需能源（果糖），刺激精子运动，其胶状物质能在阴道内形成栓塞，防止精液倒流。

b. 前列腺。位于精囊腺的后方，由体部和扩散部组成。体部为分叶明显的表面部分，扩散部位于尿道海绵体的尿道肌之间。其分泌物为无色、透明的液体，呈碱性，有特殊的臭味。其含有果糖、蛋白质、氨基酸及大量的酶，如糖酵解酶、核酸酶、核苷酸酶、溶酶体酶等，对精子的代谢起一定作用。分泌物中含有抗精子凝集素的结合蛋白，能防止精子头部互相凝集，还含有钾、钠、钙的柠檬酸盐和氯化物。其生理作用是中和阴道酸性分泌物，吸收精子排出的二氧化碳，促进精子的运动。

c. 尿道球腺。位于尿生殖道骨盆部后端，是成对的球状腺体。猪的尿道球腺特别发达，呈棒状。尿道球腺分泌物为无色、清亮的水状液体，pH值为7.5～8.5。其生理作用为在射精前冲洗尿生殖道内的剩余尿液，进入阴道后可中和阴道酸性分泌物。

④尿生殖道、阴茎及包皮

a. 尿生殖道。它是排精和排尿的共同管道，分骨盆部和阴茎两个部分，膀胱、输精管及副性腺体均开口于尿生殖道的骨盆部。

b. 阴茎。阴茎是公畜的交配器官，分阴茎根、阴茎体和阴茎头三部分。猪的阴茎较细，在阴囊前形成S状弯曲，龟头呈螺旋状，并在一浅沟内。阴茎勃起时，此弯曲即伸直。

c. 包皮。包皮是由皮肤凹陷而发育成的皮肤褶。在不勃起时，阴茎头位于包皮腔内。猪的包皮腔很长，有一憩室，内有异味的液体和包皮垢，采精前一定要排出公猪包皮内的积尿，并对包皮部进行彻底清洁。在选留公猪时应注意，包皮过大的公猪不要留做种用。

（2）猪的生物学特性

1）性成熟早，多胎高产，世代间隔短，繁殖力强。猪一般4～6月龄性成熟，7～8月龄便可以初次配种。妊娠期114天，年产两胎以上，每胎可产活仔10头左右。

2）生长发育迅速，蓄积脂肪能力强。猪的生长速度快，6月龄以后利用饲料转化为体脂的能力特别强。

3）分布广，适应性强；食性广，饲料利用率高。猪是杂食动物，对饲料的利用能力强，饲料转化率高（仅次于鸡）。

4）听觉、嗅觉、触觉灵敏，视觉不发达。猪的听觉灵敏，能鉴别声音的强烈程度、音调和节律，饲养员可以对猪进行调教。猪的嗅觉灵敏，能嗅到地下很深的食物。猪的视觉弱，对光线的强弱和物体的形象判断能力差，辨色能力也很差。

5）小猪怕冷，大猪怕热。仔猪皮下脂肪薄，体温调节能力差。大猪汗腺不发达、脂肪层厚，阻止了体内热量向外散发，主要靠呼吸散热。由于猪的皮肤层薄、被毛稀少，对阳光照射的防护能力也差。

6）定居漫游，群居位次明显。猪具有合群性，同时竞争性也非常明显。

7）讲卫生、喜爱清洁，定点排便。加强对猪的调教，使之吃、睡、排粪尿三点定位，以便做好圈内清洁工作。

2. 种猪的管理

（1）种公猪的管理

1）配种安排（采精频率）。初配公猪每周 2 次，2 岁以上每周 3～5 次，配种旺季，一天可采 2 次，但应在上、下午分别进行，每次采精前 2 h 最好喂食 1～2 个鸡蛋，且每采 2 天后应休息 1 天。

2）配种或采精时间。气温较好的季节，上午 8 点左右，下午 4 点左右；喂饱后不能马上采精或配种，至少要休息 30 min。

3）卫生。既要注意保持猪体清洁、干净，经常刷拭，还要做好圈舍卫生。

4）运动。每天应适度运动 2～4 h。

5）定期检查精液品质。根据精液品质调整饲料组成和采精频率。

6）种公猪应采取单圈饲喂，防止相互殴斗；平时加强驯化和管理。

（2）种母猪的管理

1）分群分圈饲养。特别是妊娠后期母猪要求单圈饲养，后备猪根据生产实际采取不同的饲养方式。

2）饲养环境。温度（室温），湿度：65%～70%；卫生要求：排水、排污容易，空气流通较好，使空气新鲜，光线不可太暗，夏季注意防暑降温，冬季注意防寒保暖。

3）母猪产仔后，先要做好仔猪的吃奶，采食，睡觉，排便“三角定位”调教工作。

4）适当运动。母猪在怀孕后每天要安排进行适当的运动，在产仔前 1 周逐渐减少运动量。

5）注意卫生防疫。圈舍要定期消毒，按免疫程序进行预防注射，驱虫。平时注意观察母猪的表现，及时发现情况，及时治疗或采取其他措施。

五、驴

1. 驴的生殖器官和生物学特性

（1）公驴生殖器官。主要包括睾丸、附睾、副性腺、输精管、尿生殖道、阴茎和包皮。

1）睾丸。公驴两个睾丸分居于阴囊的两个腔内，睾丸长轴和地面平行，附睾附着于睾丸的背外缘，头朝前、尾朝后；呈圆形或卵圆形，重120～150 g，分居于阴囊的两个腔内，主要功能是产生精子和雄性激素。

2）附睾。附睾附在睾丸的上面，是贮存精子和精子从睾丸排出的管道。精子在附睾管中发育成熟。

3）副性腺。精囊腺、前列腺和尿道球腺三个腺体的分泌物共同组成了精液的液体部分。其所含营养物质，不仅增加了精液的体积，也保证了精子正常的受精能力。

4）输精管。具有较厚的肌肉和较强的收缩力，配种时能将精子排到尿道。

5）尿生殖道。排尿和排泄精液的管道。

6）阴茎。公驴的交配器官。末端膨大部称龟头，龟头顶部开口，以排出尿液和精液。

7）包皮。阴茎不勃起时，被包在包皮腔内。

（2）母驴生殖器官。包括卵巢、输卵管、子宫、阴道和外生殖器。除外生殖器，其他生殖器官位于骨盆腔和腹腔内。上面为直肠和小结肠，下面是膀胱。在发情鉴定和妊娠诊断中，可用手隔着母驴直肠触摸卵巢、子宫等生殖器官。

1）卵巢。母驴卵巢附着在卵巢系膜上，其附着缘上有卵巢门，血管、神经即由此出入；多呈圆形或椭圆形，每个重20～40 g，由卵巢系膜悬在腹腔靠近体壁处，左右各一个。卵巢的功能是产生卵细胞，分泌雌激素和孕酮。

2）输卵管。连接卵巢和子宫的弯曲管子，也是卵子排出后进入子宫的通道。连接卵巢的一头较粗，呈伞状，将卵巢包围；而连接子宫角尖端的一头相对较细，称峡部。精子和卵子在输卵管上1/3处结合成受精卵，下行至子宫着床，发育成胚胎。

3）子宫。驴的子宫角为扁圆桶状，前端钝，中间部稍下垂呈弧形。子宫体较其他家畜的发达，子宫角及体均由子宫阔韧带吊在腰下部的两侧和骨盆腔的两侧壁上。子宫黏膜形成许多纵行皱襞，充塞于子宫腔。子宫为胚胎发育的地方。它由子宫角、子宫体和子宫颈组成，位于骨盆入口的前方和直肠的下方。子宫体由两个子宫角汇合而成，与子宫颈相连。子宫颈为阴道通向子宫的门户。子宫颈凸出于阴道中，称子宫颈阴道部。发情时，子宫颈口开张，保证精液通过；受孕时，子宫颈口肌肉收缩，同时黏膜分泌黏液，将子宫颈口封闭，以保证胎儿的正常发育。

4）阴道和外生殖器。阴道为母驴交配器官和胎儿产道。外生殖器包括尿生殖道前庭、阴唇及阴蒂。前者分泌黏液，润滑生殖道；后者为母驴性兴奋器官。

（3）驴的生物学特性

1）驴的一般习性。驴具有热带或亚热带动物共有的特征和特性：其外形比较单薄，耳长大，颈细，四肢长，被毛细短；喜生活在干燥、温暖的地区，不耐寒冷，能耐热、耐饥渴，有的竟能数天不食；饮水量小，抗脱水能力强，脱水达体重25％～30％时仅表现食欲减退，而一次饮水即可补足所失水分；食量小，比马少30％～40％；耐粗饲，对粗纤维消化能力比马强，消化能力比马高30％；抗病力强，神经类型比马均衡，不易得消化器官疾病。

驴的胎儿生长发育快，初生体高可达成年驴的62％以上，体重达成年驴的10％～

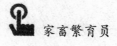

12%。驴性成熟早，1.5～2 岁可性成熟，繁殖率也比马高，母驴终身产驹在 10 头以上。

驴性格温顺，胆小而执拗，鸣声长而洪亮，一般缺乏悍威和自卫能力。驴腰短（5 个腰椎）而强固，利于驮用，使役灵活，善走对侧步，骑乘时人感舒适。与马相比，驴胫长管短，步幅小、运步快。营养好时，驴的颈脊、前胸、背部、腹部等处可贮积脂肪。

2）驴的消化生理特点。驴采食慢，但咀嚼细，这与它有坚硬发达的牙齿和灵活的上下唇，适宜于咀嚼粗硬的饲料有关。驴的唾液腺发达，每千克草料可由 4 倍的唾液泡软消化。驴胃小，只相当于同样大小牛的 1 / 15 。驴胃的贲门括约肌发达，而呕吐神经不发达，故不宜喂易酵解产气的饲料，以免造成胃扩张。食糜在胃中停留的时间很短，当胃容量达 2 / 3 时，随着不断采食，胃内容物不断排至肠。驴胃中的食糜是分层消化，故不宜在采食中大量饮水，以免打破分层状态，让未充分消化的食物冲进小肠。这就要求我们喂驴时要定时定量和少喂勤添。

驴的肠道口径粗细不均，回盲口和盲结口较小，故饲养不当或饮水不足会引起肠道梗塞，发生便秘。这就要求我们要给驴正确调制草料和供给充足的饮水。正常情况下，食糜在小肠接受胆汁、胰液和肠液多种消化酶的分解，营养物质被肠黏膜吸收，通过血液输往全身。而大肠尤其是盲肠有着牛瘤胃的作用，是纤维素被大量的细菌、微生物发酵、分解、消化的地方，但由于它位于消化道的中、下段，因而对纤维素的消化利用远远赶不上牛、羊的瘤胃。

3）驴对饲料的利用特性。驴对饲料的利用具有马属家畜的共性。一是对粗纤维的利用率不如反刍家畜，二者相差一倍以上，但驴比马的粗纤维消化能力高 30%，因而相对来说驴较耐粗饲。二是对饲料中脂肪的消化能力差，仅相当于反刍家畜的 60%，因而驴应选择脂肪含量较低的饲料。三是对饲料中蛋白质的利用与反刍家畜接近。如对玉米蛋白质，驴可消化 76%，牛为 75%。对粗饲料中的蛋白质，驴的消化率略低于反刍动物，例如苜蓿蛋白质的消化率，驴为 68%，牛为 74%。这是因为反刍动物对非蛋白氮的利用率高于驴。日粮中纤维素含量超过 30%～40%，则影响蛋白质的消化。与马、骡相比，驴的消化能力要高 20%～30%。对驴驹和种驴应注意蛋白质的供应。

2. 种驴的管理

（1）种公驴的管理

1）充分满足营养需要。配种期种公驴饲料应少而精，加大精料比例。

2）增加运动，增强体质。种公驴除饲喂时间外，应尽量延长户外活动，进行日光浴。

3）合理利用。青年公驴每天可本交或采精一次，成年、壮年公驴偶尔每天交配 2 次，但两次间隔应在 8～10 h，每周应休息 1 天。

（2）种母驴的管理

1）空怀母驴饲养管理。配前 1 个月要改进饲养管理水平，日粮增加油饼类、青绿多汁饲料。对过肥母驴减少玉米类能量饲料，增加运动。体弱者则需减轻使役，增加精料。每天坚持户外活动，增加日光浴。

2）妊娠母驴饲养管理。妊娠前6个月应注意饲料质量，必需氨基酸、矿物质、维生素应充分满足。7个月后要增加饲料喂量，妊娠后期饲料必须多样化。管理核心是防流保胎。不喂发霉、酸败、冰冻饲料，不吃霜雪草，不饮带冰碴水；不跑长途，不拐急弯，不打冷鞭。妊娠母驴要和其他散畜分开，免得拥挤等导致流产。

3）哺乳母驴饲养管理。精料中油饼类饲料占30%以上，麸皮占20%，其余为玉米、麦类等。多喂青绿多汁饲料，有条件的可放牧。哺乳母驴需水量很大，每天饮水不少于5～6次，水温应在10℃以上。产后10天随时观察母驴发情表现，以便及时配种。

单元测试题

一、名词解释

1. 卵巢　　2. 阴茎　　3. 睾丸

二、填空题（请将正确答案填在横线空白处）

1. 种公猪的日粮组成以________为主，配合适量________。

2. 母羊生殖器官主要由________、________、________、________及外生殖道等部分组成。

3. 我国较出名的奶山羊品种主要有________、________、________等。

4. 我国培育的优良肉用品种有________和________等。

5. 母畜的生殖器官由________、________、________、________、________和________组成。

三、简答题

1. 简述不同阶段成年母羊的饲养。

2. 简述种羊的管理。

单元测试题答案

一、名词解释

1. 卵巢是母畜生殖器官中最重要的生殖腺体，主要功能是生产卵子和分泌雌激素。

2. 阴茎是公畜交配的器官，主要由海绵体构成。公畜必须先有阴茎勃起才能有正常的射精。

3. 睾丸是产生精子的场所，也是合成和分泌雄性激素的器官，它能促进生长发育，促进第二性征及副性腺发育等。

二、填空题

1. 精料、青饲料　　2. 卵巢、输卵管、子宫、阴道　　3. 西农莎能奶山羊、崂山奶山羊、关中奶山羊　　4. 夏南牛、延黄牛　　5. 卵巢、输卵管、子宫、阴道、尿生殖道前庭、外生殖器

三、简答题

1. 不同阶段成年母羊的饲养

（1）怀孕母羊。怀孕后2个月开始增加精料给量。怀孕后期每天每只补干草1～1.5 kg、精料0.5 kg，每天饮水2～3次。

（2）哺乳前期。每天每只补喂精料0.5 kg，产双羔的补0.7 kg，哺乳中期精料减至0.3～0.4 kg，日给干草3～3.5 kg，每天饮水2～3次。

（3）空怀期。以放牧和青粗饲料为主，如膘情偏差，则应根据情况每日补饲0.2～0.3 kg精料。

2. 种羊的管理

（1）种公羊的管理。种公羊的饲养应该常年保持结实健壮的体质，达到中等以上种用体况，并有旺盛的性欲、良好的配种能力和能够用于输精的精液品质。要达到这个目的，首先必须保证饲料的多样性，尽可能确保青绿多汁饲料全年均衡的供给，在枯草期较长的地区，应准备充足的青贮饲料，同时注意补充矿物质和维生素。即使在非配种期，也不能单一饲喂粗饲料，必须补饲一定的混合精料。必须有适度的放牧和运动时间，防止过肥影响配种。

（2）种母羊的管理。空怀期母羊的管理目标主要是抓膘复壮，为日后的发情和妊娠贮备营养。妊娠期母羊管理应围绕保胎进行，做到细心、周到。进出圈舍、放牧时要控制羊群，避免拥挤或驱赶；饮水时防止拥挤和滑倒，饮水温度应在10℃以上；增加舍外运动时间。

第6单元

发情与发情鉴定

第一节　发情控制

培训目标

- 掌握初情期、性成熟、初配年龄、发情周期概念和时间等基础知识。
- 了解常见家畜的发情行为和特点。

一、马的发情控制

1. 初情期

10～18月龄。

2. 性成熟和初配年龄

性成熟为12～18个月，初配年龄为30～36个月。

3. 发情季节

马是季节性多次发情的家畜，属于长日照季节繁殖动物。发情从三四月开始，至深秋季节停止。

4. 发情周期

母马发情周期为21天，发情持续时间比较长，平均为5～7天。发情时各个时期的变化与母牛相似，但直肠检查和阴道检查稍有不同。

母马的发情期因个体、年龄、饲养水平及使役情况不同而有差异。一般老龄、饲养水平低以及在发情季节早期的母马，发情期较长。母马在发情时无爬跨其他母马的现象，表现为愿意和其他母马做伴，常显举尾排尿姿势，并连续有节奏地闪露阴蒂。

5. 发情期

公马发情时的主要表现是性激动、主动接触母马、阴茎勃起，且表现明显。

母马发情时，既有外部表现，也有内部变化。母马的发情征候在发情初期、盛期和末期各阶段表现不同。发情初期表现不明显，盛期性欲加强，末期兴奋逐渐消退。外部表现有：

（1）求偶表现。母马主动接近公马，举尾、叉开后肢、接受爬跨。

（2）外生殖道变化。外阴部、阴蒂潮红肿胀；流出阴门的黏液增多，随着发情时间的推移，黏液由多变少，由薄变黏稠，牵缕性增强。

（3）行为变化。母马在发情时往往表现出兴奋不安，对外界的变化十分敏感，频繁走动，食欲下降，嘶叫或发出特殊的叫声。

二、牛的发情控制

1. 初情期

母牛的初情期一般为6～10个月。

2. 性成熟和初配年龄

公牛性成熟：10～18个月（水牛16～30个月），母牛性成熟：8～14个月；公牛初配年龄：2～3年（水牛3～4年），母牛初配年龄：14～22个月。

3. 发情季节

牛为全年多次周期发情、自发性排卵家畜。在良好的饲养管理条件下，一年四季均可发情。在温暖季节里，发情周期正常，发情表现显著。在寒冷地区，特别是粗放饲养情况下，发情周期也会停止。但黄牛和水牛的发情往往有淡旺季之别，黄牛多在5—9月发情，而水牛多在8—11月发情。

新疆褐牛主要产于新疆天山北麓西端的伊犁地区和准噶尔盆地的塔城地区，在放牧条件下，一般5—9月为新疆褐牛的发情旺季。牛的发情周期虽然不像马、羊及其他野生动物那样有明显的季节性，但也受季节的影响。非当年产犊的干奶母牛发情最多集中于7—8月，初配母牛发情次之，多在8—9月，当年产犊哺乳母牛多集中在9—11月发情。发情的季节性在很大程度上受气候、牧草及母牛营养状况的影响，一般都是在当地自然气候及草场条件最好的时期。

4. 发情周期

母牛的发情周期为18～24天，平均为21天，持续时间比较短，平均为18 h，在发情表现消失后数小时内排卵。一般分为发情初期、发情中期、发情末期。

5. 发情期

公牛发情时的主要表现是性激动、主动接触母牛、阴茎勃起，且表现明显。

母牛发情时，既有外部表现，也有内部变化。母牛的发情征候在发情初期、盛期和末期各个阶段表现不同。

（1）发情初期。阴门比平时稍微胀大，开始红肿，有少量黏液流出。行为上表现出食欲减退，兴奋不安、鸣叫、四处走动，个别还有停止反刍现象，有公牛追逐，但不接受爬跨，也有爬跨其他母牛的现象。使用开膣器打开阴道，可见子宫颈口略有开张；通过直肠检查，可触摸到卵泡开始有波状感。

（2）发情中期。阴门肿胀明显，阴户黏液流出量增加。行为上表现出食欲明显减退甚至拒食，兴奋不安、鸣叫，常举起尾巴，后肢开张作排尿状，愿意接受公牛爬跨而站立不动。阴户肿胀明显，但颜色开始发紫，阴门流出的黏液开始变稠，呈牵缕性。子宫颈口充血，开口较大；触摸卵泡比初期稍大，卵泡膜紧张，有一触即破的感觉。

（3）发情末期。行为表现转为平静，尾根紧贴阴门，已不愿接受公牛的爬跨。阴门肿胀开始消退，阴门流出的黏液由透明转为乳白色，流出的黏液量也逐渐减少，可呈拉丝状，子宫颈口逐渐变小。成熟卵泡破裂排卵。再往后则一切恢复正常，进入休情期。

三、羊的发情控制

1. 初情期

春季所产的绵羊羔，初情期为8～9月龄，秋季所产羊羔为10～12月龄。山羊初情期多为6～8月龄。

2. 性成熟和初配年龄

性成熟为 6～10 个月，初配年龄为 12～18 个月。

3. 发情季节

羊属于季节性多次发情自发排卵的家畜，是短日照季节发情，一般在秋分后出现多个发情周期。绵羊的发情季节是秋季，妊娠期为 5 个月，则分娩季节为春季，有利于羔羊成活。

4. 发情周期

绵羊发情周期平均为 17 天，山羊平均为 21 天，但母羊的发情持续时间短，一般为 18～36 h。在发情周期中，母羊体内发生一系列的形态和生理变化，根据其特殊的变化，将发情周期分为 4 个阶段，即发情前期、发情期、发情后期和间情期。

5. 发情期

发情期是母羊接受公羊交配的时期。母羊有性欲表现，外阴部呈现充血肿胀，子宫角和子宫体充血，卵泡发育很快。母羊发情时表现为兴奋不安、经常鸣叫，食欲减退，喜欢接近公羊或爬跨其他母羊，当被其他公羊或母羊爬跨时，会站立不动并不断摇尾。阴部红肿，柔软松弛，有少量黏液流出，频繁排尿。但处女羊发情不明显，个别会拒绝公羊爬跨。不论发情症状是否明显，如果公羊紧紧追赶，就认为母羊已经发情。

四、猪的发情控制

1. 初情期

在正常饲养管理条件下，母猪的初情期一般为 5～8 月龄，平均为 7 月龄，但我国的一些地方品种可以早到 3 月龄。引进品种猪初情期为 7 月龄。公猪的初情期略晚于母猪，一般为 6～9 月龄。

2. 性成熟和初配年龄

猪的性成熟就是猪的生殖器官发育完全、具备了繁殖能力的时期。由于猪品种、营养、环境等因素的不同，性成熟也不同。一般情况下，我国地方品种性成熟期早。如梅山黑、北京黑、东北猪等品种，5～6 个月即可性成熟；哈白 6～7 个月性成熟；大白猪 7～8 个月性成熟；长白、杜洛克、皮特兰等品种，8～9 个月性成熟；二元母猪一般7～8 个月性成熟。初情期后 1.5～2 个月时的年龄为适配年龄。猪的适配年龄一般为 8～10 月龄。

3. 发情季节

猪的发情无明显的季节性，全年都有发情周期循环，但在严冬季节、饲养不良时，发情可能停止一段时间。

4. 发情周期

发情周期平均为 21 天，发情持续时间一般为 2～3 天。

5. 发情期

（1）发情初期。开始烦躁不安，不断鸣叫，爱爬圈墙，食欲减退；对公猪敏感，但不接受公猪的爬跨；阴户微肿，有少量黏液流出。

（2）发情中期。仍表现烦躁不定，不断鸣叫，爱爬圈墙，食欲减退；阴户肿胀明显，黏液量稍增，喜欢爬跨其他猪，也接受其他猪的爬跨。但若有公猪刺激，则表现呆立状，阴户肿胀更加明显，有水肿发亮的形状。公猪爬跨时表现非常温顺，尾稍翘起，凹腰弓背，表现“静立反射”，向前推母猪时有向后用力的感觉，喜欢主动接触人。

(3) 发情末期。阴户肿胀逐渐消退，略有紫红色，开始出现皱褶，最终恢复正常，不再对公猪敏感和接受其他家畜爬跨。

五、驴的发情控制

1. 初情期

10～18个月。

2. 性成熟和初配年龄

一般驴驹的性成熟期为12～15月龄，有的性成熟为18～30个月。初配年龄，母驴为36个月，为2.5～3岁；公驴为48个月。种公驴到4岁时才能正式配种使用。

3. 发情季节

驴是季节性多次发情的动物，一般在每年的3—6月进入发情旺期，7—8月酷热时发情减弱。发情期延长至深秋才进入乏情期。母驴发情较集中的季节，称为发情季节，也是发情配种最集中的时期。在气候适宜和饲养管理好的条件下，母驴也可常年发情。

4. 发情周期

发情周期指从一次发情开始至下一次发情开始，或由一次排卵至下一次排卵的间隔时间。发情周期是母驴一种正常的繁殖生理现象。母驴伴随生殖道的变化，身体内外发生一系列的生理变化。一个发情期内，包括发情前期、发情期、发情后期（排卵期）和休情期（静止期）。母驴的发情周期平均为21天，其变动范围为10～33天。关中驴发情周期在18～21天者占71%，德州驴平均为22天。影响发情周期长短的主要因素是气候和饲养管理条件。

5. 发情期

公驴发情时主要表现是性激动、主动接触母驴、阴茎勃起，且表现明显。

母驴发情时，既有外部表现，也有内部变化。母驴的发情征候在发情初期、盛期和末期各阶段表现不同。发情初期表现不明显，盛期性欲加强，末期兴奋逐渐消退。外部表现有：

(1) 求偶表现。母驴主动接近公驴，举尾、叉开后肢、接受爬跨。

(2) 外生殖道变化。外阴部、阴蒂潮红肿胀；流出阴门的黏液增多，随着发情时间的推移，黏液由多变少，由薄变黏稠，牵缕性增强。

(3) 行为变化。母驴在发情时往往表现出兴奋不安，对外界的变化十分敏感，频繁走动，食欲下降，嘶叫或发出特殊的叫声。

第二节　发情鉴定

培训目标

→ 了解常见家畜发情时的外部观察法的内容。
→ 掌握用阴道检查法鉴定发情。
→ 掌握阴道开张器的使用方法，能使用阴道开张器判断常见母畜的发情。

一、马的发情鉴定

1. 试情法

试情法是根据母马发情时的精神表现及性欲表现规律，用经过特殊处理的公马放入畜群或接近母马，观察母马对公马的反应，以判断母马是否发情及发情的程度。试情公马要求健康、性欲旺盛、无恶癖。

2. 外部观察法

根据母马的外生殖器变化、精神状态、食欲和行为变化进行综合鉴定的方法。

(1) 外阴部变化。发情母马的阴户会逐渐肿胀而显得饱满，阴唇黏膜充血、潮红而有光泽，阴门有黏液流出，其黏液从少变多，从稀变稠，由透明变成浑浊，最后呈乳白色样。

(2) 精神变化。发情母马对公马较敏感，躁动不安，食欲下降，不断鸣叫。

(3) 性欲表现。发情母马接受其他母马的爬跨或爬跨其他母马。

3. 阴道检查法

发情母马阴道检查时，分泌物明显比平时增多。子宫颈位置比平时后移，子宫颈口皱襞由松弛的花瓣状变成较坚硬的锥状凸起，在发情高峰时又变松弛。发情时阴户流出的黏液开始呈灰白色的糨糊状，随着发情期后延，黏液量增多、变稠，在尾部呈现“吊线”现象；发情末期时，黏液越来越稠，颜色呈灰白色，但分泌量减少，最后逐渐恢复正常。

发情母马直肠检查时，在初期触摸卵巢有一至多个卵泡同时发育。此期凸出于卵巢的卵泡硬而小，表面光滑；随后，卵泡体积逐渐增大，卵泡液逐渐增多，波动状越来越明显，弹性较强；再后，卵泡体积变化不大，但卵泡膜变薄，波动很明显，有一触即破的感觉，此为即将排卵的表现；当卵泡破裂排卵时，触摸不到泡状结构，只能摸到一个窝状结构，经过一段时间后再摸，在窝状结构中可摸到一些颗粒状凸起。

二、牛的发情鉴定

1. 试情法

根据母牛发情时的精神表现及性欲表现规律，用经过特殊处理的公牛放入牛群或接近母牛，观察母牛对公牛的反应，以判断母牛是否发情及发情的程度。试情公牛要求健康、性欲旺盛、无恶癖。

2. 外部观察法

（1）发情初期。表现不安，不静卧，个别牛出现不反刍，常和其他牛以额对额相对立。与牛群隔离时会大哞叫，甚至在大群舍饲时也发出求偶的哞叫。大群舍饲有个别母牛哞叫就应注意。放牧时追逐并爬跨它牛，但一爬即跑；不肯接受它牛爬跨，采食减少。产奶量降低，发情数小时后进入发情盛期。

（2）发情盛期。母牛游走减少，常作排尿状，尾根经常抬举，并常摇尾，其他牛嗅其外阴部或爬跨，举尾不拒，后肢开张，站立不动。爬跨是观察发情的最可靠标志。

（3）发情末期。母牛转入平静，它牛爬跨时臀部避让，不奔跑，尾根紧贴阴门。

3. 阴道检查法

阴道检查时所用的开膣器如图 6—1 所示。

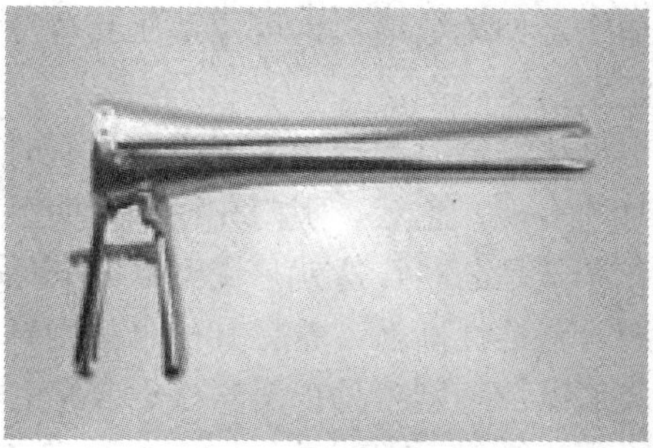

图 6—1　开膣器

（1）间情期。阴道和子宫颈黏液分泌少，且碱性强、黏性大，所以阴门干燥，无黏液流出。

（2）发情初期。子宫颈口微开，阴道壁潮红，阴道及子宫颈黏液分泌增多，黏液碱性最低、黏性最差，阴唇开始充血肿胀。

（3）发情盛期。子宫颈红润开张，但也只容纳一支直径 1 cm 的输精管可伸进。阴道壁充血，黏液碱性增强、黏性最大，呈牵缕性。从母牛阴门流出的黏液呈现玻棒状（俗称吊线）流在地上，用脚底粘住向后提起时，呈很黏的细丝状。阴唇水肿，充血程度更强。

单元 6

（4）发情末期。子宫颈口紧闭，阴道壁褪色变淡红至淡白色，消肿，黏液量减少、混浊、黏稠，阴唇消肿起皱。发情 1～3 天后，从阴道中会流出血，俗称排红，此现象一般是由于子宫内微血管发情时水肿导致脆性增加，最终部分破裂所造成。成年牛约有 50%出现，处女牛约有 90%出现，少量出血同受胎无关，而大量出血时一般都不受孕。

三、羊的发情鉴定

1. 试情法

将公羊（结扎了输精管或腹下带兜布的公羊）按一定比例（一般为 1∶40），每天一次或早晚两次定时放入母羊群中，母羊发情时可能寻找公羊或尾随公羊，但只有当母羊愿意站着并接受公羊爬跨时，才是发情的确实证据。发现母羊发情时，将其分离出来，继续观察，准备配种。试情公羊的腹部也可以采用标记装备（或称发情鉴定器），或胸部涂上颜料。如母羊发情时，公羊爬跨其上，便将颜料印在母羊臀部上，以便识别。发情母羊的行为表现不太明显，主要表现出喜欢接近公羊，并强烈摆动尾部，当被公羊爬跨时不动。发情母羊很少爬跨其他母羊，只分泌少量黏液，或不见有黏液分泌，外阴部也没有明显的肿胀或充血现象。

2. 外部观察法

羊的发情期短，外部表现不明显，又无法进行直肠检查，因此主要是靠试情，结合外部观察。

3. **阴道检查法**

母羊发情时，外阴部充血肿大、柔软而松弛，阴道黏膜充血发红，子宫颈开张，阴道分泌物增多，呈透明状，可拉成丝。

四、猪的发情鉴定

1. **外部观察法**

母猪发情时，外阴部表现比较明显，故发情鉴定主要采用外阴部观察法。母猪在发情时，对于公猪的爬跨反应敏感，可用公猪试情，根据接受爬跨安定的程度判断发情期的早晚。如无公猪，也可用手压其背部，如母猪静立不动，可谓静立反射，即表示该母猪已发情至高潮。

母猪发情时的行为表现不安，有时鸣叫，阴部微充血肿胀，食欲减退，这是发情开始时的表现。之后，阴门充血肿胀明显，微湿润，喜欢爬跨别的猪，同时也愿意接受爬跨，尤其是公猪，这就是交配欲的开始。以后，母猪性欲更旺盛，阴门充血肿胀，阴道湿润，慕雄性渐强，看见其他母猪则频频爬跨其背，或静站一处，似等待什么。这时若用公猪试情，则可见很喜欢接近公猪，当公猪爬到背上时可见安定不动；如旁边有人，其臀部往往趋近人的身旁，推不开，这正是发情盛期。这一时期过后，猪的性欲逐渐降低，阴门充血肿胀逐渐消退，慕雄性亦渐弱，阴门变成淡红，微皱，间或有变成紫红色，阴门较干，常沾有垫草，表情迟滞，喜欢静卧，这时才是配种适期。之后，性欲渐趋减退，阴门充血肿胀，呈淡红色，食欲逐渐恢复，对公猪表现厌烦，如用公猪试情，则不接受爬跨，表示发情已结束。

2. **试情法**

由于母猪对公猪的气味异常敏感，亦可将公猪尿液或其包皮囊冲洗液（内有外激素）进行喷雾；或用一木棒，其末端扎上一块布，布上蘸有公猪的尿液或精液，扔入母猪栏内，观察母猪的反应，以鉴定是否发情。目前已有合成外激素，用于母猪的试情。此外，母猪在发情时，对公猪的叫声异常敏感，可利用公猪求偶叫声的录音来鉴定母猪是否发情。

3. **阴道检查法**

发情开始前两天，阴唇开始肿胀，发情时则显著肿胀，阴门裂稍开放，黏膜充血，阴道内流出稍带红色的分泌物。发情的第二天，征兆更加明显，并有透明黏液流出阴门。

五、驴的发情鉴定

1. **试情法**

根据母驴发情时的精神表现及性欲表现规律，用经过特殊处理的公驴放入畜群或接近母驴，观察母驴对公驴的反应，以判断母驴是否发情及发情的程度。试情公驴要求健康、性欲旺盛、无恶癖。

2. 外部观察法

根据母驴的外生殖器变化、精神状态、食欲和行为变化进行综合鉴定的方法。

(1) 外阴部变化。发情母驴的阴户会逐渐肿胀而显得饱满，阴唇黏膜充血、潮红而有光泽，阴门有黏液流出，其黏液从少变多，从稀变稠，由透明变成浑浊，最后呈乳白色样。

(2) 精神和行为变化。发情母驴对公驴较敏感，躁动不安，食欲下降，不断鸣叫。母驴发情的特征表现为：四肢撑开站立，头颈伸直，耳向后背；上下颌频频开合，有时可听到臼齿相碰时发出的“吧嗒吧嗒”声，当发情母驴聚在一起或接近公驴以及听到公驴叫声时，这种表现更为突出。在发情盛期，被公驴爬跨或用手按压发情母驴背部时，这种表现则发展为“大张嘴”，即张嘴不合，同时有口涎流出。发情开始后2～4天，当听见公驴鸣叫或牵引公驴与其接近时，即主动接近公驴，并将臀部转向公驴，静立不动，阴蒂闪动，频频排尿。以上外部表现在发情开始或即将结束时表现较弱，而发情盛期表现很明显。

(3) 性欲表现。发情母驴接受其他母驴的爬跨或爬跨其他母驴。

3. 阴道检查法

发情母驴阴道检查时，分泌物明显比平时增多。子宫颈位置比平时后移，子宫颈口皱襞由松弛的花瓣状变成较坚硬的锥状凸起，在发情高峰时又变松弛。发情时阴户流出的黏液开始呈灰白色的糨糊状，随着发情期后延，黏液量增多、变稠，在尾部呈现“吊线”现象；发情末期时，黏液越来越稠，颜色呈灰白色，但分泌量减少，最后逐渐恢复正常。

单元测试题

一、名词解释

1. 初配年龄　　2. 初情期　　3. 性成熟

二、填空题（请将正确答案填在横线空白处）

1. 在发情周期中，母羊体内发生一系列的形态和生理变化，根据其特殊的变化，将发情周期分为4个阶段，即________、________、________和________。

2. 将阴茎导入假阴道时，切勿用手抓握，否则会造成________。

三、简答题

1. 发情母猪主要外部表现有哪些？

2. 牛发情鉴定时外部观察法的内容？

单元测试题答案

一、名词解释

1. 初配年龄是指随着家畜生殖系统的发育可进行初次交配的年龄。

2. 初情期是指母畜首次表现发情并发生排卵的时期。

3. 性成熟是指母畜发育到一定年龄，生殖器官已经发育完全，基本上具备了正常的繁殖功能。

二、填空题

1. 发情前期、发情期、发情后期和间情期　　2. 阴茎回缩

三、简答题

1. 发情母猪主要外部表现是：发情母猪卧立不安，食欲忽高忽低，发出特有的柔和而有节律的哼哼声，爬跨其他母猪或者接受其他母猪的爬跨，频频排尿，尤其是公猪在场时排尿更为频繁。发情开始前两天，阴唇开始肿胀，发情时则显著肿胀，阴门裂稍开放，黏膜充血，阴道内流出稍带红色的分泌物。发情的第二天，征兆更加明显，并有透明黏液流出阴门。

2. 外部观察法的内容

(1) 发情初期。表现不安，不静卧，个别牛出现不反刍，常和其他牛以额对额相对立。如果与牛群隔离时会大哞叫，甚至在大群舍饲时也发出求偶的哞叫，大群舍饲有个别母牛哞叫就应值得注意。放牧时追逐并爬跨其他牛，但一爬即跑；不肯接受其他牛爬跨，采食减少。产奶量降低，发情数小时后进入发情盛期。

(2) 发情盛期。母牛游走减少，常做排尿状，尾根经常抬举，并常摇尾，其他牛嗅其外阴部或爬跨，举尾不拒，后肢开张，站立不动。爬跨是观察发情的最可靠标志。

(3) 发情末期。母牛转入平静，其他牛爬跨时臀部避让，不奔跑，尾根紧贴阴门。

第 7 单元

人工授精

第一节 采精准备

培训目标

→ 掌握台畜的基本使用方法。
→ 掌握假阴道的相关知识。

一、马的采精技术

1. 台马（或假台马）的基本使用

（1）假台马（见图7—1）。指用有关材料仿照母马的体形制作的采精台架。各种马均可采用，可根据公马体尺制作。假台马包括架子部分与台架包裹材料，架子部分可用钢质材料或木质材料制作，材料要求坚固耐用，制作尺寸要适合于公马的正常爬跨，架子下面应为空心，以利采精操作；包裹材料一般分两层，内层可用弹性较好的棕垫、棉垫、海绵垫、布垫等作主要材料，将其固定于架子背侧及两侧，主要作用是使公马爬跨时感到舒适，外层则用经过防腐处理的母马皮张或麻布等进行包裹，最好用母马的皮张，其余存的外激素有利于刺激公马的性欲。有条件的，可增设可升降、可调温的结构。制作好的台马要求无损伤公马的刺划物，并固定到采精场地上。

图7—1 假台马

（2）真台马。用发情的母马作台马即为真台马。真台马要求健康、体壮、性情温顺、无恶癖，体格与公马相适应。采精时要求对其外阴及周围的部位进行清洗、消毒，还应进行适当的保定。

2. 假阴道的结构、规格和质量要求

（1）假阴道的结构。马用假阴道外壳是由镀锌铁皮制成的圆筒，两端大小不同，中部有一注水孔及手柄。将内胎翻卷在外壳的两端，小端上可套以橡胶质的广口集精杯。假阴道的内胎由橡胶制成，装于外壳中，其两端翻卷并固定在外壳的两端。

（2）假阴道的规格。外壳是由镀锌铁皮焊制而成的圆筒，长约45 cm，内径12～13 cm，形似普通的暖水瓶，中部有手柄，便于采精时把握，侧面有注水孔。内胎与牛的相似。集精杯是一黑色橡胶筒，装在锐端。

（3）假阴道的质量要求

1）外壳。外壳多用硬橡胶或塑料制成，长度约 40～50 cm。外壳的内壁与外壁应光滑，无毛刺、无裂缝。最好两端边缘隆起，以便用固定皮圈固定外翻的内胎。外壳的中间有一注水孔。

2）内胎。一般用弹性好的橡胶或乳胶制成，内胎应具有较好的耐拉力、弹力适当、容易安装等特点。安装前应先将内胎的两端部分拉伸，以便检查内胎是否有“针眼”和裂缝。

3）集精杯。苏式集精杯可直接安装在装好内胎的假阴道的一端。一般采用棕色玻璃制成的双层集精杯。集精杯上部有向内凹陷的集精管，集精管与外壁之间形成夹壁，集精杯的下部有注水孔，用于注入 35℃的温水。用软木塞或棉球可将此孔堵上，以防水外溢。集精杯均有玻璃盖。将塑料瓶中装入半瓶 35℃的温水，再将集精管装在塑料瓶中，然后旋上无盖顶的瓶盖。

4）气阀。安装在假阴道外壳的注水孔上，用于向内胎与外壳之间的夹壁内充气，并调节压力，防止夹壁之间注入的水外溢。气阀应能密封，不漏气，阀门转动应灵活。也可用医用血压计上的气阀代替，效果更好。牛的假阴道外壳注水孔可将气阀直接装上，羊的假阴道外壳注水孔较大，应将气阀装在橡皮塞上，再塞在注水孔上。

5）固定皮圈。用橡胶制成，用于将内胎固定在外壳上。

6）保护套。在安装好集精杯后，将保护套安装在外壳上，以防止集精杯在采精或搬动时脱落。

7）保温套。考虑到冬季不易保持集精杯夹壁内的水温，可使用保温材料（如真空棉）制作一个假阴道的外套。

3. 假阴道的安装

（1）假阴道安装所需用品。所需用品主要有水浴箱、搪瓷盘、烧杯、漏斗、镊子、双连球（见图 7—2），以及 75%酒精、凡士林或红霉素软膏、稀释液基础液、肥皂、毛巾等。

图 7—2　双连球

（2）假阴道的安装过程

1）安装内胎。内胎的光滑面向里，放入外壳内，使两端露出部分长度相当。

将一端折叠后放入外壳内，将另一端内胎的一部分翻贴在外壳上。向上推卷，使内胎卷起脱离外壳，并使卷起的长度与原来露出的长度相当。

将内胎套在外壳上，并调整周正；另一端用同样的方法，用固定皮圈将内胎固定在外壳上。

2）调试。将气阀安上，充气，检查内胎是否安装周正。安装周正的内胎充气检查，两端均呈内陷的Y形即符合要求。如果有丰富的操作经验能确保安装周正，可省掉充气检查。

3）消毒。用长柄钳（镊子）夹取75%酒精棉球，从内向外消毒内胎内壁，然后用镊子夹取75%酒精棉球消毒集精杯、集精管。再用另一棉球消毒外壳上的内胎翻边。

4）注水。用烧杯将水温调至45～55℃，顺着漏斗将温水注入内胎与外壳的夹壁内，注满后，来回摇动几次，水量为外壳与内胎之间容积的1/2～2/3。在集精杯夹壁内注入35℃的温水，并用软木塞将注水孔塞紧。

5）冲洗。用稀释液基础液将内胎和集精杯冲洗一遍。

6）涂抹润滑剂。用消毒过的玻璃棒蘸取少量凡士林或红霉素软膏均匀涂布于假阴道外口到假阴道内1/2深处。

7）充气。用双连球向假阴道夹壁内充气至压力合适（用玻璃棒插入略有阻力）。

8）测温。用消毒过的温度计插入假阴道内（需放置2～3 min），测量的温度应为38～42℃。如果温度不合适，应倒出部分水，再加入少量温度更高或更低的水，使温度达到合适的范围。

9）保温。将假阴道用消毒过的毛巾包好备用。

4. 采精用品的拆卸和清洗

用于采精的器具在使用之后，应立即拆卸开及时清洗，以防弹性材料因“疲劳”而失去弹性，并防止润滑剂干在内胎表面不易清洗。

（1）内胎。可用家用洗涤剂、软毛刷、温水或清水洗涤正反两面，洗去内胎表面的润滑剂后，应用清水将洗涤剂及污垢冲洗干净。再用蒸馏水冲洗3～5遍，用两个吊在橱柜顶部的夹干对称夹夹住内胎一端，光滑面向内，使内胎垂直悬挂在器具内晾干。不得在阳光下暴晒或在干燥箱中加热干燥，以防其受热老化发黏，影响弹性及使用寿命。不宜将内胎平放在盒内或袋内。内胎可吊挂存放在器具柜内，直到下次使用时取出。

（2）外壳。外壳清洗没有严格要求，但应在清洗后放入器具柜内晾干。

（3）集精杯。集精杯清洗应更为严格，用试管刷蘸洗涤剂、清水将集精杯的集精管内外壁表面清洗干净，用蒸馏水或去离子水冲洗3～5遍，放入干燥箱内用120℃温度烘干、消毒待用。

二、牛的采精技术

1. 台牛的基本使用

（1）用钢筋、木材、橡胶制品等材料模拟家牛的外形制作。

（2）将假台牛固定在地面上，其大小高低与真牛相近。

（3）假台牛的外层覆以棉絮、泡沫塑料等柔软之物，亦可用真牛皮包裹伪装。

（4）安装的地点应选择宽敞平坦、环境没有干扰、清洁、距离精液处理室近的地方，也可设置在室内。

2. 假阴道的结构、规格和质量要求

（1）假阴道的结构。牛假阴道的外壳系用硬橡胶或硬质塑料制成。内胎是由软橡胶或乳胶制成，装入外壳中并翻卷于外壳两端，加固定圈固定，在假阴道的一端安装上集精杯。集精杯有两种：一种是夹层棕色玻璃集精杯，外面用专用的集精杯固定套固定；另一种是在橡胶漏斗上套上一个玻璃管，连同假阴道一并装入人造保温套内。假阴道的外壳中部有一注水孔，可插入带有气门活塞的橡皮塞。在外界气温低时采精，应在集精杯夹层内灌入35℃的温水，以免对精液造成低温打击。

（2）假阴道的规格。牛假阴道长度50 cm，假阴道内径8 cm。

（3）假阴道的质量要求

1）外壳。外壳多用硬橡胶或塑料制成，长度约40～50 cm。外壳的内壁与外壁应光滑，无毛刺、无裂缝。最好两端边缘隆起，以便用固定皮圈固定外翻的内胎。外壳的中间有一注水孔。

2）内胎。一般用弹性好的橡胶或乳胶制成，内胎应具有较好的耐拉力、弹力适当、容易安装等特点。安装前应先将内胎的两端部分拉伸，以便检查内胎是否有“针眼”和裂缝。

3）集精杯。苏式集精杯可直接安装在装好内胎的假阴道的一端。一般采用棕色玻璃制成的双层集精杯。集精杯上部有向内凹陷的集精管，集精管与外壁之间形成夹壁，集精杯的下部有注水孔，用于注入35℃的温水。用软木塞或棉球可将此孔堵上，以防水外溢。集精杯均有玻璃盖。美式牛用假阴道的集精杯为一刻度试管，用一乳胶漏斗将假阴道的一端与集精杯相连。将塑料瓶中装入半瓶35℃的温水，再将集精管装在塑料瓶中，然后旋上无盖顶的瓶盖。

4）气阀。安装在假阴道外壳的注水孔上，用于向内胎与外壳之间的夹壁内充气，并调节压力，防止夹壁之间注入的水外溢。气阀应能密封，不漏气，阀门转动应灵活。也可用医用血压计上的气阀代替，效果更好。牛的假阴道外壳注水孔可将气阀直接装上，羊的假阴道外壳注水孔较大，应将气阀装在橡皮塞上，再塞在注水孔上。

5）固定皮圈。用橡胶制成，用于将内胎固定在外壳上。

6）保护套。在安装好集精杯后，将保护套安装在外壳上，以防止集精杯在采精或搬动时脱落。

7）保温套。考虑到冬季不易保持集精杯夹壁内的水温，可使用保温材料（如真空棉）制作一个假阴道的外套。

3. 假阴道的安装

（1）假阴道安装所需用品。所需用品主要有水浴箱、搪瓷盘、烧杯、漏斗、镊子、双连球，以及75%酒精、凡士林或红霉素软膏、稀释液基础液、肥皂、毛巾等。

（2）假阴道的安装过程

1）安装内胎。内胎的光滑面向里，放入外壳内，使两端露出部分长度相当。将一端折叠后放入外壳内，将另一端内胎的一部分翻贴在外壳上。向上推卷，使内胎卷起脱离外壳，并使卷起的长度与原来露出的长度相当。将内胎套在外壳上，并调整周正；另一端用同样的方法，用固定皮圈将内胎固定在外壳上。

2）调试。将气阀安上，充气，检查内胎是否安装周正。安装周正的内胎充气检查，两端均呈内陷的Y形即符合要求（见图7—3）。如果有丰富的操作经验能确保安装周正，可省掉充气检查。

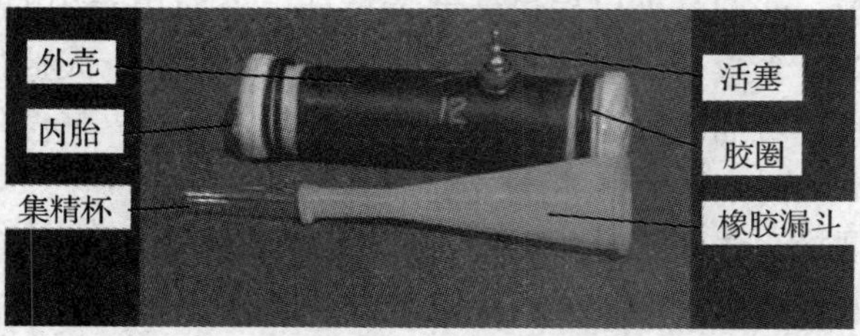

a）

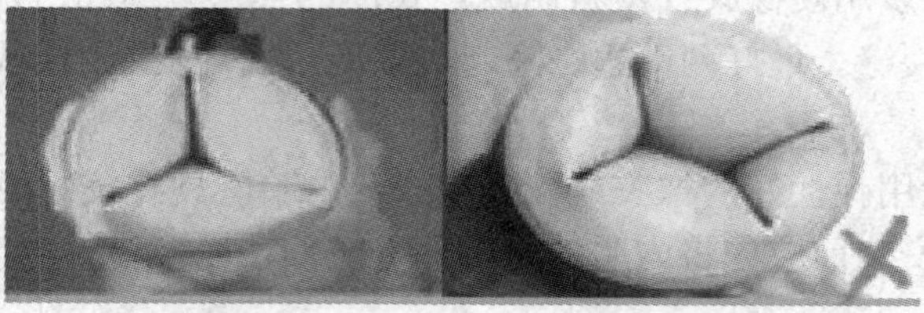

b）　c）

图7—3　假阴道结构和正确的吹气操作

a）假阴道结构　b）正确吹气效果　c）不正确吹气效果

3）消毒。用长柄钳（镊子）夹取75%酒精棉球，从内向外消毒内胎内壁，然后用镊子夹取75%酒精棉球消毒集精杯、集精管，再用另一棉球消毒外壳上的内胎翻边。

4）注水。用烧杯将水温调至45～55℃，顺着漏斗将温水注入内胎与外壳的夹壁内，注满后，来回摇动几次，水量为外壳与内胎之间容积的1/2～2/3。在集精杯夹壁内注入35℃的温水，并用软木塞将注水孔塞紧。

5）冲洗。用稀释液基础液将内胎和集精杯冲洗一遍。

6）涂抹润滑剂。用消毒过的玻璃棒蘸取少量凡士林或红霉素软膏，均匀涂布于假阴道外口到假阴道内1/2深处。

7）充气。用双连球向假阴道夹壁内充气至压力合适（用玻璃棒插入略有阻力）。

8）测温。用消毒过的温度计插入假阴道内（需放置2～3 min），测量的温度应为38～42℃。如果温度不合适，应倒出部分水，再加入少量温度更高或更低的水，使温度达到合适的范围。

9）保温。将假阴道用消毒过的毛巾包好备用。

4. 采精用品的拆卸和清洗

用于采精的器具在使用之后，应立即拆卸开及时清洗，以防弹性材料因“疲劳”而失去弹性，并防止润滑剂干在内胎表面不易清洗。

（1）内胎。可用家用洗涤剂、软毛刷、温水或清水洗涤正反两面，洗去内胎表面的润滑剂后，应用清水将洗涤剂及污垢冲洗干净。再用蒸馏水冲洗 3～5 遍，用两个吊在橱柜顶部的夹干对称夹夹住内胎一端，光滑面向内，使内胎垂直悬挂在器具内晾干。不得在阳光下暴晒或在干燥箱中加热干燥，以防其受热老化发黏，影响弹性及使用寿命。不宜将内胎平放在盒内或袋内。内胎可吊挂存放在器具柜内，直到下次使用时取出。

（2）外壳。外壳清洗没有严格要求，但应在清洗后放入器具柜内晾干。

（3）集精杯。集精杯清洗应更为严格，用试管刷蘸洗涤剂、清水将集精杯的集精管内外壁表面清洗干净，用蒸馏水或去离子水冲洗 3～5 遍，放入干燥箱内用 120℃温度烘干、消毒待用。

三、羊的采精技术

1. 台羊（或假台羊）的基本使用

（1）假台羊。指用有关材料仿照母羊的体形制作的采精台架。各种家羊均可采用，可根据公羊体尺制作。假台羊包括架子部分与台架包裹材料，架子部分可用钢质材料或木质材料制作，材料要求坚固耐用，制作尺寸要适合于公羊的正常爬跨，架子下面应为空心，以利采精操作；包裹材料一般分两层，内层可用弹性较好的棕垫、棉垫、海绵垫、布垫等作主要材料，将其固定于架子背侧及两侧，主要作用是使公羊爬跨时感到舒适，外层则用经过防腐处理的母羊皮张或麻布等进行包裹，最好用母羊的皮张，其余存的外激素有利于刺激公羊的性欲。有条件的，可增设可升降、可调温的结构。制作好的假台羊要求无损伤公羊的刺划物，并固定到采精场地上。

（2）真台羊。用发情的母羊作台羊即为真台羊。真台羊要求健康、体壮、性情温顺、无恶癖，体格与公羊相适应。采精时要求对其外阴及周围的部位进行清洗、消毒，大家畜还应进行适当的保定。

2. 假阴道的结构、规格和质量要求

（1）假阴道的结构。牛、羊假阴道的构造基本相同，但羊用假阴道较小。牛、羊假阴道的外壳系用硬橡胶或硬质塑料制成。内胎是由软橡胶或乳胶制成，装入外壳中并翻卷于外壳两端，加固定圈固定，在假阴道的一端安装上集精杯。集精杯有两种：一种是夹层棕色玻璃集精杯，外面用专用的集精杯固定套固定；另一种是在橡胶漏斗上套上一个玻璃管，连同假阴道一并装入人造保温套内。假阴道的外壳中部有一注水孔，可插入带有气门活塞的橡皮塞。在外界气温低时采精，应在集精杯夹层内灌入 35℃的温水，以免对精液造成低温打击。

（2）假阴道的规格。类似于牛，但比牛的小些。

（3）假阴道的质量要求。与牛的类似。

3. 假阴道的安装

（1）假阴道安装所需用品

1）器械。采精用假阴道（确认部件齐全、完整，无裂缝及针眼；将经过干燥消毒的各部件放在消毒过的大搪瓷盘中）、温度计等。

2）物品。水浴箱、搪瓷盘、烧杯、漏斗、镊子、双连球，以及 75%酒精、凡士林

或红霉素软膏、稀释液基础液、肥皂、毛巾等。

（2）假阴道的安装过程

1）安装内胎。内胎的光滑面向里，放入外壳内，使两端露出部分长度相当。

将一端折叠后放入外壳内，将另一端内胎的一部分翻贴在外壳上。向上推卷，使内胎卷起脱离外壳，并使卷起的长度与原来露出的长度相当。

将内胎套在外壳上，并调整周正；另一端用同样的方法，用固定皮圈将内胎固定在外壳上。

2）调试。将气阀安上，充气，检查内胎是否安装周正。安装周正的内胎充气检查，两端均呈内陷的Y形即符合要求。如果有丰富的操作经验能确保安装周正，可省掉充气检查。

3）消毒。用长柄钳（镊子，羊假阴道消毒用20 cm镊子）夹取75%酒精棉球，从内向外消毒内胎内壁，然后用镊子夹取75%酒精棉球消毒集精杯、集精管，再用另一棉球消毒外壳上的内胎翻边。

4）注水。用烧杯将水温调至45～55℃，顺着漏斗将温水注入内胎与外壳的夹壁内，注满后，来回摇动几次，水量为外壳与内胎之间容积的1/2～2/3。在集精杯夹壁内注入35℃的温水，并用软木塞将注水孔塞紧。

5）冲洗。用稀释液基础液将内胎和集精杯冲洗一遍。

6）涂抹润滑剂。用消毒过的玻璃棒蘸取少量凡士林或红霉素软膏均匀涂布于假阴道外口到假阴道内1/2深处。

7）充气。用双连球向假阴道夹壁内充气至压力合适（用玻璃棒插入略有阻力）。

8）测温。用消毒过的温度计插入假阴道内（需放置2～3 min），测量的温度应为38～42℃。如果温度不合适，应倒出部分水，再加入少量温度更高或更低的水，使温度达到合适的范围。

9）保温。将假阴道用消毒过的毛巾包好备用。

4. 采精用品的拆卸和清洗

用于采精的器具在使用之后，应立即拆卸开及时清洗，以防弹性材料因“疲劳”而失去弹性，并防止润滑剂干在内胎表面不易清洗。

（1）内胎。可用家用洗涤剂、软毛刷、温水或清水洗涤正反两面，洗去内胎表面的润滑剂后，应用清水将洗涤剂及污垢冲洗干净。再用蒸馏水冲洗3～5遍，用两个吊在橱柜顶部的夹干对称夹夹住内胎一端，光滑面向内，使内胎垂直悬挂在器具内晾干。不得在阳光下暴晒或在干燥箱中加热干燥，以防其受热老化发黏，影响弹性及使用寿命。不宜将内胎平放在盒内或袋内。内胎可吊挂存放在器具柜内，直到下次使用时取出。

（2）外壳。外壳清洗没有严格要求，但应在清洗后放入器具柜内晾干。

（3）集精杯。集精杯清洗应更为严格，用试管刷蘸洗涤剂、清水将集精杯的集精管内外壁表面清洗干净，用蒸馏水或去离子水冲洗3～5遍，放入干燥箱内用120℃温度烘干、消毒待用。

四、猪的采精技术

1. 台猪（或假台猪）的基本使用

同上，见初级部分。

2. 假阴道的结构、规格和质量要求

(1) 假阴道的结构。猪用假阴道的外形和构造基本上与牛、羊假阴道相同。不同的是，其较牛假阴道短些，使用双连球维持并控制内胎的压力变化。集精瓶容量较大，用乳胶漏斗固定在假阴道外口上。

(2) 假阴道的规格。同上，见初级部分。

(3) 假阴道的质量要求。同上，见初级部分。

3. 假阴道的安装

(1) 假阴道安装所需用品

1) 器械。采精用假阴道（确认部件齐全、完整，无裂缝及针眼；将经过干燥消毒的各部件放在消毒过的大搪瓷盘中)、温度计等。

2) 物品。水浴箱、搪瓷盘、烧杯、漏斗、镊子、双连球，以及75%酒精、凡士林或红霉素软膏、稀释液基础液、肥皂、毛巾等。

(2) 假阴道的安装过程

1) 安装内胎。内胎的光滑面向里，放入外壳内，使两端露出部分长度相当。

将一端折叠后放入外壳内，将另一端内胎的一部分翻贴在外壳上。向上推卷，使内胎卷起脱离外壳，并使卷起的长度与原来露出的长度相当。

将内胎套在外壳上，并调整周正；另一端用同样的方法，用固定皮圈将内胎固定在外壳上。

2) 调试。将气阀安上，充气，检查内胎是否安装周正。安装周正的内胎充气检查，两端均呈内陷的Y形即符合要求。如果有丰富的操作经验能确保安装周正，可省掉充气检查。

3) 消毒。用长柄钳（镊子）夹取75%酒精棉球，从内向外消毒内胎内壁，然后用镊子夹取75%酒精棉球消毒集精杯、集精管，再用另一棉球消毒外壳上的内胎翻边。

4) 注水。用烧杯将水温调至45～55℃，顺着漏斗将温水注入内胎与外壳的夹壁内，注满后，来回摇动几次，水量为外壳与内胎之间容积的1/2～2/3。在集精杯夹壁内注入35℃的温水，并用软木塞将注水孔塞紧。

5) 冲洗。用稀释液基础液将内胎和集精杯冲洗一遍。

6) 涂抹润滑剂。用消毒过的玻璃棒蘸取少量凡士林或红霉素软膏，均匀涂布于假阴道外口到假阴道内1/2深处。

7) 充气。用双连球向假阴道夹壁内充气至压力合适（用玻璃棒插入略有阻力)。

8) 测温。用消毒过的温度计插入假阴道内（需放置2～3 min)，测量的温度应为38～42℃。如果温度不合适，应倒出部分水，再加入少量温度更高或更低的水，使温度达到合适的范围。

9) 保温。将假阴道用消毒过的毛巾包好备用。

4. 采精用品的拆卸和清洗

用于采精的器具在使用之后，应立即拆卸开及时清洗，以防弹性材料因“疲劳”而失去弹性，并防止润滑剂干在内胎表面不易清洗。

（1）内胎。可用家用洗涤剂、软毛刷、温水或清水洗涤正反两面，洗去内胎表面的润滑剂后，应用清水将洗涤剂及污垢冲洗干净。再用蒸馏水冲洗 3～5 遍，用两个吊在橱柜顶部的夹干对称夹夹住内胎一端，光滑面向内，使内胎垂直悬挂在器具内晾干。不得在阳光下暴晒或在干燥箱中加热干燥，以防其受热老化发黏，影响弹性及使用寿命。不宜将内胎平放在盒内或袋内。内胎可吊挂存放在器具柜内，直到下次使用时取出。

（2）外壳。外壳清洗没有严格要求，但应在清洗后放入器具柜内晾干。

（3）集精杯。集精杯清洗应更为严格，用试管刷蘸洗涤剂、清水将集精杯的集精管内外壁表面清洗干净，用蒸馏水或去离子水冲洗 3～5 遍，放入干燥箱内用 120℃温度烘干、消毒待用。

五、驴的采精技术

1. 台驴（或假台驴）的基本使用

（1）假台驴。指用有关材料仿照母驴的体形制作的采精台架。各种家驴均可采用，可根据公驴体尺制作。假台驴包括架子部分与台架包裹材料，架子部分可用钢质材料或木质材料制作，材料要求坚固耐用，制作尺寸要适合于公驴的正常爬跨，架子下面应为空心，以利采精操作；包裹材料一般分两层，内层可用弹性较好的棕垫、棉垫、海绵垫、布垫等作主要材料，将其固定于架子背侧及两侧，主要作用是使公驴爬跨时感到舒适，外层则用经过防腐处理的母驴皮张或麻布等进行包裹，最好用母驴的皮张，其余存的外激素有利于刺激公驴的性欲。有条件的，可增设可升降、可调温的结构。制作好的台驴要求无损伤公驴的刺划物，并固定到采精场地上。

（2）真台驴。用发情的母驴作台驴即为真台驴。真台驴要求健康、体壮、性情温顺、无恶癖，体格与公驴相适应。采精时要求对其外阴及周围的部位进行清洗、消毒，还应进行适当的保定。

2. 假阴道的结构、规格和质量要求

（1）假阴道的结构。驴用假阴道外壳是由镀锌铁皮制成的圆筒，两端大小不同，中部有一注水孔及手柄。将内胎翻卷在外壳的两端上，小端上可套以橡胶质的广口集精杯。假阴道的内胎由橡胶制成，装于外壳中，其两端翻卷并固定在外壳的两端。

（2）假阴道的规格。外壳是由镀锌铁皮焊制而成的圆筒，长约 45 cm，内径 12～13 cm，形似普通的暖水瓶，中部有手柄，便于采精时把握，侧面有注水孔。

（3）假阴道的质量要求

1）外壳。外壳多用硬橡胶或塑料制成，长度约 40～50 cm。外壳的内壁与外壁应光滑，无毛刺、无裂缝。最好两端边缘隆起，以便用固定皮圈固定外翻的内胎。外壳的中间有一注水孔。

2）内胎。一般用弹性好的橡胶或乳胶制成，内胎应具有较好的耐拉力、弹力适当、容易安装等特点。安装前应先将内胎的两端部分拉伸，以便检查内胎是否有“针眼”和裂缝。

3）集精杯。苏式集精杯可直接安装在装好内胎的假阴道的一端。一般采用棕色玻璃制成的双层集精杯。集精杯上部有向内凹陷的集精管，集精管与外壁之间形成夹壁，集精杯的下部有注水孔，用于注入35℃的温水。用软木塞或棉球可将此孔堵上，以防水外溢。集精杯均有玻璃盖。将塑料瓶中装入半瓶35℃的温水，再将集精管装在塑料瓶中，然后旋上无盖顶的瓶盖。

4）气阀。安装在假阴道外壳的注水孔上，用于向内胎与外壳之间的夹壁内充气，并调节压力，防止夹壁之间注入的水外溢。气阀应能密封，不漏气，阀门转动应灵活。也可用医用血压计上的气阀代替效果更好。

5）固定皮圈。用橡胶制成，用于将内胎固定在外壳上。

6）保护套。在安装好集精杯后，将保护套安装在外壳上，以防止集精杯在采精或搬动时脱落。

7）保温套。考虑到冬季不易保持集精杯夹壁内的水温，可使用保温材料（如真空棉）制作一个假阴道的外套。

3. 假阴道的安装

（1）假阴道安装所需用品。所需用品主要有水浴箱、搪瓷盘、烧杯、漏斗、镊子、双连球，以及75%酒精、凡士林或红霉素软膏、稀释液基础液、肥皂、毛巾等。

（2）假阴道的安装过程

1）安装内胎。内胎的光滑面向里，放入外壳内，使两端露出部分长度相当。

将一端折叠后放入外壳内，将另一端内胎的一部分翻贴在外壳上。向上推卷，使内胎卷起脱离外壳，并使卷起的长度与原来露出的长度相当。

将内胎套在外壳上，并调整周正；另一端用同样的方法，用固定皮圈将内胎固定在外壳上。

2）调试。将气阀安上，充气，检查内胎是否安装周正。安装周正的内胎充气检查，两端均呈内陷的Y形即符合要求。如果有丰富的操作经验能确保安装周正，可省掉充气检查。

3）消毒。用长柄钳（镊子）夹取75%酒精棉球，从内向外消毒内胎内壁，然后用镊子夹取75%酒精棉球消毒集精杯、集精管，再用另一棉球消毒外壳上的内胎翻边。

4）注水。用烧杯将水温调至45～55℃，顺着漏斗将温水注入内胎与外壳的夹壁内，注满后，来回摇动几次，水量为外壳与内胎之间容积的1/2～2/3。在集精杯夹壁内注入35℃的温水，并用软木塞将注水孔塞紧。

5）冲洗。用稀释液基础液将内胎和集精杯冲洗一遍。

6）涂抹润滑剂。用消毒过的玻璃棒蘸取少量凡士林或红霉素软膏，均匀涂布于假阴道外口到假阴道内1/2深处。

7）充气。用双连球向假阴道夹壁内充气至压力合适（用玻璃棒插入略有阻力）。

8）测温。用消毒过的温度计插入假阴道内（需放置2～3 min），测量的温度应为38～42℃。如果温度不合适，应倒出部分水，再加入少量温度更高或更低的水，使温度达到合适的范围。

9）保温。将假阴道用消毒过的毛巾包好备用。

4. 采精用品的拆卸和清洗

用于采精的器具在使用之后，应立即拆卸开及时清洗，以防弹性材料因“疲劳”而失去弹性，并防止润滑剂干在内胎表面不易清洗。

（1）内胎。可用家用洗涤剂、软毛刷、温水或清水洗涤正反两面，洗去内胎表面的润滑剂后，应用清水将洗涤剂及污垢冲洗干净。再用蒸馏水冲洗 3～5 遍，用两个吊在橱柜顶部的夹干对称夹夹住内胎一端，光滑面向内，使内胎垂直悬挂在器具内晾干。不得在阳光下暴晒或在干燥箱中加热干燥，以防其受热老化发黏，影响弹性及使用寿命。不宜将内胎平放在盒内或袋内。内胎可吊挂存放在器具柜内，直到下次使用时取出。

（2）外壳。外壳清洗没有严格要求，但应在清洗后放入器具柜内晾干。

（3）集精杯。集精杯清洗应更为严格，用试管刷蘸洗涤剂、清水将集精杯的集精管内外壁表面清洗干净，用蒸馏水或去离子水冲洗 3～5 遍，放入干燥箱内用 120℃温度烘干、消毒待用。

第二节　精液及精液品质鉴定

培训目标

→ 掌握常见家畜精液及精液品质的鉴定。
→ 掌握基本的采精方法和要求及操作步骤。

一、马的精液及精液品质鉴定

1. 种公马生殖器官的解剖及功能

公马睾丸呈长卵圆形，其长轴与躯干平行。功能主要是：

（1）产生精子（外分泌机能）。精子由精细管生殖上皮的生精细胞生成。

（2）分泌雄激素（内分泌机能）。精细管之间的间质细胞分泌雄激素。

（3）产生睾丸液。附睾是精子的暂时储存器官，位于睾丸附着缘，分为附睾头、体、尾三部分。功能主要是：吸收和分泌作用；精子最后成熟场所；精子的贮存库；附睾管的运输作用。

马阴茎较粗，没有 S 状弯曲，主要功能是作为交配器官。阴囊具有温度调节作用，以保护精子正常生成。输精管的作用是输送精子。

2. 采精的方法和要求

采精者一般应立于公马的右后侧。当公马爬上台马时，要沉着、敏捷地将假阴道紧靠于台马臀部，并将假阴道角度调整好，使之与公马阴茎伸出方向一致，同时用左手托住阴茎基部使其自然插入假阴道。当公马射精完毕跳下时，假阴道不要硬行抽出，待阴茎自然脱离后立即竖立假阴道，使集精杯（瓶）一端在下，迅速打开气嘴阀门放掉空气，以充分收集滞留在假阴道槽内胎壁上的精液。应用手掌轻托公马包皮，避免触及阴茎。

3. 采精操作

（1）采精前的准备。对公马的包皮口周围要进行清洗，如包皮口有长毛，应剪掉；采精员手臂要清洗、消毒，剪短磨光指甲，着工作服。

凡与采精有关的所有器械均要求彻底进行清洗、消毒，然后按要求安装、润滑并调试到可用状态。

（2）种公马的调教。利用假台马采精需对公马进行调教。调教公马时，一般按以下方法步骤进行：

1）对未包裹母马皮的假台马，调教时，可在假台马的后躯涂抹发情母马阴道分泌物、尿液等，利用其中所含外激素刺激公马的性兴奋，诱导其爬跨假台马。多数公马经几次即可成功。

2）在假台马的旁边拴系一发情母马，让待调教公马爬跨发情母马，然后拉下，反复几次，当公马的性兴奋达到高峰时将其牵向假台马，一般可成功。

3）可让待调教公马目睹已调教好的公马利用假台马采精，然后诱导其爬跨假台马，可调教成功。

（3）采精时的注意事项。公马对假阴道的压力比温度更敏感，阴茎在假阴道内抽动的时间较长（1～3 min），采精时要固定好假阴道，并使假阴道随公马阴茎的抽动适当相向运动，以增加摩擦力。当公马头部下垂、啃咬台马鬐甲、臀部的肌肉和肛门出现有节律颤抖时，即表示已射精，此时需使假阴道向集精杯方向倾斜，以免精液倒流。

（4）采精操作流程。假阴道采精法（见图 7—4）：利用假阴道法采精时，采精员一般站在台马的右后方，当公马爬跨台马时，右手执假阴道，并迅速将其靠在台马尻部，使假阴道与公马阴茎伸出方向一致，同时用左手托起阴茎，将阴茎导入假阴道内。当公马射精完毕从台马上跳下时，持假阴道跟进，阴茎自然脱离假阴道后，取下集精杯，把精液送到处理室。

图 7—4　利用假阴道采集公马精液

（5）采精频率。采精频率是根据公马睾丸的生精能力、精子在附睾的贮存量、每次射出精液中的精子数及公马体况等来确定的。一般成年公马的采精频率为 2～3 次/周。

4. 精液品质检查

精液只有经过检查合格，才能用于输精或保存。精液的品质检查主要有一般性状检查、活力检查、密度检查和畸形率检查。

（1）精液外观性状检查

1）采精量。采精后即可测出精液量的多少。马的一次采精量 30～100 mL。

2）颜色。马的精液正常色泽为淡乳白色或浅灰白色，颜色异常的精液应废弃，立即停止采精，查明原因，及时治疗。

3）气味。马正常精液略带有腥味。

4）云雾状。因马的精子密度小，故云雾状不明显或者不能观察到。

（2）精子活力检查。精子活力又称活率，是指精液中做直线运动的精子占整个精子数的百分比。活力是精液检查的重要指标之一，在采精后、稀释前后、保存和运输前后、输精前都要进行检查。马的精子活率要求不低于 0.3。

1）检查方法。检查精子活力需借助显微镜，放大 200～400 倍把精液样品放在镜前观察。

①平板压片。取一滴精液于载玻片上，盖上盖玻片，放在镜下观察。此法简单、操作方便，但精液易干燥，故检查应迅速。

②悬滴法。取一滴精液于盖玻片上，迅速翻转使精液形成悬滴，置于有凹玻片的凹窝内，即制成悬滴玻片。此法精液较厚，检查结果可能偏高。

2）评定。评定精子活力多采用“十级一分制”。如果精液中有 80%的精子做直线运动，精子活力计为 0.8；如有 50%的精子作直线前进运动，活力计为 0.5。以此类推。评定精子活力的准确度与经验有关，具有主观性，检查时要多看几个视野，取平均值。温度对精子活力影响较大，为使评定结果准确，要求检查温度在 37℃左右，需用有恒温装置的显微镜。

（3）精子的密度检查。精子密度是指单位体积（1 mL）精液内所含有精子的数目。精子密度大、稀释倍数高，进而增加可配母畜数，也是评定精液品质的重要指标。马的精液量多，而精子密度较低，一般为 0.3 亿～2 亿个/mL。

1）估测法。估测法通常结合精子活力检查来进行，根据显微镜下精子的密集程度，把精子的密度大致分为稠密、中等、稀薄三个等级，这种方法能大致估计精子的密度，但主观性强、误差较大。

2）血细胞计数法。用血细胞计数法定期对公畜的精液进行检查，可较准确地测定精子密度。

3）光电比色法。现世界各国普遍应用于牛、羊的密度测定。此法快速、准确、操作简便。其原理是根据精液透光性的强弱，精子密度越大，透光性就越差。

（4）精子的畸形率检查。凡形态和结构不正常的精子都属畸形精子。精子畸形率一般不超过 18%，如果畸形精子超过 20%，则视为精液品质不良，不能用作输精。

精子畸形一般分为 4 类：

1）头部畸形：如头部巨大、瘦小、细长、缺双头等；

2）颈部畸形：如颈部膨干细、曲折、双颈等；

3）中段畸形：如膨大、纤细、带有原生质滴等；

4）主段畸形：如弯曲、曲折、回旋、双尾等。

检查时将精液制成抹片，用红、蓝墨水染色，水洗干燥后镜检。检查精子 200～500 个，计算畸形精子的百分率。

二、牛的精液及精液品质鉴定

1. 种公牛生殖器官的解剖及功能

公牛睾丸呈长卵圆形，其长轴与躯干垂直。功能主要是：

（1）产生精子（外分泌机能）。精子由精细管生殖上皮的生精细胞生成。

（2）分泌雄激素（内分泌机能）。精细管之间的间质细胞分泌雄激素。

（3）产生睾丸液。附睾是精子的暂时储存器官，位于睾丸附着缘，分为附睾头、体、尾三部分。功能主要是：

1）吸收和分泌作用；

2）精子最后成熟场所；

3）精子的贮存库；

4）附睾管的运输作用。

公牛阴茎较细，在阴囊之后折成S状弯曲，主要功能是作为交配器官。阴囊具有温度调节作用，以保护精子正常生成。输精管的作用是输送精子。

2. 采精的方法和要求

采精的场地要防滑，必要时铺设防滑垫，尤其是在爬上台牛的区域。采用假阴道采精法采精时，采精者一般应立于公牛的右后侧。当公牛爬上台牛时，要沉着、敏捷地将假阴道紧靠于台牛臀部，并将假阴道角度调整好，使之与公牛阴茎伸出方向一致，同时用左手托住阴茎基部使其自然插入假阴道。当公牛射精完毕跳下时，假阴道不要硬行抽出，待阴茎自然脱离后立即竖立假阴道，使集精杯（瓶）一端在下，迅速打开气嘴阀门放掉空气，以充分收集滞留在假阴道槽内胎壁上的精液。牛对假阴道内的温度比压力要敏感，因此要特别留意温度的调节。应用手掌轻托公牛包皮，避免触及阴茎。牛射精时间非常短促，用力向前一冲时即行射精，因此要求采精人员动作敏捷准确，并注意防止阴茎导入时突然弯折而损伤阴茎，还要紧紧握住假阴道，防止公牛向前冲时假阴道掉落。

3. 采精操作

（1）采精前的准备。凡与采精有关的所有器械均要求彻底进行清洗、消毒，然后按要求安装、润滑并调试到可用状态。

对公牛的包皮口周围要进行清洗，如包皮口有长毛，应剪掉。采精员手臂要清洗、消毒，剪短磨光指甲，穿着工作服。

假阴道经正确安装调试后，应具有适宜的温度（38～40℃）、适当的压力和适宜的润滑度。温度来自于注入假阴道内的温水，温度过低，不能引起公牛的性欲，温度过高，公牛承受不了，无法采精，甚至烫伤公牛阴茎，以后再调教就很难了。压力是借助注水和空气来调节的，压力不够，对公牛刺激不够，采不到精液，压力过大，公牛阴茎难以伸入假阴道，既易引起内胎破裂，也易损伤公牛的生殖器官。

假阴道内胎的润滑通常用液体石蜡或医用凡士林作润滑剂。润滑度不够，对公牛阴茎会产生不适反应，采精效果差；润滑剂过多，常与精液混合，影响精液品质。

（2）种公牛的调教。利用假台牛采精需对公牛进行调教。调教公牛时，一般按以下方法步骤进行：

1）对未包裹母牛皮的假台牛，调教时，可在假台牛的后躯涂抹发情母牛阴道分泌物、尿液等，利用其中所含外激素刺激公牛的性兴奋，诱导其爬跨假台牛。多数公牛经几次即可成功。

2）在假台牛的旁边拴系一发情母牛，让待调教公牛爬跨发情母牛，然后拉下，反复几次，当公牛的性兴奋达到高峰时将其牵向假台牛，一般可成功。

3）可让待调教公牛目睹已调教好的公牛利用假台牛采精，然后诱导其爬跨假台牛，可调教成功。

（3）采精时的注意事项。牛对假阴道的温度较敏感，要特别注意温度的调节。将阴茎导入假阴道时，切勿用手抓握，否则会造成阴茎回缩。采精过程中，当公牛用力向前一冲即表示射精。牛射精时间很短，只有数秒钟，要求采精员操作必须准确、迅速、熟练。另外，应注意假阴道与公牛的阴茎方向保持一致，尤其是在公牛射精时，更应如此，否则有可能损伤公牛的阴茎。另外，采精人员还要密切注意公牛的行为、动作，防止被公牛踩伤或被公牛进攻。采精人员应善待牲畜，不恐吓、打骂种公牛，这样有利于工作的顺利进行。

（4）采精操作流程

1）将种公牛牵到采精室内，让种公牛在采精室停留片刻，以使公牛进行射精前的准备，这样有利于提高精液品质，但要防止公牛在未采精时就已经射精。

2）将种公牛牵到台牛旁，采精员手持假阴道面向台牛站于台牛的右后侧面。

3）当公牛阴茎伸出并跃上母牛或台牛的瞬间，采精员手持假阴道迅速向前一步，将假阴道筒口向下倾斜与公牛阴茎伸出方向呈一条直线，紧靠在台牛臀部右侧，左手在包皮开口的后方掌心向上托住包皮（切不可用手抓握阴茎，否则会使阴茎缩回），将阴茎拨向右侧导入假阴道内。当公牛用力向前一冲后，即表示射精完毕。公牛射精后，采精员同时使假阴道的集精杯一端略向下倾斜，以便精液流入集精杯中。

4）当公牛跳下时，假阴道应随着阴茎后移，不要抽出。当阴茎由假阴道自行脱出后，立即将假阴道直立，筒口向上、集精杯向下，并立即送至精液处理室，放气后，取下精液杯，盖上盖子。

（5）采精频率。采精频率是根据公畜睾丸的生精能力、精子在附睾的贮存量、每次射出精液中的精子数及公畜体况等来确定的。一般成年公牛的采精频率为 2～3 次/周，水牛可隔日一次。

4. 精液品质检查

精液只有经过检查合格，才能用于输精或保存。精液的品质检查主要有一般性状检查、活力检查、密度检查和畸形率检查。

（1）精液外观性状检查

1）采精量。采精后即可测出精液量的多少。牛的一般射精量 5～10 mL，大致范围在 0.5～14 mL。

2）颜色。牛的精液呈乳白或乳黄，有时呈淡黄色。如果精液颜色异常，属不正常现象。若精液呈红色，说明混有陈血；精液呈淡黄色，则是混有脓汁或尿液。颜色异常的精液应废弃，立即停止采精，查明原因，及时治疗。

3）气味。正常精液略带有腥味，牛精液除具有腥味外，另有微汗脂味。气味常常伴有颜色的变化。

4）云雾状。牛的精液精子密度大，放在玻璃容器中观察，精液呈上下翻滚状态，像云雾一样，称为云雾状。这是精子运动活跃的表现。云雾状明显用“＋＋＋”表示，“＋＋”较为明显，“＋”表示不明显。

（2）精子活力检查。精子活力又称活率，是指精液中做直线运动的精子占整个精子数的百分比。活力是精液检查的重要指标之一，在采精后、稀释前后、保存和运输前后、输精前都要进行检查。

1）检查方法。检查精子活力需借助显微镜，放大200～400倍把精液样品放在镜前观察。

①平板压片。取一滴精液于载玻片上，盖上盖玻片，放在镜下观察。此法简单、操作方便，但精液易干燥，故检查应迅速。

②悬滴法。取一滴精液于盖玻片上，迅速翻转使精液形成悬滴，置于有凹玻片的凹窝内，即制成悬滴玻片。此法精液较厚，检查结果可能偏高。

2）评定。评定精子活力多采用“十级一分制”。如果精液中有80%的精子做直线运动，精子活力计为0.8；如有50%的精子作直线前进运动，活力计为0.5。以此类推。评定精子活力的准确度与经验有关，具有主观性，检查时要多看几个视野，取平均值。

牛的浓份精液精子密度较大，为观察方便，可用等渗溶液如生理盐水等稀释后再检查。

温度对精子活力影响较大，为使评定结果准确，要求检查温度在37℃左右，需用有恒温装置的显微镜。

（3）精子的密度检查。精子密度是指单位体积（1 mL）精液内所含有精子的数目。精子密度大、稀释倍数高，进而增加可配母畜数，也是评定精液品质的重要指标。

1）估测法。估测法通常结合精子活力检查来进行，根据显微镜下精子的密集程度，把精子的密度大致分为稠密、中等、稀薄三个等级，这种方法能大致估计精子的密度，但主观性强、误差较大。

2）血细胞计数法。用血细胞计数法定期对公畜的精液进行检查，可较准确地测定精子密度。

3）光电比色法。现世界各国普遍应用于牛、羊的密度测定。此法快速、准确、操作简便。其原理是根据精液透光性的强弱，精子密度越大，透光性就越差。

（4）精子的畸形率检查。凡形态和结构不正常的精子都属畸形精子。精子畸形率牛的不超过18%，如果畸形精子超过20%，则视为精液品质不良，不能用作输精。

精子畸形一般分为4类：

1）头部畸形：如头部巨大、瘦小、细长、缺双头等；

2）颈部畸形：如颈部膨干细、曲折、双颈等；

3）中段畸形：如膨大、纤细、带有原生质滴等；

4）主段畸形：如弯曲、曲折、回旋、双尾等。

检查时将精液制成抹片，用红、蓝墨水染色，水洗干燥后镜检。检查精子200～500个，计算畸形精子的百分率。

三、羊的精液及精液品质鉴定

1. 种公羊生殖器官的解剖及功能

（1）公羊生殖器官。公羊的生殖器官包括：睾丸、附睾、输精管、尿生殖道、精囊腺、前列腺、尿道球腺及输精管壶腹部和阴茎、阴囊。公羊的生殖器官有产生精子、分泌雄激素以及将精液运入母羊生殖道等作用。

1）睾丸。睾丸是产生精子的场所，也是合成和分泌雄性激素的器官，它能刺激公羊的生长发育，促进第二性征及副性腺发育等。

2）附睾。附睾位于睾丸的背后缘，分头、体、尾三部分。附睾头和尾部比较大，体部较窄。附睾是精子贮存和最后成熟的场所，也是排出精子的管道。此外，附睾管口上皮稀薄分泌物可供给精子营养和运动所需的物质。

3）输精管。精子由附睾排出的通道。

4）副性腺。副性腺包括精囊腺、前列腺和尿道球腺。

5）阴茎。公羊交配的器官，主要由海绵体构成。公羊必须先有阴茎勃起才能有正常的射精。

6）阴囊。位于体外，主要作用是保护睾丸及调节睾丸处于合适的温度。

（2）母羊生殖器官。主要由卵巢、输卵管、子宫、阴道及外生殖道等部分组成。

1）卵巢。卵巢是母羊生殖器官中最重要的生殖腺体，位于腹腔的下后方，由卵巢系膜悬在腹腔靠近体壁处，左右各一个。其主要功能是生产卵子和分泌雌激素。

2）输卵管。位于卵巢和子宫之间，为一弯曲的小管，管壁较薄。其主要功能是使精子和卵子受精结合和开始卵裂的地方，并将受精卵送到子宫。

3）子宫。子宫为一膜囊，位于骨盆腔前部、直肠下方和膀胱上方。其主要生理功能：一是发情时，子宫借助肌纤维有节奏且强有力的阵缩运送精子；二是分娩时，子宫通过强有力的阵缩排出胎儿；三是胎儿生长发育的场所；四是在发情期前，内膜分泌的前列腺素对卵巢黄体有溶解作用，使黄体机能减退，并在促卵泡素的作用下引起母羊发情。

4）阴道。阴道为一富有弹性的肌肉腔体，是交配器官、产道和尿道。阴道平时的功能是排尿，发情时交配、接纳精液，分娩时为胎儿产出的产道。

2. 采精的方法和要求

利用假阴道法采精时，采精员一般站在台畜的右后方，当公畜爬跨台畜时，右手执假阴道，并迅速将其靠在台畜尻部，使假阴道与公畜阴茎伸出方向一致，同时用左手托起阴茎，将阴茎导入假阴道内。当公畜射精完毕从台畜上跳下时，持假阴道跟进，阴茎自然脱离假阴道后，取下集精杯，把精液送到处理室。

牛、羊对假阴道的温度较敏感，要特别注意温度的调节。将阴茎导入假阴道时，切勿用手抓握，否则会造成阴茎回缩。采精过程中，当公畜用力向前一冲即表示射精。牛、羊采精时间及射精时间很短，要求采精员操作必须准确、迅速、熟练。

3. 采精操作

（1）采精前的准备

1）场地的要求及准备。采精应有专门的场地，以便公畜建立稳固的条件反射。采精场地应防滑、安静、明亮、平坦、清洁，利于消毒，防扬尘；采精室应紧靠精液处理室，内设供公畜爬跨的假台畜和保定真台畜用的采精架。

2）台畜的要求与准备。台畜是供公畜爬跨用的台架，有假台畜与真台畜两种。

①假台畜。指用有关材料仿照母畜的体形制作的采精台架。各种家畜均可采用，可根据公畜体尺制作。假台畜包括架子部分与台架包裹材料，架子部分可用钢质材料或木质材料制作，材料要求坚固耐用，制作尺寸要适合于公畜的正常爬跨，架子下面应为空心，以利采精操作；包裹材料一般分两层，内层可用弹性较好的棕垫、棉垫、海绵垫、布垫等作主要材料，将其固定于架子背侧及两侧，主要作用是使公畜爬跨时感到舒适，外层则用经过防腐处理的母畜皮张或麻布等进行包裹，最好用母畜的皮张，其余存的外激素有利于刺激公畜的性欲。有条件的，可增设可升降、可调温的结构。制作好的台畜要求无损伤公畜的刺划物，并固定到采精场地上。

②真台畜。用发情的母畜作台畜即为真台畜。真台畜要求健康、体壮、性情温顺、无恶癖，体格与公畜相适应。采精时要求对其外阴及周围的部位进行清洗、消毒。大家畜还应进行适当的保定。

3）器械准备。凡与采精有关的所有器械均要求彻底进行清洗、消毒，然后按要求安装、润滑并调试到可用状态。

4）公畜及采精员的准备。对公畜的包皮口周围要进行清洗，如包皮口有长毛，应剪掉。采精员手臂要清洗、消毒，剪短磨光指甲，着工作服。

5）假阴道的准备

①假阴道的结构。假阴道是模仿母畜阴道的生理条件而设计的一种采精工具。虽然各种家畜假阴道的外形、大小有所差异，但其组成基本一致。假阴道一般都由外壳、内胎、集精杯（瓶、管）、活塞、固定胶圈等部件构成。

②假阴道调试时应注意的问题。假阴道经正确安装调试后，应具有适宜的温度（38～40℃）、适当的压力和适宜的润滑度。温度来自于注入假阴道内的温水，温度过低，不能引起公畜的性欲，温度过高，公畜承受不了，无法采精，甚至烫伤公畜阴茎，以后再调教就很难了。压力是借助注水和空气来调节的，压力不够，对公畜刺激不够，采不到精液，压力过大，公畜阴茎难以伸入假阴道，既易引起内胎破裂，也易损伤公畜的生殖器官。

假阴道内胎的润滑通常用液体石蜡或医用凡士林作润滑剂。润滑度不够，对公畜阴茎会产生不适反应，采精效果差；润滑剂过多，常与精液混合，影响精液品质。

（2）种公羊的调教。利用假台畜采精需对公畜进行调教。调教公畜时，一般按以下方法步骤进行：

1）对未包裹母畜皮的假台畜，调教时，可在假台畜的后躯涂抹发情母畜阴道分泌物、尿液等，利用其中所含外激素刺激公畜的性兴奋，诱导其爬跨假台畜。多数公畜经几次即可成功。

2）在假台畜的旁边拴系一发情母畜，让待调教公畜爬跨发情母畜，然后拉下，反复几次，当公畜的性兴奋达到高峰时将其牵向假台畜，一般可成功。

3）可让待调教公畜目睹已调教好的公畜利用假台畜采精，然后诱导其爬跨假台畜，可调教成功。

（3）采精时的注意事项

1）采精前应准备发情母羊或羯羊作台羊。采精前应清理台羊的臀部，以防采精时损伤公羊阴茎。

2）用清水或洗衣粉将种公羊包皮附近的污物洗净，擦干。

3）采精瓶及盛有精液的器皿必须避免太阳直射，注意保持18℃的温度。

（4）采精操作流程

1）采精室的准备。采精室地面用0.1%新洁尔灭溶液或3%来苏尔溶液喷洒消毒，夜间打开紫外线灯消毒，工作服可挂在采精室进行紫外线消毒。

2）台羊或采精台的准备。采精前，将活台羊牵入采精架加以保定，然后彻底清洗其后躯，特别是尾根、外阴、肛门等部分。如用假台羊采精，采精公羊必须先经过训练，即先用真羊作台羊采精数次，再改用假台羊。

3）种公羊的准备。种公羊采精前性准备的充足与否会直接影响到精液的数量和质量，因此在采精前必须以不同的诱情方式使公羊有充分的性欲和性兴奋。

4）假阴道的准备。首先进行假阴道的安装，检查所用内胎有无损坏或砂眼。安装时先将内胎装入外壳，使光面朝内，并要求两头等长，然后将内胎一端套在外壳上，依同法套好另一端。最后在两端分别套上橡胶圈固定。

5）采精技术。采精人员右手握住假阴道后端，固定好集精杯，并将气嘴活塞朝下，蹲在台羊右后侧，让假阴道靠近母羊臀部，在公羊跨上母羊的同时，将假阴道与地面保持35～40°角迅速将公羊阴茎插入假阴道内，切勿用手抓碰摩擦阴茎。若假阴道内温度、压力、润滑度适宜，公羊后躯会急速用力向前一冲，即表示已射精。此时顺公羊动作向后移下假阴道，集精杯一端向下，迅速将假阴道竖起，然后打开活塞上的气嘴，放出空气，取下集精杯，用集精杯盖盖好，精液送检验室待检。

（5）采精频率。公羊配种季节较短、射精量少且附睾贮存量大，每天可采2～3次，每次之间至少间隔12 min。

4. 精液品质检查

（1）采精量。绵羊和山羊精液的采集次数和射精量见表7—1。采集精液后称重，按1 mL/g计，避免以量筒等测量精液体积。

表7—1　　山羊、绵羊的射精量

品种	每周采精次数（次）	平均每次射精量（mL）	平均每次射出的精子总数（亿个）	平均每周射出的精子总数（亿个）	精子活率（%）	形态正常率（%）
山羊	7～20	0.5～1.5	15～16	250～350	0.6～0.8	80～95
绵羊	7～25	0.8～1.2	16～36	200～400	0.6～0.8	80～95

（2）颜色。羊的正常精液是乳白色或浅乳黄色，其颜色因精子浓度高低而异，乳白色程度越重，表示精子浓度越高。

（3）气味。羊精液一般无味，有的略有膻味，如有异常气味，应停止使用。

（4）云雾状。羊正常精子因密度大而呈混浊状，肉眼观察时，由于精子运动而呈云雾状。精液的浓度越大，云雾状越明显。

（5）pH 值（酸碱度）。以 pH 计或 pH 试纸测量，正常范围 7.0～7.8。

（6）精子活力检查。精子活力是指呈直线运动的精子所占百分率，在显微镜下观察，一般按 0.1～1.0 的十级评分法估计，鲜精活力要求不低于 0.7。检查活力时，要求载玻片和盖玻片都应 37℃预热。绵羊、山羊精子活力在 0.6 以下就不可用于配种。

（7）精子密度。指每毫升精液中所含的精子数，是确定稀释倍数的重要标准，要求用血细胞计数板计数或精液密度仪测定。血细胞计数方法：以微量加样器取具有代表性原精液 200 μL，用 3% NaCl 稀释 10 倍；在血细胞计数板上放一盖玻片，取 1 滴稀释液后将精液置于计数板的槽中，靠虹吸将精液吸入计数室内；在高倍镜下计数 5 个中方格内的精子总数，将该数乘以 50 万，即得原精液每毫升的精子数（即精液密度）。

（8）精子畸形率。一般品质优良的绵羊（山羊）精液，其精子畸形率不超过 14%，普通的也不能超过 20%。超过 20%会影响受胎率，不宜用于输精。

四、猪的精液及精液品质鉴定

1. 种公猪生殖器官的解剖及功能

（1）性腺（睾丸）。睾丸是具有内外分泌双重机能的性腺，为长卵圆形，睾丸的长轴倾斜，前低后高。睾丸分散在阴囊的两个腔内。在胎儿期一定时期，睾丸才由腹腔下降入阴囊内。如果成年公猪有时一侧或者两侧并未下降入阴囊，称为隐睾。隐睾睾丸的分泌机能虽未受到损害，但睾丸对一定温度的特殊要求不能得到满足，从而影响生殖机能。如系双侧隐睾，虽多少有点性欲，但无生殖力。睾丸的功能主要是生精（外分泌机能）和分泌雄激素（内分泌机能）。曲精细管的生殖细胞经过多次分裂最后形成精子。精子随精细管的液流输出，并经直精细管、睾丸网、输出管而至附睾。间质细胞分泌的雄激素（睾酮），能激发公猪的性欲及性兴奋，刺激第二性征，刺激阴茎及副性腺发育、细胞质精子发生及附睾精子的存活。

（2）输精管道（附睾、输精管、尿生殖道）。附睾附着于睾丸的附着缘，分头、体、尾三部分。睾丸输出管在附睾头部汇成附睾管。附睾管极度弯曲，其长度 12～18 m，管腔直径 0.1～0.3 mm。管道逐渐变粗，最后过渡为输精管。附睾管壁很薄，其上皮细胞具有分泌作用，分泌物呈弱酸性，同时具有纤毛，能向附睾尾方向摆动，以推动精子移行。附睾尾部很粗大，有利于贮存精子。附睾管的管壁包围一层环状平滑肌，在尾部很发达，有助于在收缩时将浓密的精子排出。其主要功能有二：一是精子最后成熟的地方。睾丸曲精细管生产的精子在刚进入附睾头时形态上尚未发育完全，此时活动微弱，没有受精能力。精子通过附睾管时，附睾管分泌的磷脂及蛋白质形成脂蛋白膜，附在精子表面将精子包起来，它能在一定程度上防止精子膨胀，也能抵抗外部环境的不良影响。精子通过附睾管时获得负电荷，可以防止精子彼此凝集。二是贮存精子。在附睾内贮存的精子，60 天内具有受精能力，贮存过久则活力降低，导致畸形及死精子增加，最后死亡被吸收。所以长期不配种或采精的公畜，第一、二次采得的精液会有较多衰弱和死亡的精子；反之，如果配种或采精过频，则会出现发育不成熟的精子，故要求掌握好配种和采精频率。

输精管是由附睾管延伸而来，沿腹股沟管到腹腔，折向后方进入盆腔。输精管是一条壁很厚的管道，主要功能是将精子从附睾尾部运送到尿道。输精管的开始部分弯曲，后即变直，到输精管的末端逐渐形成膨大部，称为输精管壶腹，其壁含有丰富的分泌细胞，在射精时具有分泌作用。输精管在接近膀胱括约肌处，通过一个裂口进入尿道。输精管的肌层较厚，交配时收缩力较强，能将精子排送入尿生殖道内。在输精管内通常也贮存一些精子。

公畜尿生殖道是尿液和精液共同的排出管道，可分为两部分：①骨盆部，由膀胱颈直达坐骨弓，位于骨盆底壁，为一长的圆柱形管，外面包有尿道肌；②阴茎部，位于阴茎海绵体腹面的尿道沟内，外面包有尿道海绵体和球海绵体肌。在坐骨弓处，尿生殖道阴茎部在左右阴茎脚之间稍膨大形成尿道球。

射精时，从壶腹聚集来的精子，在尿生殖道骨盆部与副性腺的分泌物相混合。在膀胱颈部的后方，有一个小的隆起，即精阜，在其上方有壶腹和精囊腺导管的共同开口。精阜主要由海绵组织构成，它在射精时可以关闭膀胱经，阻止精液流入膀胱。

(3) 副性腺（精囊腺、前列腺、尿道球腺）。射精时，它们的分泌物，加上输精管壶腹的分泌物混合在一起称为精清，与精子共同组成精液。

1) 精囊腺。位于输精管末端的外侧，呈蝶形覆盖于尿生殖道骨盆部前端。分泌物为弱碱性、黏稠的胶状物质，含有高浓度的球蛋白、柠檬酸、酶以及高含量还原性物质，如维生素 C 等；其分泌物中的糖蛋白为去能因子，能抑制顶体活动，延长精子的受精能力。其主要生理作用是提高精子活动所需能源（果糖），刺激精子运动，其胶状物质能在阴道内形成栓塞，防止精液倒流。

2) 前列腺。位于精囊腺的后方，由体部和扩散部组成。体部为分叶明显的表面部分，扩散部位于尿道海绵体的尿道肌之间。其分泌物为无色、透明的液体，呈碱性，有特殊的臭味。其含有果糖、蛋白质、氨基酸及大量的酶，如糖酵解酶、核酸酶、核苷酸酶、溶酶体酶等，对精子的代谢起一定作用。分泌物中含有抗精子凝集素的结合蛋白，能防止精子头部互相凝集，还含有钾、钠、钙的柠檬酸盐和氯化物。其生理作用是中和阴道酸性分泌物，吸收精子排出的二氧化碳，促进精子的运动。

3) 尿道球腺。位于尿生殖道骨盆部后端，是成对的球状腺体。猪的尿道球腺特别发达，呈棒状。尿道球腺分泌物为无色、清亮的水状液体，pH 值为 7.5～8.5。其生理作用为在射精前冲洗尿生殖道内的剩余尿液，进入阴道后可中和阴道酸性分泌物。

(4) 尿生殖道、阴茎及包皮。尿生殖道是排精和排尿的共同管道，分骨盆部和阴茎两个部分，膀胱、输精管及副性腺体均开口于尿生殖道的骨盆部。

阴茎是公畜的交配器官，分阴茎根、阴茎体和阴茎头三部分。猪的阴茎较细，在阴囊前形成 S 状弯曲，龟头呈螺旋状，并在一浅沟内。阴茎勃起时，此弯曲即伸直。

包皮是由皮肤凹陷而发育成的皮肤褶。在不勃起时，阴茎头位于包皮腔内。猪的包皮腔很长，有一憩室，内有异味的液体和包皮垢，采精前一定要排出公猪包皮内的积尿，并对包皮部进行彻底清洁。在选留公猪时应注意，包皮过大的公猪不要留做种用。

2. 采精的方法和要求

（1）徒手采精法。对公猪进行采精，最好用徒手采精法。徒手采精法具有用具少、操作简单、采精量相对较多的优点。具体步骤如下：

1）采精时，采精员戴上乳胶手套、涂抹少量润滑剂，蹲在台猪的右侧，用消毒液洗涤公猪包皮及其附近皮毛，再用温水清洗干净并擦干，避免药物残留对精子造成伤害；必要时，可将公猪阴茎周围的毛剪短。

2）按摩公猪的包皮腔，排出尿液，并诱导公猪爬跨台猪。将手握成空拳，待公猪阴茎伸出后导入空拳内，让其自由转动片刻，再握紧阴茎的螺旋部不让龟头转动。

3）当阴茎充分勃起后顺势向前牵拉，手指有弹性并有节奏地松握，即可引起公猪射精。另一手持带有过滤纱布的保温集精杯采集富含精子的精液。

4）公猪排精时间可持续 5～7 min，分 3～4 次射出。第一次射出的精液，精子较少，可不收集。每次射精停止后，应按此法再次操作，直至射精完全结束。

5）公猪射精结束时，会射出一些胶状物，同时环顾左右，采精人员要注意观察公猪的头部动作，不要过早中止采精，要让公猪射精过程完整，否则会造成公猪不适。

6）将采集到保温杯中的精液做好保温处理备用。

（2）电刺激采精法。电刺激采精器由电子控制器和电极探棒两部分组成。该法是利用电刺激采精器，通过电流刺激公畜引起射精而采集精液的一种方法。此法适用于各种家畜，尤其对那些具有较高种用价值但失去爬跨能力的个体公畜，或不适宜其他方法采精的小动物和野生动物。具体步骤如下：

1）将公畜以站立或侧卧姿势保定，必要时可采用药物，如保安宁、静松灵或氯胺酮等镇静。

2）保定后，剪去包皮及其周围的被毛，并用生理盐水冲洗、拭干。

3）将电极探棒经肛门缓慢插入直肠，到达靠近输精管壶腹部的直肠底壁，大家畜插入深度 20～25 cm，羊 10 cm，犬 10～15 cm，兔 5 cm。

4）调节控制器，选择好频率，开通电源。调节电压时，由低开始，按一定时间通电及间歇，逐步增高刺激强度和电压，直至公畜伸出阴茎、勃起射精，将精液收集于附有保温装置的集精瓶内。

3. 采精操作

（1）采精前的准备。采精公猪的准备：剪去公猪包皮的长毛，将公猪体表脏物冲洗干净并擦干体表水渍。

1）采精器件的准备。集精器置于 38℃的恒温箱中备用。将公猪引至采精室后，迅速取出集精器，另外应准备好采精时清洁公猪包皮内污物的纸巾或消毒清洁的干纱布等。

2）配制精液稀释液。配制好所需量的稀释液，置于水浴锅中预热至 35℃。

3）精液质检设备的准备。调节好质检用的显微镜，开启显微镜载物台上恒温板以及预热精子密度测定仪。

4）精液分装器件的准备。准备好精液分装器、精液瓶或袋等。

（2）种公猪的调教。将成年公猪的精液、包皮部分泌物或发情母猪尿液涂在假台猪后部，将公猪引至假台猪训练其爬跨，每天可调教 1 次，但每次调教时间最好不超过 15 min。

（3）采精时的注意事项。如果发现公猪性欲下降、射精量明显减少、精子密度降低，镜检时发现未成熟的精子（如尾部带有原生质滴）比例增加，则要考虑是否由于采精频率过高而引起，应安排适当休息，调整采精次数和适当增加营养。

（4）采精操作流程。采精员一手戴双层手套，另一手持 37℃保温杯（内装一次性食品袋）用于收集精液，用 0.1%高锰酸钾溶液清洗其腹部和包皮，再用温水清洗干净，避免药物残留对精子的伤害。

采精员挤出公猪包皮积尿，按摩公猪包皮，刺激其爬跨假台猪。待公猪爬跨假台猪并伸出阴茎，脱去外层手套，用手（大拇指与龟头相反方向）紧握伸出的公猪阴茎螺旋状龟头，顺其向前冲力将阴茎的 S 状弯曲拉直，握紧阴茎龟头防止其旋转。待公猪射精时，用四层纱布过滤收集浓份或全份精液于保温杯内置的一次性食品袋内，最初射出的少量（5 mL 左右）精清不接取，直到公猪射精完毕，一般射精过程历时 5～7 min。

集精杯位置应高于包皮部，可防止包皮部液体流入集精杯内。

（5）采精频率。采精频率以单位时间内获得最多的有效精子数来决定，做到定时、定点、定人。成年公猪每周采精不超过 2 次，青年公猪每周 1 次。

单元 7

4. 精液品质检查

（1）采精量。采集精液后称重，按 1 mL/g 计，避免以量筒等测量精液体积。

（2）颜色。正常的精液是乳白色或浅灰色，精子密度越高，色泽愈浓，其透明度愈低。带有绿色、黄色、浅红色、红褐色等异常颜色的精液应废弃。

（3）气味。猪精液略带腥味，如有异常气味，应废弃。

（4）pH 值（酸碱度）。以 pH 计或 pH 试纸测量，正常范围 7.0～7.8。

（5）精子活力检查。精子活力是指呈直线运动的精子所占百分率，在显微镜下观察，一般按 0.1～1.0 的十级评分法估计，鲜精活力要求不低于 0.7，检查活力时要求载玻片和盖玻片都应 37℃预热。

（6）精子密度。指每毫升精液中所含的精子数，是确定稀释倍数的重要标准，要求用血细胞计数板计数或精液密度仪测定。血细胞计数方法：以微量加样器取具有代表性原精液 200 μL，用 3% NaCl 稀释 10 倍；在血细胞计数板上放一盖玻片，取 1 滴稀释液后将精液置于计数板的槽中，靠虹吸将精液吸入计数室内；在高倍镜下计数 5 个中方格内的精子总数，将该数乘以 50 万，即得原精液每毫升的精子数（即精液密度）。

（7）精子畸形率。畸形率是指异常精子的百分率，一般要求畸形率不超过 18%。其测定可用普通显微镜，但需伊红或姬姆萨染色，相差显微镜可直接观察活精子的畸形率。公猪使用过频或高温环境会出现精子尾部带有原生质滴的畸形精子。畸形精子种类很多，如巨型精子、短小精子、双头或双尾精子，以及顶体膨胀或脱落、精子头部残缺或尾部分离、尾部变曲。要求每头公猪每两周检查一次精子畸形率。

五、驴的精液及精液品质鉴定

1. 种公驴生殖器官的解剖及功能

公驴睾丸呈长卵圆形，其长轴与躯干平行。功能主要是：

（1）产生精子（外分泌机能）。精子由精细管生殖上皮的生精细胞生成。

（2）分泌雄激素（内分泌机能）。精细管之间的间质细胞分泌雄激素。

（3）产生睾丸液。附睾是精子的暂时储存器官，位于睾丸附着缘，分为附睾头、体、尾三部分。功能主要是：

1）吸收和分泌作用；

2）精子最后成熟场所；

3）精子的贮存库；

4）附睾管的运输作用。

驴阴茎较粗，没有S状弯曲，主要功能是作为交配器官。阴囊具有温度调节作用，以保护精子正常生成。输精管的作用是输送精子。

2. 采精的方法和要求

采用假阴道采精法采精，采精者一般应立于公驴的右后侧。当公驴爬上台驴时，要沉着、敏捷地将假阴道紧靠于台驴臀部，并将假阴道角度调整好，使之与公驴阴茎伸出方向一致，同时用左手托住阴茎基部使其自然插入假阴道。当公驴射精完毕跳下时，假阴道不要硬行抽出，待阴茎自然脱离后立即竖立假阴道，使集精杯（瓶）一端在下，迅速打开气嘴阀门放掉空气，以充分收集滞留在假阴道槽内胎壁上的精液。应用手掌轻托公驴包皮，避免触及阴茎。

3. 采精操作

（1）采精前的准备。对公驴的包皮口周围要进行清洗，如包皮口有长毛，应剪掉；采精员手臂要清洗、消毒，剪短磨光指甲，穿着工作服。

凡与采精有关的所有器械均要求彻底进行清洗、消毒，然后按要求安装、润滑并调试到可用状态。

（2）种公驴的调教。利用假台驴采精需对公驴进行调教。调教公驴时，一般按以下方法步骤进行：

1）对未包裹母驴皮的假台驴，调教时，可在假台驴的后躯涂抹发情母驴阴道分泌物、尿液等，利用其中所含外激素刺激公驴的性兴奋，诱导其爬跨假台驴。多数公驴经几次即可成功。

2）在假台驴的旁边拴系一发情母驴，让待调教公驴爬跨发情母驴，然后拉下，反复几次，当公驴的性兴奋达到高峰时将其牵向假台驴，一般可成功。

3）可让待调教公驴目睹已调教好的公驴利用假台驴采精，然后诱导其爬跨假台驴，可调教成功。

（3）采精时的注意事项。公驴对假阴道的压力比温度更敏感，阴茎在假阴道内抽动的时间较长（1～3 min），采精时要固定好假阴道，并使假阴道随公驴阴茎的抽动适当相向运动，以增加摩擦力。当公驴头部下垂、啃咬台驴鬐甲、臀部的肌肉和肛门出现有节律颤抖时，即表示已射精，此时需使假阴道向集精杯方向倾斜，以免精液倒流。

（4）采精操作流程

1）将种公驴牵到采精室内，让种公驴在采精室停留片刻，以使公驴进行射精前的准备，这样有利于提高精液品质，但要防止公驴在未采精时就已经射精。

2）将种公驴牵到台驴旁，采精员手持假阴道面向台驴站于台驴的右后侧面。

3）当公驴阴茎伸出并跃上母驴或台驴的瞬间，采精员手持假阴道迅速向前一步，将假阴道筒口向下倾斜与公驴阴茎伸出方向呈一条直线，紧靠在台驴臀部右侧，用左手在包皮开口的后方掌心向上托住包皮（切不可用手抓握阴茎，否则会使阴茎缩回），将阴茎拨向右侧导入假阴道内。当公驴用力向前一冲后，即表示射精完毕。公驴射精后，采精员同时使假阴道的集精杯一端略向下倾斜，以便精液流入集精杯中。

4）当公驴跳下时，假阴道应随着阴茎后移，不要抽出。当阴茎由假阴道自行脱出后，立即将假阴道直立，筒口向上、集精杯向下，并立即送至精液处理室，放气后，取下精液杯，盖上盖子。

（5）采精频率。采精频率是根据公驴睾丸的生精能力、精子在附睾的贮存量、每次射出精液中的精子数及公驴体况等来确定的。一般成年公驴的采精频率为 2～3 次/周。

4. 精液品质检查

精液送进处理室后，应立即置于 30℃左右恒温水浴锅中，以防止温度突然下降，对精子造成低温打击，并在保持 20～30℃的室温下进行品质检查。检查内容有下列几项：

（1）射精量。射精量因不同品种、个体，同一个体也因年龄、性准备情况、采精方法、技术水平、采精频率和营养状况等而有所变化。驴的射精量一般为 60～100 mL。测定时必须过滤除去胶状物。

（2）色泽。驴正常精液呈淡乳白色或浅灰白色，无味。凡有其他杂色和气味的都属不正常，不能用于输精。

（3）精子活率。精子活率受温度的影响很大。温度过高，精子活动会异常剧烈，很快死去；温度过低，精子活动缓慢，活率表现不充分，评定结果不准确。因此，应将显微镜放在保温箱内，检查时温度以 35～38℃为宜。用消毒过的玻璃棒蘸取待检精液于载玻片上，在 200～400 倍显微镜下观察。如果视野中 100%精子都作直线前进运动则评为 1.0 分，90%作直线前进运动评为 0.9 分，其余依此类推。驴精子活率低于 0.4 分者，不能使用。

（4）密度。测量驴精子密度一般采用估测法和计数法两种方法进行。估测法可与检查活力同时进行，根据精子稠密程度不同，将其粗略分为“密”“中”“稀”三级。该法虽欠精确，但简单易行，故生产中多采用，并以此确定稀释倍数。较精确的方法是用血细胞计算板计算每毫升精液中精子数。驴精子密度一般为 1.5 亿～2 亿个/mL。

第三节 输精

培训目标

→ 掌握常见家畜精液的稀释和稀释液的配制方法。
→ 了解常见家畜的精液保存和运输方法。
→ 掌握输精器械的使用，能确定不同畜种的输精量。

一、马的输精

1. 马的精液的稀释和稀释液的配制方法

（1）精液稀释液的组成成分及作用

1）稀释剂。一般用经过两次蒸馏的蒸馏水或等渗氯化钠溶液。

2）营养剂。可提供精子存活所需要的能量及营养物质。一般用于提供能量的物质有葡萄糖、果糖、半乳糖等，用于提供营养的物质有乳粉、鲜奶等。

3）保护剂

①可降低精液中电解质浓度的物质。糖类、酒石酸盐、磷酸盐等均有此作用。

②缓冲物质。主要有柠檬酸钠、三羟甲基氨基甲烷（Tris）、酒石酸钾钠、磷酸氢二钠等。

③防冷休克物质。将精液进行低温保存时，当精子从较高温度快速下降到较低温度，会导致精子死亡，这种现象即冷休克。一般卵黄、乳类因富含卵磷脂，具有防冷休克的作用。

④抗冻物质。主要有甘油、二甲基亚砜（DMSO）、三羟甲基氨基甲烷等。

⑤抑菌物质。一般用适量的抗生素即可，最常用的是青、链霉素。

（2）精液稀释液的配方。常温保存时，可用2.5%甘油液和7%葡萄糖液；低温保存时，可用10%奶粉液和5%卵黄液；冷冻保存时，可用11%乳糖液、10%蔗糖液和4%果糖液制作颗粒冻精和细管。

（3）精液稀释液的配制方法。要求药品应用天平准确称量；溶解后将过滤液放入水浴锅内水浴消毒10～20 min；奶粉在溶解时最好先加等量蒸馏水调成糊状，再加至定量的蒸馏水，用脱脂棉过滤；提取卵黄要用新鲜鸡蛋，提取时，先将鸡蛋洗净，用75%酒精消毒后，用镊子在气室端打一小孔，把蛋清倒净，然后把蛋壳剥开，倒出蛋黄，用注射器小心抽取，在稀释液消毒后冷却到40℃以下时加入；抗生素一般要用一定量的蒸馏水（计入稀释液总量）溶解，在稀释液冷却后加入；配制所用器具必须进行严格的清洗与消毒。

（4）精液的稀释方法

1）精液与稀释液等温：烧杯中的水温调至33℃，将两支刻度试管放入水中；将采到的精液用吸管移至一支刻度试管中，再将与精液等量的稀释液移至另一支刻度试管中，两试管同时在水温 33℃的烧杯中停留 5 min。

2）稀释时，把稀释液沿着精液容器的壁慢慢加入精液中，边加入边搅拌。如需高倍稀释，应分步进行，先进行低倍稀释再高倍稀释，以防因过快改变生存环境对精子造成伤害。

3）稀释后的精液放在保温瓶中待用。

2. 马的精液保存和运输

（1）精液的常温保存和运输。常温保存是在室温条件（15～25℃）下进行，温度允许有一定变动，又称为变温保存或室温保存。精液的保存和运输是紧密相连的，只有精液得到有效保护，才能实施有效运输，从而为人工授精技术的普及推广提供先决条件。在运输过程中要注意：

1）运送的精液必须经过稀释并适合保存，运送的精液应有详细的说明书。

2）包装要妥善严密，要有防潮湿、防震设施。

3）尽量避免高温、剧烈震动和碰撞。

（2）精液的低温保存。精液进行低温保存时，应采取逐步降温的方法，并使用含卵磷脂较高的稀释液，以防止精子发生冷休克。

保存精液时，首先把稀释后的精液按一个输精量进行分装，再将其放到 1～5℃的低温环境中进行保存。在保存过程中，要尽量维持温度的恒定，防止升温。

3. 输精器械的使用

凡是输精所用的器械均应彻底洗净后进行严格消毒，输精枪（细管输精器除外）或输精管在用于输配之前要用稀释液冲洗 1～2 次后才能使用。

4. 输精

（1）精液的准备。常温保存的精液需轻轻振荡后升温至 35℃，镜检精子活率不低于 0.6；低温保存的精液升温后活率在 0.5 以上；冷冻精液解冻后活率不低于 0.3。

冷冻精液在使用前要先进行解冻，颗粒冻精解冻后，吸入输精器中。颗粒冻精解冻后或直接用鲜精输精时，可在钢质输精器末端接一个 1 mL 或 2.5 mL 的一次性注射器，然后吸取精液，以保证精液的输入量。如果使用细管输精器，应将细管冻精解冻后，用专用剪刀剪去封口端约 0.5 cm（用聚乙烯醇粉或热封端，另一端为中间夹有聚乙烯醇粉的棉塞），把细管专用输精枪捅针向后拉 10～15 cm，将剪口端向前装入输精枪的前端，再将输精枪外套管的后端从塑料膜中推出塑料膜外，然后将外套管与输精枪套在一起旋紧。

（2）输精操作

1）外阴部消毒。用 0.3%高锰酸钾溶液喷在母马的后躯，湿润后，用消毒纸巾擦干。

2）输精时，右手提起输精管，用食指和中指夹住尖端，使胶管尖部隐藏在掌内。将手伸入母马阴道内，找到子宫颈的阴道部，用食指和中指撑开子宫颈口，同时左手向子宫内导入胶管。输精管插入子宫内 10～15 cm，提起注射器，并推压活塞使精液慢慢注入，然后从胶管上拔下注射器，再抽一段空气重新装在胶管上推入，使输精管内的精液被全部排尽。输精完毕后，把腔管轻轻抽出，并轻轻按压子宫颈使其合拢，防止精液倒流。

（3）输精的注意事项。母马的输精器由一条长 60 cm 左右、内径 2 mm 的橡胶管和一个注射器组成。首先在操作台把吸有精液的注射器安装在输精管上，左手握住注射器与胶管的接合部，防止脱套，右手拿起管的尖端交于左手，使胶管尖端始终平行于注射器内的精液面。如果使用塑料细管冻精则冻后输精应采取直肠把握法。

输精次数及间隔时间：可在母马发情后第四天开始输精，连日或隔日进行，直至发情结束，输精不超过 2～3 次。

二、牛的输精

1. 牛的精液的稀释和稀释液的配制方法

（1）精液稀释液的组成成分及作用

1）稀释剂。一般用经过两次蒸馏的蒸馏水或等渗氯化钠溶液。

2）营养剂。可提供精子存活所需要的能量及营养物质。一般用于提供能量的物质有葡萄糖、果糖、半乳糖等，用于提供营养的物质有乳粉、鲜奶等。

3）保护剂

①可降低精液中电解质浓度的物质。糖类、酒石酸盐、磷酸盐等均有此作用。

②缓冲物质。主要有柠檬酸钠、三羟甲基氨基甲烷（Tris）、酒石酸钾钠、磷酸氢二钠等。

③防冷休克物质。将精液进行低温保存时，当精子从较高温度快速下降到较低温度，会导致精子死亡，这种现象即冷休克。一般卵黄、乳类因富含卵磷脂，具有防冷休克的作用。

④抗冻物质。主要有甘油、二甲基亚砜（DMSO）、三羟甲基氨基甲烷等。

⑤抑菌物质。一般用适量的抗生素即可，最常用的是青、链霉素。

（2）精液稀释液的配方举例。牛细管冷冻精液稀释液配方：11％乳糖或 12％蔗糖 73 mL，卵黄 20 mL，甘油 7 mL，青霉素 10 万单位，链霉素 10 万单位。

（3）精液稀释液的配制方法。要求药品应用天平准确称量；溶解后应将过滤液放入水浴锅内水浴消毒 10～20 min；奶粉在溶解时最好先加等量蒸馏水调成糊状，再加至定量的蒸馏水，用脱脂棉过滤；提取卵黄要用新鲜鸡蛋，提取时，先将鸡蛋洗净，用 75％酒精消毒后，用镊子在气室端打一小孔，把蛋清倒净，然后把蛋壳剥开，倒出蛋黄，用注射器小心抽取，在稀释液消毒后冷却到 40℃以下时加入；抗生素一般要用一定量的蒸馏水（计入稀释液总量）溶解，在稀释液冷却后加入；配制所用器具必须进行严格的清洗与消毒。

（4）精液的稀释方法

1）精液与稀释液等温：烧杯中的水温调至 33℃，将两支刻度试管放入水中；将采到的精液用吸管移至一支刻度试管中，再将与精液等量的稀释液移至另一支刻度试管中，两试管同时在水温 33℃的烧杯中停留 5 min。

2）稀释时，把稀释液沿着精液容器的壁慢慢加入精液中，边加入边搅拌。如需高倍稀释，应分步进行，先进行低倍稀释再高倍稀释，以防因过快改变生存环境对精子造成伤害。

3）稀释后的精液放在保温瓶中待用。

2. 牛的精液保存和运输

（1）精液的常温保存和运输。常温保存是在室温条件（15～25℃）下进行，温度允许有一定变动，又称为变温保存或室温保存。

（2）精液的低温保存。精液进行低温保存时，应采取逐步降温的方法，并使用含卵磷脂较高的稀释液，以防止精子发生冷休克。

保存精液时，首先把稀释后的精液按一个输精量进行分装，再将其放到1～5℃的低温环境中进行保存。在保存过程中，要尽量维持温度的恒定，防止升温。

（3）精液的冷冻保存和运输。精液冷冻保存主要是利用液氮（－196℃）作冷源，将精液处理后置于超低温环境下，达到长期保存的目的。精液的冷冻保存主要包括精液的品质检查、稀释、分装、平衡、冷冻保存等环节，现主要以工厂化生产方式生产细管冻精为主，也有生产和使用颗粒冻精的。

一般远距离运输及运输量较大时，应用专用车辆、专用液氮罐进行运输；近距离运输可用广口瓶装入液氮后进行，或者将冻精解冻后在低温保存状态下用专用保温袋运输。运输时，应将装运冻精的容器拴系牢靠，四周最好用柔软材料铺塞；运输过程中要防止颠簸与振荡，要避免阳光照射或与热源接触，防止升温；尽量缩短运输的时间。

3. 输精器械的使用

输精所用的器械和配套材料包括：0.25 mL或0.5 mL卡苏枪或国产牛用输精枪（见图7—5）、一次性塑料外鞘和外套、细管剪（见图7—6）、一次性长臂塑料手套、润滑剂（例如石蜡油）。所用的器械如果不是一次性用品均应彻底洗净后严格消毒，再用稀释液冲洗才能使用。每头家畜备一支输精管，如用同一支输精管给另一头母牛输精，需消毒处理后方能使用。

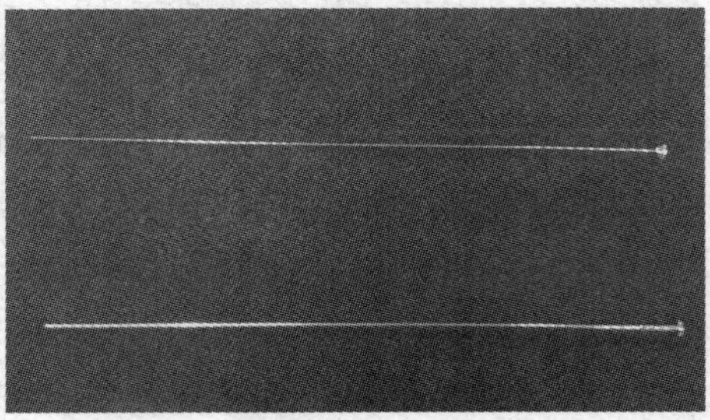

图7—5　牛用输精枪

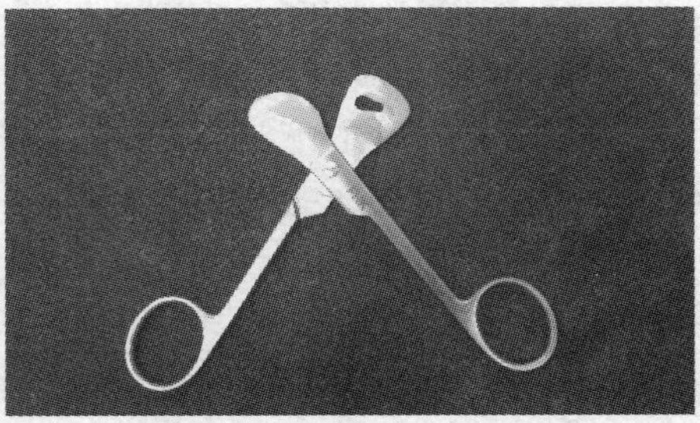

图7—6　细管剪

4. 输精

（1）精液的准备。常温保存的精液需轻轻振荡后升温至35℃，镜检精子活率不低于0.6；低温保存的精液升温后活率在0.5以上；冷冻精液解冻后活率不低于0.3（奶牛是0.35）。

冷冻精液在使用前要先进行解冻，颗粒冻精解冻后，吸入输精器中。颗粒冻精解冻后或直接用鲜精输精时，可在钢质输精器末端接一个1 mL或2.5 mL的一次性注射器，然后吸取精液，以保证精液的输入量。使用细管输精器，应将细管冻精解冻后，用专用细管剪剪去封口端约 0.5 cm（用聚乙烯醇粉或热封端，另一端为中间夹有聚乙烯醇粉的棉塞），把细管专用输精枪捅针向后拉 10～15 cm，将剪口端向前装入输精枪的前端，再将输精枪外套管的后端从塑料膜中推出塑料膜外，然后将外套管与输精枪套在一起旋紧。

（2）输精操作

1）牛的保定。将待配母牛保定在保定架内，性情温顺的母牛也可采用头部拴系牢固。

2）外阴部消毒。将母牛的尾巴拴拉到一侧，操作人员站在牛的后方，用 0.3%高锰酸钾溶液冲洗母牛的外阴、肛门，并用消毒纸巾将水分吸干，将外阴部及唇裂擦拭干净。

3）输精枪的插入。左手在直肠后部向下压开阴门裂，右手将输精枪连同外套塑料膜呈前上角度插入阴门内，进入约 15 cm 后，左手拉住外套塑料膜向后拉，右手固定住输精枪，使输精枪从塑料膜中穿出，并将输精枪的外套管推出塑料膜 7～10 cm。

4）直肠内的操作。左手戴上手套并涂以润滑剂，先以手抚摸肛门周围，再将手呈锥形伸入母牛的直肠中，配合牛排出宿粪。然后手向前伸，将直肠向后扒，手法要轻缓适度，在骨盆腔内寻找子宫颈（手掌展平，向骨盆腔底部下压，可找到一个棒状物，质硬而且有弹性），找到后，手握子宫颈连接阴道部位，并使子宫颈呈水平状，实际上需调整子宫颈，向前推送。

5）输精。右手将输精枪向前推送，使输精枪前端到达子宫颈阴道接合部。双手配合，使输精枪插入子宫颈口，当输精枪进入子宫颈内时，能感觉到其通过子宫颈皱褶时的阻力。输精枪应随着子宫颈管内的皱褶变化上下左右调整方向，直到向前推送没有被皱褶阻挡的感觉时，说明输精枪已经到达子宫体。这时应避免继续向前推送，应将输精枪稍向回拉或食指轻压的同时将内芯推进杆缓缓向前推，将精液送入子宫体内。

（3）输精的注意事项

母牛输精后是否受胎，掌握合适的输精时间至关重要。输精时间是根据母牛的排卵时间、精子在母牛生殖道内保持受精能力的时间及精子获得时间等确定的。

一般母牛发情持续期短，输精应尽早进行。发现母牛发情后 8～10 h 可进行第一次输精，隔 8～12 h 进行第二次输精。生产中，如果牛早上发情，当日下午或傍晚第一次输精，次日早第二次输精；下午或晚上发情，次日早进行输精，次日下午或傍晚再输精一次。

初配母牛发情持续期稍长，输精过早则受胎率不高，通常在发情后 20 h 左右开始输精。在第二次输精前，最好检查卵泡，如母牛已排卵，一般不必再输精。

输精过程中，输精枪不要握得太紧，要随着母牛的移动而灵活伸入，直肠内的手要把握子宫颈的后端，并保持子宫的水平状态。输精枪要稍用力前伸，每过一个子宫颈皱褶都有感觉，但要避免盲目用力插入，防止生殖道黏膜损伤或穿孔。

此法的优点是：精液输入部位深，不易倒流，受胎率高；能防止孕牛误配，避免造成流产；用具简单，操作安全、方便。

整个操作过程需要技术熟练，故要求操作人员需经一定时间的训练。

输精次数：一般情况下，发情母牛只需输精一次即可，但如果输精后 8 h 内母牛仍有明显的发情征候，应在第一次输精后 8～10 h 进行第二次输精。

三、羊的输精

1. 羊的精液的稀释和稀释液的配制方法

（1）精液稀释液的组成成分及作用

1）稀释剂。一般用经过两次蒸馏的蒸馏水或等渗氯化钠溶液。

2）营养剂。可提供精子存活所需要的能量及营养物质。一般用于提供能量的物质有葡萄糖、果糖、半乳糖等，用于提供营养的物质有乳粉、鲜奶等。

3）保护剂

①可降低精液中电解质浓度的物质。糖类、酒石酸盐、磷酸盐等均有此作用。

②缓冲物质。主要有柠檬酸钠、三羟甲基氨基甲烷（Tris）、酒石酸钾钠、磷酸氢二钠等。

③防冷休克物质。将精液进行低温保存时，当精子从较高温度快速下降到较低温度，会导致精子死亡，这种现象即冷休克。一般卵黄、乳类因富含卵磷脂，具有防冷休克的作用。

④抗冻物质。主要有甘油、二甲基亚砜（DMSO）、三羟甲基氨基甲烷等。

⑤抑菌物质。一般用适量的抗生素即可，最常用的是青、链霉素。

（2）精液稀释液的配方

1）颗粒精液的配方：9-2 号液。Ⅰ液：取 10 g 乳糖，加双重蒸馏水 80 mL、鲜脱脂奶 20 mL、卵黄 20 mL；Ⅱ液：取Ⅰ液 45 mL，加葡萄糖 3 g、甘油 5 mL。

2）安瓿精液：葡 3-3 液。Ⅰ液：取葡萄糖 3 g、柠檬酸钠 3 g，加双重蒸馏水至 100 mL，取溶液 80 mL，加卵黄 20 mL；Ⅱ液：取Ⅰ液 44 mL、加甘油 6 mL。

3）细管精液配方：取葡 3-3 液Ⅰ液 94 mL，加甘油 6 mL，再加硒 60 mg。

（3）精液稀释液的配制方法。要求药品应用天平准确称量；溶解后应将过滤液放入水浴锅内水浴消毒 10～20 min；奶粉在溶解时最好先加等量蒸馏水调成糊状，再加至定量的蒸馏水，用脱脂棉过滤；提取卵黄要用新鲜鸡蛋，提取时，先将鸡蛋洗净，用 75%酒精消毒后，用镊子在气室端打一小孔，把蛋清倒净，然后把蛋壳剥开，倒出蛋黄，用注射器小心抽取，在稀释液消毒后冷却到 40℃以下时加入；抗生素一般要用一定量的蒸馏水（计入稀释液总量）溶解，在稀释液冷却后加入；配制所用器具必须进行严格的清洗与消毒。

（4）精液的稀释方法

1）精液与稀释液等温：烧杯中的水温调至 33℃，将两支刻度试管放入水中，将采到的精液用吸管移至一支刻度试管中，再将与精液等量的稀释液移至另一支刻度试管中，两试管同时在水温 33℃的烧杯中停留 5 min。

2）稀释时，把稀释液沿着精液容器的壁慢慢加入精液中，边加入边搅拌。如需高倍稀释，应分步进行，先进行低倍稀释再高倍稀释，以防因过快改变生存环境对精子造成伤害。

3）稀释后的精液放在保温瓶中待用。

2. 羊的精液保存和运输

（1）精液的常温保存和运输。常温保存是在室温条件（15～25℃）下进行，温度允许有一定变动，又称为变温保存或室温保存。

（2）精液的低温保存。精液进行低温保存时，应采取逐步降温的方法，并使用含卵磷脂较高的稀释液，以防止精子发生冷休克。

保存精液时，首先把稀释后的精液按一个输精量进行分装，再将其放到1～5℃的低温环境中进行保存 。在保存过程中，要尽量维持温度的恒定，防止升温。

（3）精液的冷冻保存和运输。精液冷冻保存主要是利用液氮（－196℃）作冷源，将精液处理后置于超低温环境下，达到长期保存的目的。现阶段牛、羊的精液冷冻保存已取得很好的效果，其他家畜的精液冷冻保存效果一般，需进行一些特殊处理，正处于探索中。

精液的冷冻保存主要包括精液的品质检查、稀释、分装、平衡、冷冻保存等环节，现主要以工厂化生产方式生产细管冻精为主，也有生产和使用颗粒冻精的。

一般远距离运输及运输量相对较大时，应用专用车辆、专用液氮罐进行运输；近距离运输则可用广口瓶装入液氮后进行，或者将冻精解冻后在低温保存可用便携式小型低温培养箱状态下进行运输。运输时，应将装运冻精的容器拴系牢靠，四周最好用柔软材料铺塞；运输过程中要防止颠簸与振荡，要避免阳光照射或与热源接触，防止升温；要尽量缩短运输的时间。

3. 输精

（1）精液的准备。用于输精的精液，必须符合羊输精所要求的输精量、精子活力、有效精子数等，并将保存温度恢复到37℃左右。

（2）输精操作。绵羊和山羊都采用开膣器输精法或内窥镜输精法。由于羊的体形较小，为工作方便、提高效率，可制作能升降的输精台架或在输精架后设置一凹坑，也可由助手倒提母羊，将其保定后，由输精员进行输精操作。输精枪一般插入子宫颈口内0.5～1 cm较合适。

（3）输精的注意事项。注意输精瞬间应缩小开膣器开张程度，减少刺激，并向外拉1/3，使阴道前边闭合。输精完毕，让母羊在原保定位置停留一会儿，再放开将母羊赶走。输精总的原则是适时、深部、慢插、轻注、稍站。

四、猪的输精

1. 猪的精液的稀释和稀释液的配制方法

（1）精液稀释液的组成成分及作用

1）稀释剂。一般用经过两次蒸馏的蒸馏水或等渗氯化钠溶液。

2）营养剂。可提供精子存活所需要的能量及营养物质。一般用于提供能量的物质有葡萄糖、果糖、半乳糖等，用于提供营养的物质有乳粉、鲜奶等。

3）保护剂

①可降低精液中电解质浓度的物质。糖类、酒石酸盐、磷酸盐等均有此作用。

②缓冲物质。主要有柠檬酸钠、三羟甲基氨基甲烷（Tris）、酒石酸钾钠、磷酸氢二钠等。

③防冷休克物质。将精液进行低温保存时，当精子从较高温度快速下降到较低温度，会导致精子死亡，这种现象即冷休克。一般卵黄、乳类因富含卵磷脂，具有防冷休克的作用。

④抗冻物质。主要有甘油、二甲基亚砜（DMSO）、三羟甲基氨基甲烷等。

⑤抑菌物质。一般用适量的抗生素即可，最常用的是青、链霉素。

（2）精液稀释液的配方。稀释液的配方很多，下面介绍 2 种配制简便、适于常温（15～20℃）保存和保存效果好的常用配方及配制方法。6%葡萄糖稀释液：葡萄糖 6 g，蒸馏水 100 mL，混合溶解后，过滤装瓶，隔水煮沸 30 min 以上，待冷却至 28℃以下，加入青霉素、链霉素各 10 万国际单位。葡-柠-乙稀释液：葡萄糖 5 g，柠檬酸钠 0.3 g，乙二胺四乙酸二钠 0.1 g，蒸馏水 100 mL。先将葡萄糖、柠檬酸钠、乙二胺四乙酸二钠溶解于蒸馏水，经过滤、消毒，待冷却至 28℃以下，加入青霉素、链霉素各 10 万国际单位。

表 7—2 中列举了几种常见公猪精液稀释液的配方。

表 7—2　　常见公猪精液稀释液配方　　单位：g

成分	配方一	配方二	配方三	配方四
保存时间（天）	3	3	3	3
D—葡萄糖	37.15	60.00	11.50	11.50
柠檬酸三钠	6.00	3.70	11.65	11.65
EDTA 钠盐	1.25	3.70	2.35	2.35
碳酸氢钠	1.25	1.20	1.75	1.75
氯化钾	0.75	—	—	0.75
青霉素钠	0.60	50 万单位	0.60	—
硫酸链霉素	1.00	0.50	1.00	0.50
聚乙烯醇（PVP，Typell）	—	—	1.00	1.00
三羟甲基氨基甲烷（Tris）	—	—	5.50	5.50
柠檬酸	—	—	4.10	4.10
半胱胺酸	—	—	0.07	0.07
海藻糖	—	—	—	1.00
林肯霉素	—	—	—	1.00

（3）精液稀释液的配制方法。要求药品应用天平准确称量；溶解后应将过滤液放入水浴锅内水浴消毒 10～20 min；奶粉在溶解时最好先加等量蒸馏水调成糊状，再加至定量的蒸馏水，用脱脂棉过滤；提取卵黄要用新鲜鸡蛋，提取时，先将鸡蛋洗净，用

75%酒精消毒后，用镊子在气室端打一小孔，把蛋清倒净，然后把蛋壳剥开，倒出蛋黄，用注射器小心抽取，在稀释液消毒后冷却到40℃以下时加入；抗生素一般要用一定量的蒸馏水（计入稀释液总量）溶解，在稀释液冷却后加入；配制所用器具必须进行严格的清洗与消毒。

（4）精液的稀释方法。精液采集后应尽快稀释。精液稀释应注意以下几点：

1）采精前把稀释液配好，采精后先检查精液品质，合格精子迅速进行稀释（应在30 min内稀释）。精液的稀释倍数主要根据精子密度、活力而定。密度中等、活力0.8以上的，通常做1∶1稀释；密度高、活力0.8以上的，可做1∶1.5～1∶2稀释；密度中等以下、活力0.6左右的，一般不用稀释。

2）精液采集后，用纱布滤去精液中的胶状物。

3）稀释前将稀释液和精液置于25～30℃的温水中，将其温度调整一致。

4）稀释时要防止剧烈振动，将稀释液沿着集精瓶缓缓倒入精液内，然后将集精瓶倾斜轻轻旋转，使精液和稀释液充分混合。

5）精液稀释后进行镜检，观察精子活力。合格精液即可用于输精或分装保存，不合格精液应废弃。

2. 猪的精液保存和运输

（1）精液的常温保存和运输。常温保存是在室温条件（15～25℃）下进行，温度允许有一定变动，又称为变温保存或室温保存。精液运输应置于保温较好的装置内，保持在16～18℃，精子运输过程中避免强烈震动。

（2）精液的低温保存。精液进行低温保存时，应采取逐步降温的方法，并使用含卵磷脂较高的稀释液，以防止精子发生冷休克。

保存精液时，首先把稀释后的精液按一个输精量进行分装，再将其放到1～5℃的低温环境中进行保存。在保存过程中，要尽量维持温度的恒定，防止升温。

（3）精液的冷冻保存。精液冷冻保存主要是利用液氮（－196℃）作冷源，将精液处理后置于超低温环境下，达到长期保存的目的。现阶段牛、羊的精液冷冻保存已取得很好的效果，其他家畜的精液冷冻保存效果一般，需进行一些特殊处理，正处于探索中。

精液的冷冻保存主要包括精液的品质检查、稀释、分装、平衡、冷冻保存等环节，现主要以工厂化生产方式生产细管冻精为主，也有生产和使用颗粒冻精的。

3. 输精器械的使用

把输精管用稀释液冲洗后，插入阴道内，先斜向上方插入3～5 cm，然后向前插入，边插入边旋转将输精管插入子宫颈内。当母猪没有努责、输精管不能继续插入时，说明已经插入到输精部位，此时将输精管稍向后拉，接上输精器，缓缓注入精液。最好用一次性输精器进行输精。

4. 输精

（1）精液的准备

1）精液稀释

①精液采集后应尽快稀释，原精贮存不超过30 min。

②未经品质检查或检查不合格（活力 0.7 以下）的精液不能稀释。

③稀释液与精液要求等温稀释，两者温差不超过 1℃，即稀释液应加热至 33～37℃，以精液温度为标准来调节稀释液的温度，绝不能反过来操作。

④稀释时，将稀释液沿着盛精液的杯（瓶）壁缓慢加入到精液中，然后轻轻摇动或用消毒玻璃棒搅拌，使之混合均匀。

⑤做高倍稀释时，应先做低倍稀释（1∶1.2），待半分钟后再将余下的稀释液沿壁缓缓加入。

⑥稀释倍数的确定。要求每个输精剂量含有效精子数 30 亿以上，输精量为 80～100 mL。

⑦稀释后，要求静置片刻再做精子活力检查。如果稀释前后活力无太大变化，即可进行分装与保存；如果活力显著下降，则不要使用。

⑧混合精液。新鲜精液首先按 1∶1 稀释，根据精子密度和混合精液的量记录需加入稀释液的量，将部分稀释后的精液放入水浴锅保温，混合 2 头以上公猪精液置于容器内，加入剩余部分稀释液（要求与精液等温），混合后再进行分装。

2）精液分装

①调好精液分装机，以 80～100 mL 为单位，将精液分装至精液瓶（袋）。

②在瓶（袋）上标明公猪品种、耳号、生产日期、保存有效期、稀释液名称和生产单位等。

（2）输精操作

1）输精人员消毒清洁双手。

2）清洁母猪外阴、尾根及臀部周围，再用温水浸湿毛巾擦干外阴部。

3）从密封袋中取出灭菌后的输精管，手不要接触输精管前 2/3 部分，在其前端涂上润滑液。

4）将输精管 45°角向上插入母猪生殖道内，当感觉有阻力时，缓慢逆时针旋转，同时前后移动，直到感觉输精管前端被锁定（轻轻回拉不动），并且确认被子宫颈锁定。

5）从精液贮存箱取出品质合格的精液，确认公猪品种、耳号。

6）缓慢颠倒摇匀精液，用剪刀剪去瓶（管）嘴（或撕开袋口），接到输精管上，轻轻按压确保精液能够流出输精瓶（管、袋）。

7）通过控制输精瓶（管、袋）的高低（或进入空气的量）来调节输精时间，输精时间要求 3～10 min。

8）当输精瓶（管、袋）内精液排空后，放低输精瓶（管、袋）约 15 s，观察精液是否回流到输精瓶，若有倒流，需再次将其输入。

9）为防止空气进入母猪生殖道，应把输精瓶（管、袋）后端一小段折起，放在输精瓶（管、袋）中，使其滞留在生殖道内 5 min 以上，让输精管慢慢滑落。

10）登记输精记录表。

（3）输精的注意事项。在发情母猪出现静立反射后 8～12 h 进行第一次输精，之后每间隔 8～12 h 进行第二或第三次输精。从 17℃恒温箱中取出精液，轻轻摇匀，用已灭菌的滴管取 1 滴放于预热的载玻片，置于 37℃的恒温箱片刻，用显微镜检查活力，精液活力≥0.7，方可使用。

五、驴的输精

1. 驴的精液的稀释和稀释液的配制方法

（1）精液稀释液的组成成分及作用

1）稀释剂。一般用经过两次蒸馏的蒸馏水或等渗氯化钠溶液。

2）营养剂。可提供精子存活所需要的能量及营养物质。一般用于提供能量的物质有葡萄糖、果糖、半乳糖等，用于提供营养的物质有乳粉、鲜奶等。

3）保护剂

①可降低精液中电解质浓度的物质。糖类、酒石酸盐、磷酸盐等均有此作用。

②缓冲物质。主要有柠檬酸钠、三羟甲基氨基甲烷（Tris）、酒石酸钾钠、磷酸氢二钠等。

③防冷休克物质。将精液进行低温保存时，当精子从较高温度快速下降到较低温度，会导致精子死亡，这种现象即冷休克。一般卵黄、乳类因富含卵磷脂，具有防冷休克的作用。

④抗冻物质。主要有甘油、二甲基亚砜（DMSO）、三羟甲基氨基甲烷等。

④抑菌物质。一般用适量的抗生素即可，最常用的是青、链霉素。

（2）精液稀释液的配方

1）葡萄糖稀释液：无水葡萄糖 7 g，蒸馏水 100 mL。

2）蔗糖稀释液：精制蔗糖 11 g，蒸馏水 100 mL。

以上两种稀释液，均需混合过滤、消毒后使用。

3）乳类稀释液：新鲜牛奶、马奶、驴奶或奶粉（10 g 淡奶粉加 100 mL 蒸馏水）均可。先用纱布过滤，煮沸 2～4 min，再过滤冷却至 30℃左右备用。

所有稀释液均应现配现用。

精液稀释应在采出后尽快进行。新鲜精液不经稀释不利于精子存活。稀释时，将一定量与精液等温（一般将稀释液与精液置于同一温度，即 30℃左右）的稀释液沿杯口慢慢倒入，轻轻摇匀。稀释的倍数取决于每次输精所需精子数、精子密度及活率。驴精液的稀释倍数一般为 2～3 倍。

（3）精液稀释液的配制方法。要求药品应用天平准确称量；溶解后应将过滤液放入水浴锅内水浴消毒 10～20 min；奶粉在溶解时最好先加等量蒸馏水调成糊状，再加至定量的蒸馏水，用脱脂棉过滤；提取卵黄要用新鲜鸡蛋，提取时，先将鸡蛋洗净，用 75%酒精消毒后，用镊子在气室端打一小孔，把蛋清倒净，然后把蛋壳剥开，倒出蛋黄，用注射器小心抽取，在稀释液消毒后冷却到 40℃以下时加入；抗生素一般要用一定量的蒸馏水（计入稀释液总量）溶解，在稀释液冷却后加入；配制所用器具必须进行严格的清洗与消毒。

（4）精液的稀释方法

1）精液与稀释液等温：烧杯中的水温调至 33℃，将两支刻度试管放入水中；将采到的精液用吸管移至一支刻度试管中，再将与精液等量的稀释液移至另一支刻度试管中，两试管同时在水温 33℃的烧杯中停留 5 min。

2）稀释时，把稀释液沿着精液容器的壁慢慢加入精液中，边加入边搅拌。如需高倍稀释，应分步进行，先进行低倍稀释再高倍稀释，以防因过快改变生存环境对精子造成伤害。

3）稀释后的精液放在保温瓶中待用。

2. 驴的精液保存和运输

（1）精液的常温保存和运输。常温保存是在室温条件（15～25℃）下进行，温度允许有一定变动，又称为变温保存或室温保存。精液的保存和运输是紧密相连的，只有精液得到有效保护，才能实施有效运输，从而为人工授精技术的普及推广提供先决条件。在运输过程中要注意：

1）运送的精液必须经过稀释并适合保存，运送的精液应有详细的说明书。

2）包装要妥善严密，要有防潮湿、防震设施。

3）尽量避免高温、剧烈震动和碰撞。

（2）精液的低温保存。精液进行低温保存时，应采取逐步降温的方法，并使用含卵磷脂较高的稀释液，以防止精子发生冷休克。

保存精液时，首先把稀释后的精液按一个输精量进行分装，再将其放到 1～5℃的低温环境中进行保存。在保存过程中，要尽量维持温度的恒定，防止升温。

3. 输精器械的使用

凡是输精所用的器械均应彻底洗净后进行严格消毒，输精枪（细管输精器除外）或输精管在用于输配之前要用稀释液冲洗 1～2 次后才能使用。

4. 输精

（1）精液的准备

1）精液检查。将采到的精液用四层纱布过滤到量精杯内，以便除去胶质，随后检查精液品质。

①肉眼观察。正常精液的颜色应为乳白色，无恶臭味。如发现颜色为红色、黄色、灰色或具有恶臭味等，要分析原因，停止使用，同时记录射精量。

②显微镜检查。用显微镜观察精子活力，并计算密度和畸形精子数，同时分别记录。驴精子活力低于 0.4 者，不能使用。密度一般为 1.5 亿个/mL。精液过稀者，影响受胎。

2）精液稀释。将配好的稀释液加温，使稀释液的温度基本上与精液温度相近，不可过高或过低。稀释时，应将稀释液杯口紧贴量精杯口，沿杯口慢慢倒入。应根据受胎母驴数、原射精量、精子密度、精子活力和计划保存时间来决定所用稀释液的种类和稀释倍数（一般为 2～3 倍）。对稀释后的精液要进行第二次镜检，以验证稀释效果。如出现异常现象，要对稀释液进行检查。

（2）输精操作。首先将处于适配期的母驴保定好。将受配母驴保定在四柱栏内，外阴部消毒后，用温开水冲洗，并用消毒纱布擦干。输精员手臂用消毒液消毒，再用煮沸凉温水冲洗，用消毒纱布擦干。输精时，输精员站在母驴后方偏左侧，右手握住输精管，五指呈锥形缓缓插入母驴阴道内，快速握住子宫颈，将输精管徐徐插入子宫颈 5～7 cm 处。左手握住注射器，将其抬高任精液自流输入。

（3）输精的注意事项

输精时应注意的问题是：输精部位在子宫体或子宫角基部为宜，不要过深，一般输精管插入子宫颈口 5～7 cm 为好。输精量为 15～20 mL，但要保证输入有效精子数为 2 亿～5 亿个。输精速度要慢，以防精液倒流。注射器内不要混入空气，防止感染。发现精液倒流时，可用手捏住宫颈，轻轻按摩，促使子宫收缩，或轻压背腰部，使其伸展，并牵行运动。

单元测试题

一、名词解释

1. 假台畜　　2. 真台畜　　3. 人工授精　　4. 输精

二、填空题（请将正确答案填在横线空白处）

1. 精液运输应置于保温较好的装置内，保持在________℃，精子运输过程中避免________。

2. 精液采集后应尽快稀释，原精贮存不超过________。

三、简答题

1. 羊采精时的注意事项有哪些？

2. 简述羊的输精操作。

单元测试题答案

一、名词解释

1. 假台畜指用有关材料仿照母畜的体形制作的采精台架。

2. 用发情的母畜作台畜即为真台畜。

3. 人工授精是指采用人工措施将一定量的精液输入到母畜生殖道一定部位而使母畜受孕的方法。

4. 输精是指在母畜发情阶段的适宜时间，准确把精液输入到母畜生殖道内最适当部位的方法。

二、填空题

1. 16～18、强烈震动　　2. 30 min

三、简答题

1. 采精时的注意事项

（1）采精前应准备发情母羊或羯羊作台羊。采精前应清理台羊的臀部，以防采精时损伤公羊阴茎。

（2）用清水或洗衣粉将种公羊包皮附近的污物洗净，擦干。

（3）采精瓶及盛有精液的器皿必须避免太阳直射，注意保持 18℃的温度。

2. 输精操作

绵羊和山羊都采用开膣器输精法或内窥镜输精法，其操作与牛的相同。由于羊的体形较小，为工作方便、提高效率，可制作能升降的输精台架或在输精架后设置一凹坑，也可由助手倒提母羊，将其保定后，由输精员进行输精操作。输精枪一般插入子宫颈口内 0.5～1 cm 较合适。

第8单元

妊娠与分娩

第一节 妊娠鉴定

培训目标

→ 掌握常见家畜的妊娠期变化。
→ 掌握常见家畜的妊娠鉴定方法。

一、马的妊娠鉴定

1. 马的妊娠期

(1) 生殖器官的变化

1) 卵巢的变化。配种后未妊娠的母畜，卵巢上的黄体退化，进入下一个发情期；妊娠母畜则黄体持续存在，从而中断发情。在妊娠早期，这种中断并不完全，母马在妊娠40～150天时，仍有10～15个卵泡发育，但多数不排卵，这些卵泡闭锁后黄体化而形成副黄体，通常每侧卵巢可出现3～5个副黄体。在妊娠7个月时，马的主、副黄体均完全退化。在妊娠的最后2周，卵巢又开始活动，为产后发情做准备。妊娠3个月时，两侧卵巢下沉并靠近中线。

2) 子宫的变化。随着母畜妊娠期的延长，子宫体积逐渐增大，包括增生、生长和扩展三种变化，其具体时间因畜种而不同。胎泡附植前，子宫内膜因孕酮的致敏而增生，其变化是血管分布增加、子宫腺增长、腺体卷曲及白细胞浸润。胎泡附植后，子宫开始生长。其变化是子宫肌肥大、结缔组织基质广泛增加、纤维成分及胶原含量增加。子宫基质的变化对于子宫适应孕体的发展和产后复原具有重要意义。在子宫扩展期间，子宫生长减慢而其内容物则加速增长。

子宫的生长和扩展，先由孕角和子宫体开始，在整个妊娠期，单胎家畜孕角的增长比空角大得多，使孕角与空角不对称。妊娠前半期，子宫体积的增长主要是子宫肌纤维肥大增生；妊娠后半期，则是胎儿使子宫壁扩展，子宫壁因此变薄。

妊娠母畜子宫内膜的腺管数目增加，并分泌黏稠液封闭子宫颈管，形成子宫栓。马的子宫栓较少，子宫颈的括约肌收缩很紧，宫颈外口紧闭。妊娠中后期，胎儿沉向腹腔，子宫颈阴道部往往被牵引而偏向一侧。子宫颈质地较硬，细圆。

3) 阴门及阴道的变化。妊娠初期，阴唇收缩，阴门紧闭。随着妊娠期的延长，阴唇的水肿程度增加。阴道黏膜的颜色变为苍白，并覆盖有从子宫颈分泌出来的浓稠黏液。此时的阴道黏膜并不滑润，插入开膣器时感到有阻力。妊娠末期，阴唇、阴道因水肿加剧而变得柔软。

(2) 全身变化。妊娠母马新陈代谢旺盛，食欲增加，消化功能增强。随着营养状况的改善，表现为体重增加、毛色光润。妊娠后期，胎儿生长加快，母体营养物质消耗增加，如果饲养管理不当，母马常表现消瘦。饲料中钙、磷不足时，母马则后肢跛行，牙齿磨损较快。牛、马妊娠后期常因水分分布变化，由乳房到脐部发生水肿，有的后肢也发生水肿。随着胎儿的生长，母马腹腔容积缩小、内压增加，使排尿、排粪次数增多，而每次排量减少。妊娠末期，腹围增大，其行动小心、谨慎，容易疲倦、出汗。

（3）内分泌变化。妊娠母畜血液及乳汁中孕酮含量比未孕时显著增加。

2. 妊娠鉴定

（1）外部观察法。母马妊娠后一般表现为：周期性发情停止，食欲增加，毛色光亮，性情变温顺，行为谨慎，易离群（特别是放牧的马）；妊娠到 5 个月后，腹围增大，且腹壁向左侧凸出，乳房胀大，有时母马腹下及后肢可出现水肿；6 个月以后可看到胎动。

（2）孕酮水平测定法。激素测定是以母畜血液或乳汁中孕酮含量作为早期妊娠诊断的依据。母畜配种后如果妊娠，在下一个情期及其前后，血液中孕酮含量较未孕母畜显著增加。

测定方法是在母畜配种后 20～25 天，采集少量母畜血或乳样，利用酶联免疫分析技术，测定血或乳中孕酮含量，根据测定结果进行诊断。

（3）直肠检查法。妊娠 14～16 天，少数马的子宫角收缩呈圆柱状，子宫壁肥厚，内有实心感，略有弹性。同侧卵巢上有黄体存在，卵巢体积较平时增大。

妊娠 17～24 天，子宫角收缩明显变硬，轻捏子宫角尖端捏不扁，呈里硬外软。孕角基部有胎泡且明显向下凸出，如鸽蛋大小。子宫底部形成凹沟，子宫收缩反应不灵敏，卵巢上黄体稍增大，空角多出现弯曲。

妊娠 25～30 天，孕角变粗缩短，坚实，如猪尾巴状。胎泡如鸡蛋大，柔软有波动，空角稍细而弯曲。

妊娠 30～40 天，子宫位置开始下沉前移，胎泡如拳头大，直径 8 cm 左右，壁软，有明显波动感。

妊娠 40～50 天，胎泡大如充满尿液的膀胱，并逐渐伸至空角基部，变为椭圆形，横径达 10～12 cm，触之壁薄，波动明显。孕角和空角分叉处的凹沟变浅，卵巢位置稍下降。

妊娠 60～70 天，胎泡增长迅速，纵径大于横径，平均直径达 12～16 cm，两侧卵巢下降并彼此向体轴中线靠近。

妊娠 80～90 天，胎泡直径近 25 cm，如篮球大小，两侧子宫角几乎全被胎儿占据并下沉，摸不到全部子宫和胎儿。子宫颈增粗、前移，牵拉时有沉重感。

妊娠 90 天以后，胎泡完全沉入腹腔，只能摸到胎儿的局部。

妊娠 120 天以后，孕侧子宫动脉出现明显的妊娠脉搏。

妊娠 180 天左右，可以触感到胎动。

（4）超声波探查法。超声波诊断是利用超声波的物理特性和家畜体组织结构声学特点密切结合的一种物理学检验方法。目前主要以 B 型超声诊断为主，其原理是将回声信号以光点明暗，即灰阶的形式显示出来，光点的强弱反映回声界面反射和衰减超声的强弱。光点、光线和光面构成了被探测部位的二维断层图像或切面图像，这种图像称为声像图。对母马一般使用直肠探查法，具体操作：首先用手将短小的直肠探头带入直肠内，然后隔着直肠壁将探头晶片面紧贴在子宫或卵巢上方进行探查，可以获得卵巢及其上的黄体、卵泡，以及妊娠子宫、胎体及胎儿心跳等精细的扫描影像，从而判断妊娠，辅助诊断卵巢和子宫疾病。

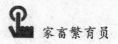

二、牛的妊娠鉴定

1. 牛的妊娠期

(1) 生殖器官的变化。母畜妊娠初期，阴唇收缩，阴门紧闭。随着妊娠期的延长，阴唇水肿程度增加，变化明显。初孕牛和成年母牛分别在 5 个月和 7 个月时出现水肿。阴道黏膜的颜色变为苍白，并有从子宫颈分泌出来的浓稠黏液。妊娠末期，阴唇、阴道因水肿加剧而变得柔软。

(2) 全身变化。正常情况下母牛妊娠后不再发情。表现为：食欲增加，营养状况改善，被毛逐渐变为光亮，性情举止变得安稳。

初孕牛从妊娠 3 个月左右，乳房膨大；经产牛妊娠中期以后，乳房明显增大。

5 个月左右时，腹围增大，腹壁向一侧凸出，右侧腹部凸出，乳房膨胀变大，有时腹下及后肢出现水肿。

7 个月以后，隔着腹壁右侧可以触诊到胎儿，当胎儿胸壁紧贴母畜腹壁时，能听到胎儿心音。

8 个月以后，可以看到胎动（胎儿活动所造成的母畜腹壁的颤动）。

(3) 内分泌变化。妊娠母畜血液及乳汁中孕酮含量比未孕时显著增加。

2. 妊娠鉴定

(1) 外部观察法。母牛妊娠后一般表现为：周期性发情停止，食欲增加，毛色光亮，性情变温顺，行为谨慎，易离群（特别是放牧的牛）；妊娠到 5 个月后，腹围增大，且腹壁向右侧凸出，乳房胀大，有时母牛腹下及后肢可出现水肿；8 个月以后可看到胎动。

(2) 孕酮水平测定法。激素测定是以母畜血液或乳汁中孕酮含量作为早期妊娠诊断的依据。母畜配种后如果妊娠，在下一个情期及其前后，血液中孕酮含量较未孕母畜显著增加。

测定方法是在母畜配种后 20～25 天，采集少量母畜血或乳样，利用酶联免疫分析技术，测定血或乳中孕酮含量，根据测定结果进行诊断。

(3) 直肠检查法。母牛配种后一个情期（18～25 天）仍未出现发情，可进行直肠检查。如果卵巢上没有正在发育的卵泡，而在排卵侧有妊娠黄体存在，可初步诊断为妊娠。此时子宫角的变化不明显。

妊娠 30 天，两侧子宫角不对称，孕角比空角略粗大、松软，有波动感，收缩反应不敏感，空角较厚且有弹性。用手指从孕角基部向尖端轻轻滑动，偶尔可以感到胎泡从指间滑过。

妊娠 60 天，孕角比空角约粗 2 倍，有波动感，角间沟稍变平坦，但仍能分辨。

妊娠 90 天，孕角如婴儿头大小，波动明显，有时可以摸到胎儿。子宫已开始沉入腹腔；提拉子宫颈感觉有沉重感空角比平时增大1倍，角间沟已不清楚，孕角子宫动脉根部已有轻微的妊娠脉搏。

妊娠120天，子宫沉入腹底，只能触摸到子宫后部及子宫壁上的子叶，子叶直径为2～5 cm。子宫颈下沉移至耻骨前缘下方，不易摸到胎儿，子宫动脉逐渐变粗如手指大小，并出现明显的妊娠脉搏。

此后直到分娩，子宫日渐膨大，沉入腹腔甚至抵达胸骨区，子叶逐渐长大，如鸡蛋大小。子宫动脉变粗如拇指，空角侧子宫动脉也变粗，并有妊娠脉搏。寻找子宫动脉时，手伸入直肠后，手心向上贴着椎体向前移动，在峡部的前方可以摸到腹主动脉的最后一个分支，即髂内动脉，在左右髂内动脉的根部各有一分支，沿游离的子宫阔韧带下行至子宫角的小弯处，此为子宫动脉。

（4）超声波探查法。目前已越来越多地采用B型超声诊断仪诊断妊娠，可以很直观地观察子宫和胎儿、胎水、子叶的断面图像，由此判断是否妊娠。牛在24天以上就可以进行诊断，主要做配种后24～60天的早期妊娠诊断，对于及早发现空怀牛并及时采取措施有积极意义。对母牛一般使用直肠探查法，具体操作：首先用手将短小的直肠探头带入直肠内，然后隔着直肠壁将探头晶片面紧贴在子宫或卵巢上方进行探查，可以获得卵巢及其上的黄体、卵泡，以及妊娠子宫、胎体及胎儿心跳等精细的扫描影像，从而判断妊娠，辅助诊断卵巢和子宫疾病。

三、羊的妊娠鉴定

1. 羊的妊娠期

（1）生殖器官的变化

1）阴道黏膜。母畜妊娠3周后，阴道黏膜由未孕时的淡粉红色变为苍白色，无光泽、表面干燥，同时阴道收缩变紧，插入开膣器时感到有阻力。羊在用开膣器打开阴道后，黏膜在几秒钟内由白色变为粉红色者为妊娠，未孕者黏膜为粉红或苍白色，由白变红的速度较慢。

2）阴道黏液。妊娠1.5～2个月，子宫颈口附近即有少量的黏稠黏液；3～4个月后，黏液量增多变浓稠，呈灰白或灰黄色，形如糨糊；6个月后稀薄而透明，有时可流出体外，或因其水分被吸收而呈块状黏附于阴门。pH值开始时为中性，3个月后变为弱酸性。妊娠后，阴道黏液量少而透明，开始时稀薄，20天后变浓稠，牵拉成线。

3）子宫颈。母畜妊娠后子宫颈紧闭，其阴道部变为苍白色。有糨糊状的黏液块堵塞于子宫颈口，形成子宫栓。妊娠初期，子宫颈阴道部的位置一般位于阴道前端的正中（牛偏下方），随妊娠期的延长，子宫及胎泡由于重量增加而使位置向前下方移动，子宫颈的位置也相应移向前下方或偏于一侧。

（2）全身变化。妊娠母畜新陈代谢旺盛，食欲增加，消化功能增强。随着营养状况的改善，表现为体重增加、毛色光润。妊娠后期，胎儿生长加快，母体营养物质消耗增加，如果饲养管理不当，母畜常表现消瘦。饲料中钙、磷不足时，母畜则后肢跛行，牙齿磨损较快。随着胎儿的生长，母畜腹腔容积缩小，内压增加，使排尿、排粪次数增多，而每次排量减少。妊娠末期，腹围增大，其行动小心、谨慎，容易疲倦、出汗。

（3）内分泌变化。母羊怀孕后，首先是内分泌系统协调孕激素的平衡，以维持妊娠。妊娠期间，由于黄体的存在、孕激素存在，其与雌激素协同发挥作用，维持妊娠。

2. 妊娠鉴定

（1）外部观察法。外部观察法主要是通过母畜妊娠后的行为变化和外部表现来判断是否妊娠的方法。例如，发情周期停止，食欲增加，膘情改善，毛色光泽，性情温顺，行动谨慎安稳；妊娠中后期胸围增大，向右侧凸出，乳房膨大。

（2）孕酮水平测定法。配种 19～22 天，怀孕山羊血浆孕酮浓度一般会高于 1.4 ng/mL，未孕山羊此时则会返情，因此孕酮浓度一般会低于 1.0 ng/mL。山羊奶孕酮的浓度基本与血浆浓度变化一致，但由于孕酮是脂溶性的，因此奶中的浓度较高。配种后 19～22 天，如果奶孕酮含量低于 1.5 ng/mL，则一般没有怀孕。

（3）腹壁触诊法。腹壁触诊可用于怀孕后期的怀孕诊断，单体格较肥胖的羊只诊断比较困难，怀孕 120 天以上时可在腹肋部触诊到胎儿。研究表明，腹部触诊在怀孕51～60 天时是可行的，61～70 天时的准确率为 70%，71～80 天时准确率为 90.3%，80 天以上时为 95.4%。

（4）超声波探查法。超声妊娠诊断技术在羊的妊娠诊断上具有重要的应用前景，目前最易操作也最便宜的仪器是 A 型超声诊断仪，但只有在怀孕 90 天后采用这种方法，诊断才最为准确。采用超声诊断可以准确判断妊娠期、胎儿数量、胎儿活力。多普勒超声诊断技术能够比较准确地用于山羊的早期怀孕诊断，一般来说配种后 25～30 天就可以采用这种方法进行诊断，但此时假阳性率比较高，如果在配种后 35～40 天进行诊断，则容易检测到胎水的回声，因此准确率比较高。

目前，最具有实际应用价值的是 B 型超声探查法。由于早期妊娠母羊的子宫在骨盆腔内，因此在站立保定的条件下，可采用将探头插入直肠的方法进行妊娠诊断，一般可在 30～45 天进行；如果采用腹部路径，可采取坐立位或半仰卧位保定，主要是在乳房两侧无毛的区域进行检查，一般在配种后 45 天探查。此方法效率高，准确率也高。

四、猪的妊娠鉴定

1. 猪的妊娠期

（1）生殖器官的变化

1）卵巢。出现妊娠黄体，分泌孕酮，维持妊娠，卵巢的周期活动基本停止 。妊娠早期，偶有卵泡发育，但多不排卵而退化、闭锁。卵巢的位置，怀孕后随着胎儿体积的增大，妊娠子宫逐渐沉入腹腔，两侧卵巢都靠近中线。

2）子宫。子宫变化有增生、生长和扩展三个时期。同时子宫肌层保持相对静止和稳定状态。

胚胎附植前，子宫内膜由于孕酮的致敏而增生，血管分布增加，子宫腺增长，腺体卷曲及白细胞浸润。附植后，子宫开始生长。子宫肌肥大，结缔组织基质广泛增长，纤维成分及胶原含量增加。子宫扩展期间，子宫生长减慢而其内容物（胎儿）则加速增长。

3）阴门及阴道。怀孕初期，阴唇收缩，阴门紧闭，阴道干涩。随妊娠期进展，阴唇水肿程度增加，阴道黏膜颜色变为苍白，干涩；妊娠末期，阴唇、阴道变为水肿而柔软，有利于胎儿产出。

4）子宫动脉。妊娠后，血流量增加，血管变粗。同时由于动脉血管内膜的皱褶增高变厚，而且与肌肉层的联系疏松，所以血液流过时所造成的脉搏由原来清楚的跳动变为间隔不明显的颤动。这种间隔不明显的颤动叫怀孕脉搏。

（2）全身变化。体重：怀孕后，新陈代谢旺盛，食欲增加，消化能力提高，营养状况改善，体重上升，被毛光润。妊娠末期，母畜因不能消化足够的营养物质供给迅速发育的胎儿，致使其消耗妊娠前半期贮存的营养物质，造成母畜在分娩前常常消瘦。

矿物质吸收：在胎儿生长发育最快阶段，钙、磷需求量大，若不能及时得到补充，则母畜会因脱钙出现后肢跛行、牙齿磨损加快、产后瘫痪等症状。

呼吸：呼吸运动浅而快，肺活量变小。

心血管系统：血液循环不畅，使躯干后部出现瘀血，以及心脏负担过重引起的左心室妊娠性肥大。

消化排泄：子宫增大，胃肠容积减小，排粪、排尿次数增加，数量减少。

血液：妊娠后期，血中碱储下降，出现酮体较多。此外，血流量增加，血凝固能力增强，红细胞沉降速度加快。

行为变化：妊娠母畜的性情温顺安静，行为稳重、谨慎，容易疲劳、出汗。

（3）内分泌变化。母猪妊娠后，由于妊娠黄体的存在，在相当于下一个情期到来的时间阶段，其血液中和奶中孕酮含量要明显高于未孕母猪。

血清中孕酮和雌酮的浓度通常可作为妊娠的指标。因激素浓度有一个动态变化，所以应在妊娠过程的不同时期取样检查。这些方法在猪场中应用都不普遍，但可作为一种诊断方法进行更全面的研究，以期找到更实用的方法。妊娠母猪血清中孕酮浓度应很高，而非妊娠母猪则较低（<5 ng/mL）。测定孕酮浓度的最佳取血样时间是在母猪配种后 17～20 天。应用血清中的孕酮浓度来诊断妊娠，其灵敏度可高达 97%以上，但特异性仅为 60%～90%。发情延迟、不规律、假妊娠或卵巢囊肿时，诊断结果会出现假阳性。实验室操作错误可能会导致诊断结果假阴性。目前已开发出适用于猪场的酶联免疫反应试验盒，这种试剂盒减少了实验室放射免疫方法的应用。但这些方法一个明显的限制条件就是需要采集血样。

2. 妊娠鉴定

（1）外部观察法。外部观察法是传统的妊娠诊断方法。外部观察法主要是通过母猪妊娠后的行为变化和外部表现来判断是否妊娠的方法。母猪的发情周期是 18～24 天，平均是 21 天，如果母猪配种后未妊娠，正常情况下配种 18～24 天后会返情，不返情则很可能妊娠，不返情时间越长则受胎的可能性越大。另外，母猪还会表现如下特征：食欲增加，嗜睡，容易上膘（膘情改善），性情温顺，行动谨慎，周期发情停止，毛色光泽，安稳；外阴部皱缩变小，苍白。妊娠中后期，母猪腹部隆起明显，乳房膨大。妊娠后如果出现假发情，则表现为外阴红肿、兴奋不安等类似发情的症状，但极少有静立反射的症状，此时可用超声诊断进行鉴别，以防止误配流产。

（2）超声波探查法。此法是利用超声波的物理特性，即超声波在传播过程中碰到母畜子宫不同组织结构出现不同的反射，来探知胚胎的存在、胎动、胎儿心音和胎儿脉搏等情况，据此进行妊娠诊断。目前主要是A型超声波探查法和B型超声波探查法。

1）A型超声波探查法。A型超声探查仪是较为廉价的妊娠诊断仪器。当A型超声波探测到子宫内充满液体的孕囊时，反射回来的超声波会转换成声音信号，一般会发出持续的长音，在配种后30～75天妊娠诊断率较高，75天后假阴性比例增加。如果母猪发情、子宫蓄脓或子宫水肿，都容易造成假阳性诊断（未妊娠，但诊断为妊娠），因此必须与不返情诊断相结合。

2）B型超声波探查法。利用便携式B超仪进行母猪的妊娠诊断是目前最为实用的妊娠诊断方法，尤其适合养猪小区和规模化养猪场。其原理是不同组织反射回来的超声波信号转化成图像，早期孕囊充满液体，在显示屏上显示的是接近圆形的暗区；其他区域亮度相对较高或不同，显示的图像是切面图像，切面的方向、位置不同，呈现的图形也不同。因此在探查妊娠区域时，应该仔细调整角度、调整探查深度，使探查面切出最大的孕囊或其最大直径。确定妊娠的最佳时间是19天，一般建议在配种后30天进行检查，确认时间一般只需要10 s左右，准确率高。国外一般在21天做初次检查，在42天左右复查，这已成为规模化猪场妊娠诊断的常规操作程序。

五、驴的妊娠鉴定

1. 驴的妊娠期

（1）生殖器官的变化

1）卵巢的变化。配种后未妊娠的母驴，卵巢上的黄体退化，进入下一个发情期；妊娠母驴则黄体持续存在，从而中断发情。在妊娠早期，这种中断并不完全，母驴在妊娠40～150天时，仍有10～15个卵泡发育，但多数不排卵，这些卵泡闭锁后黄体化而形成副黄体，通常每侧卵巢可出现3～5个副黄体。在妊娠7个月时，驴的主、副黄体均完全退化。在妊娠的最后2周，卵巢又开始活动，为产后发情做准备。妊娠3个月时，两侧卵巢下沉并靠近中线。

2）子宫的变化。随着母驴妊娠期的延长，子宫体积逐渐增大，包括增生、生长和扩展三种变化，其具体时间因畜种而不同。胎泡附植前，子宫内膜因孕酮的致敏而增生，其变化是血管分布增加、子宫腺增长、腺体卷曲及白细胞浸润。胎泡附植后，子宫开始生长。其变化是子宫肌肥大、结缔组织基质广泛增加、纤维成分及胶原含量增加。子宫基质的变化对于子宫适应孕体的发展和产后复原具有重要意义。在子宫扩展期间，子宫生长减慢而其内容物则加速增长。

子宫的生长和扩展，先由孕角和子宫体开始，在整个妊娠期，单胎家畜孕角的增长比空角大得多，使孕角与空角不对称。妊娠前半期，子宫体积的增长主要是子宫肌纤维肥大增生；妊娠后半期，则是胎儿使子宫壁扩展，子宫壁因此变薄。

妊娠母畜子宫内膜的腺管数目增加，并分泌黏稠液封闭子宫颈管，形成子宫栓。驴的子宫栓较少，子宫颈的括约肌收缩很紧，宫颈外口紧闭。妊娠中后期，胎儿沉向腹腔，子宫颈阴道部往往被牵引而偏向一侧。子宫颈质地较硬，细圆。

3）阴门及阴道的变化。妊娠初期，阴唇收缩，阴门紧闭。随着妊娠期的延长，阴唇的水肿程度增加。阴道黏膜的颜色变为苍白，并覆盖有从子宫颈分泌出来的浓稠黏液。此时的阴道黏膜并不滑润，插入开膣器时感到有阻力。妊娠末期，阴唇、阴道因水肿加剧而变得柔软。

（2）全身变化。妊娠母驴新陈代谢旺盛，食欲增加，消化功能增强。随着营养状况的改善，表现为体重增加、毛色光润。妊娠后期，胎儿生长加快，母体营养物质消耗增加，如果饲养管理不当，母驴常表现消瘦。饲料中钙、磷不足时，母驴则后肢跛行，牙齿磨损较快。牛、驴妊娠后期常因水分分布变化，由乳房到脐部发生水肿，有的后肢也发生水肿。随着胎儿的生长，母驴腹腔容积缩小、内压增加，使排尿、排粪次数增多，而每次排量减少。妊娠末期，腹围增大，其行动小心、谨慎，容易疲倦、出汗。

（3）内分泌变化。妊娠母驴血液及乳汁中孕酮含量比未孕时显著增加。

2. 妊娠鉴定

（1）外部观察法。周期性发情停止，食欲增加，毛色光亮，性情变温顺，行为谨慎，易离群；妊娠后期，腹围增大，且腹壁向一侧凸出，乳房胀大。

（2）孕酮水平测定法。激素测定是以母驴血液或乳汁中孕酮含量作为早期妊娠诊断的依据。母驴配种后如果妊娠，在下一个情期及其前后，血液中孕酮含量较未孕母驴显著增加。

测定方法是在母驴配种后20～25天，采集少量母驴血或乳样，利用酶联免疫分析技术，测定血或乳中孕酮含量，根据测定结果进行诊断。

（3）直肠检查法。具体操作如下：

1）检查者站立于母驴后侧，以涂有润滑剂的手抚摸肛门，然后手指合拢成锥状，缓缓地以旋转动作插入肛门并逐渐伸入直肠。直肠内如有宿粪，应多次少量掏完。

2）将手指合拢成锥状，伸入直肠狭窄部前结肠内，将手尽可能向前推进，使手臂能够自由地在各个方向探摸。

3）寻找卵巢和子宫。注意触摸驴子宫角的质地、形状、大小、位置，胚胎大小、位置，有无漂浮的胎儿及胎儿活动情况；子宫内液体的性状，子宫动脉的粗细及有无妊娠脉搏。

（4）超声波探查法。类似于马的检查方法。

第二节 分娩

培训目标

→ 掌握常见家畜的分娩预兆及其接产、助产的方法。
→ 掌握常见幼畜生理学特征和护理。

一、马的分娩

1. 分娩预兆

母马临近分娩时，乳房迅速膨大、腺体充实，有的乳房底部水肿，可挤出少量乳状物，有的有漏乳现象，乳头增大变粗；外阴柔软、充血肿大，黏液增多、稀薄透明，子宫颈松弛；骨盆及荐髂韧带松弛，臀部肌肉出现明显的塌陷现象；行为上表现出食欲下降、好静、离群。

2. 接产

（1）接产的准备工作。根据配种记录及分娩预兆进行综合预测，母马在分娩前1～2周转入产房。事先对产房进行清扫消毒，厩床上铺垫清洁柔软的干草。产房内应准备必要的药品及用具，如肥皂、毛巾、绷带、消毒药、产科绳、镊子、剪刀、针头、注射器、脸盆、催产素等常用手术助产器械。

（2）接产的方法步骤。当胎儿头部露出阴门之外而羊膜尚未破裂，应立即撕破使胎儿鼻端露出，以防胎儿窒息。如羊水流尽、胎儿尚未产出、母马阵缩及努责又弱时，可抓住胎头及两肢，随着母马努责沿骨盆轴方向拉出，倒生时，更应迅速拉出。

当胎头通过阴门困难时，尤其是当母马反复努责的情况下，可帮助慢慢拉出，防止会阴破裂。站立分娩时，应用双手接住胎儿。分娩后脐带多自动挣断，一般不用结扎，但须用较浓的碘酊（5%～10%）消毒；仔畜产出后，鼻腔或口腔中黏液用清洁的干毛巾或纱布擦净，呼吸有困难的需进行人工呼吸。

3. 助产

（1）助产方法。在母马分娩过程中，母马产程过长或胎儿不能排出体外，称为难产。发生难产时，应首先查明难产的原因和种类，然后进行对症助产。产力不足引起的难产，可用催产素催产或拉住胎儿的前置部分将胎儿拉出体外；硬部产道狭窄及子宫颈有疤痕引起的难产，可实行剖腹产术；软部产道轻度狭窄造成的难产，可向产道内灌注石蜡油，然后缓慢地拉出胎儿，注意保护会阴，防止撕裂；胎儿过大引起的难产，可采取拉出胎儿的办法助产，如拉不出胎儿则实行剖腹产，胎儿死亡时可施行截胎手术；对胎势、胎向、胎位异常引起的难产，应先加以矫正，然后拉出胎儿，矫正困难时可实行剖腹产或截胎术。无论采用哪一种方法，都必须遵循一定的操作原则。

助产时，应尽量避免产道感染和损伤，使用的器械须进行消毒。

母马横卧保定时，尽量将胎儿的异常部分向上，以利操作。

为了便于推回或拉出胎儿，尤其是产道干燥时，应向产道内灌注润滑剂，如肥皂水或植物油类等。

矫正胎儿异常姿势时，应尽量将胎儿推回到子宫内。因产道容积有限不易操作，推回的时机应选择在阵缩的间歇期。胎儿前置部分最好拴上产科绳。

拉出胎儿时，应随母马努责用力，对大家畜也不可强行拉出，且须在术者统一指挥下试探进行。注意保护会阴部，因为会阴容易撕裂。

（2）产后母马的检查及护理。母马在分娩及产后期，整个机体特别是生殖器官发生着迅速而剧烈的变化，抗病能力降低。产出胎儿时，子宫颈开张，产道黏膜表层受到损伤，产后子宫内积存大量恶露，均为病原微生物的入侵和繁殖提供了条件。因此，要做好产后期母畜的护理工作，促进母马机体尽快恢复正常。

母马分娩后应尽早驱赶使其站起，以减少出血。乳房和后躯部要及时洗净，并用新洁尔灭溶液消毒外阴部，保持母畜外阴部清洁卫生。尾根及外阴部周围黏附恶露时，须用清水洗净，并用新洁尔灭等药液擦洗消毒，防止蚊蝇飞落。垫草要经常更换，保持厩床卫生，以防细菌感染。

母马产后头几天消化功能较弱，应喂给质量好、容易消化的饲料，喂量不宜过大。一般需 5～6 天逐渐达到正常喂量。为消除母马产后疲劳，可饲喂微温麸皮粥或益母草粉、红糖粥，过度疲劳的母马可肌肉注射适量樟脑或安钠咖等。

分娩后，某些因素可使母畜出现病理现象，如发生胎衣不下、阴道或子宫脱出、子宫炎等。因此，必须随时注意观察，并进行定期检查，一旦出现异常现象，应立即采取相应措施。

注意观察母畜恶露颜色、气味及排出的时间，防止发生子宫感染。如有异常，立即采取措施。

注意观察母马产后发情表现及发情时间，适时配种，防止漏配。

4. 新生马驹的生理学特征和护理

（1）新生马驹的生理解剖学特征。新生马驹通常是指脐带脱落以前出生的家畜，脐带干燥脱落的时间一般是在出生后 2～6 天。

1）呼吸和循环系统：呼吸快而不稳，常胸腹或腹式呼吸，心跳加快。

2）消化系统不完善。

3）体温：1～2 h 体温低 0.5～1℃，3 天后正常。

4）排尿：健康尿液清亮透明，尿蛋白阳性。

5）脐带脱落：一般生后 7 天脱落，但与外界条件和幼畜健康有关。

6）代谢与激素变化：乳糖和乳脂是主要能量来源。

7）血液变化：吸吮乳后血成分升高。

（2）新生马驹的喂养。胎儿在母体子宫内时，环境温度恒定，不受外界条件的影响。仔畜出生后，生理功能尚未发育完全，但生活条件骤然发生改变，由通过胎盘进行气体交换变为自行呼吸，由通过胎盘获得营养物质和排泄废物变为自行摄食、消化和排泄。为了使其逐渐适应外界环境，须加强护理工作。大多数的小马驹在 1～3 周龄时就会开始试着咀嚼一些草料或精料。在小马驹 3 月龄前，不建议给予太多的营养补充品。

1）脐带处理。脐带断端一般于生后 1 周左右干缩脱落。要注意观察脐带变化，勿使仔畜相互舔吮，最好母子单栏饲养，防止感染。在分娩后，如果需要接生，注意把脐带血液捋向马驹，然后在距离腹部 8～10 cm 处用消毒剪刀剪断脐带，其断端在 5%碘酊中浸泡片刻即可。如果断脐后持续出血，此时需要结扎，结扎后注意每天对脐带消毒。

2）注意保温。刚刚出生的马驹对外界温度变化反应敏感，体温调节能力差，尤其在冬季，应采取防寒保温措施，保持产房的适宜温度。

3）适时哺乳。母马产后 4～7 天以内排出的乳汁称为初乳。初乳含有大量抗体，吸食后，新生仔畜可以增强机体的免疫力；初乳中镁盐含量较高，初生马驹吃进初乳后可以软化和促进胎便的排出；初乳中营养丰富，含有大量利于生长的维生素 A 和蛋白质，且无须经过肠道分解即可直接吸收。所以让初生马驹吃上初乳的时间越早越好。

4）预防疾病。受遗传、免疫、营养、环境以及分娩等因素的影响，马驹在出生后一段时间内容易发生疾病，如脐带闭合不全、胎粪停滞、溶血病。因此，要积极采取预防措施防止疾病的发生，如做好配种种马的选择，加强妊娠期间母马的饲养管理，搞好圈舍环境卫生。对于发病马驹，应及时对症治疗。

二、牛的分娩

1. 分娩预兆

母牛临近分娩时，乳房迅速膨大、腺体充实，有的乳房底部水肿，可挤出少量乳状物，有的有漏乳现象，乳头增大变粗；外阴柔软、充血肿大，黏液增多、稀薄透明，子宫颈松弛；骨盆及荐髂韧带松弛，臀部肌肉出现明显的塌陷现象；行为上表现出食欲下降、好静、离群、时起时卧等现象。

2. 接产

（1）接产的准备工作。根据配种记录及分娩预兆进行综合预测，母牛在分娩前 1～2 周转入产房。事先对产房进行清扫消毒，厩床上铺垫清洁柔软的干草。产房内应准备必要的药品及用具，如肥皂、毛巾、绷带、消毒药、产科绳、镊子、剪刀、针头、注射器、脸盆、催产素等常用手术助产器械。

（2）接产的方法步骤。当胎儿头部露出阴门之外而羊膜尚未破裂，应立即撕破使胎儿鼻端露出，以防胎儿窒息。如羊水流尽、胎儿尚未产出、母牛阵缩及努责又弱时，可抓住胎头及两肢，随着母牛努责沿骨盆轴方向拉出，倒生时，更应迅速拉出。

当胎头通过阴门困难时，尤其是当母牛反复努责的情况下，可帮助慢慢拉出，防止会阴撕裂。站立分娩时，应用双手接住胎儿。分娩后脐带多自动挣断，一般不用结扎，但须用较浓的碘酊（5%～10%）消毒；牛产双胎时，第一个犊的脐带应行两道结扎，然后从中间剪断。犊牛产出后，鼻腔或口腔中黏液用清洁的干毛巾或纱布擦净，呼吸有困难的需进行人工呼吸。

3. 助产

（1）助产方法。发现母牛难产时，除检查母牛全身状况外，必须重点对产道及胎儿进行临床检查，然后对症救助。产力性难产可用催产素催产或拉住胎儿的前置部分，顺着产畜的努责将胎儿拉出体外；胎儿过大引起的难产，可行剖腹产术或采用将胎儿强行拉出的办法救助；胎位、姿势不正引起的难产，可行纠正其胎位、胎向和胎势的办法助产；产道轻度狭窄造成的难产，可向产道内灌注石蜡油，然后缓慢地强行拉出胎儿，并注意保护会阴，防止撕裂。如胎儿死亡，可施行截胎手术，将胎儿分割拿出。

（2）产后母牛的检查及护理。母畜在分娩及产后期，整个机体特别是生殖器官发生着迅速而剧烈的变化，抗病能力降低。产出胎儿时，子宫颈开张，产道黏膜表层受到损伤，产后子宫内积存大量恶露，均为病原微生物的入侵和繁殖提供了条件。因此，要做好产后期母畜的护理工作，促进母畜机体尽快恢复正常。

母畜分娩后应尽早驱赶使其站起，以减少出血。母牛乳房和后躯部要及时洗净，并用新洁尔灭溶液消毒外阴部，保持母畜外阴部清洁卫生。尾根及外阴部周围黏附恶露时，须用清水洗净，并用煤酚皂等药液擦洗消毒，防止蚊蝇飞落。垫草要经常更换，保持厩床卫生，以防细菌感染。

母畜产后头几天消化功能较弱，应喂给质量好、容易消化的饲料，喂量不宜过大。牛需10天、绵羊3天、猪8天、马5～6天，逐渐达到正常喂量。为消除母畜产后疲劳，可饲喂微温麸皮粥或益母草粉、红糖粥，过度疲劳的母畜可肌肉注射适量樟脑或安钠咖等。

分娩后，某些因素可使母畜出现病理现象，如发生胎衣不下、阴道或子宫脱出、奶牛产后瘫痪、乳汁缺乏、急性乳房炎等。因此，必须随时注意观察并进行定期检查，一旦出现异常现象，应立即采取相应措施。

注意观察母畜恶露颜色、气味及排出的时间，防止发生子宫感染。如有异常，立即采取措施。

注意观察母畜产后发情表现及发情时间，适时配种，防止漏配。

4. 新生犊牛的生理学特征和护理

（1）新生犊牛的生理解剖学特征。新生犊牛通常是指脐带脱落以前出生的家畜，脐带干燥脱落的时间一般是在出生后2～6天。

1）呼吸和循环系统：呼吸快而不稳，常胸腹或腹式呼吸；心跳加快。

2）消化系统：不完善，反刍动物似单胃动物。

3）体温：1～2 h体温低0.5～1℃，3天后正常。

4）排尿：健康尿液清亮透明，尿蛋白阳性。

5）脐带脱落：一般生后7天脱落，但与外界条件和幼畜健康有关。

6）代谢与激素变化：乳糖和乳脂是主要能量来源。

7）血液变化：吸吮乳后血成分升高。

（2）新生犊牛的喂养。为了犊牛在生后12 h内从初乳中获得足够的抗体，第一次初乳应在犊牛出生后30 min内喂给，首次喂量要大，至少2 kg。出生后6 h左右，喂第二次初乳。以后每天喂3次（6 kg），2天后即可转喂常乳。

提倡用橡胶奶嘴饲喂初乳，利于建立充分的吮吸反射，之后，逐步用吮吸手指的方法调教犊牛从奶桶吮奶。初乳的温度应水浴加热至38～39℃。

三、羊的分娩

1. 分娩预兆

分娩前，子宫颈和骨盆韧带松弛，胎羔活动和子宫的敏感性增强。分娩前 12 h，子宫内压增高，子宫颈逐步扩张。分娩前数小时出现精神不安、刨地和起卧不宁等现象。

2. 接产

(1) 接产的准备工作。根据配种记录和产前预兆，一般在预产期前 1～2 周将母畜转入产房。产房要预先消毒，并准备必需的药品和用具。对临产前母畜要做好外阴消毒，缠尾，换上清洁柔软的垫草，组织好夜间值班。在助产时要注意操作人员自身的消毒和防御，防止人身伤害和人畜共患病的感染。

(2) 接产的方法步骤。原则上正常分娩的母畜无须助产。接产人员的主要职责是监视母畜的分娩情况，发现问题给母畜必要的辅助和对仔畜进行及时护理。

3. 助产

(1) 助产方法

1) 牵引术。又称拉出术，是指用外力将胎儿拉出母体产道的助产手术。

2) 矫正术。是指通过推、拉、翻转、矫正或拉直胎儿四肢的方法，把异常胎向、胎位及胎势矫正到正常的助产手术。

3) 截胎术。为了缩小胎儿体积而肢解或除去胎儿某部分的手术。

(2) 产后母羊的检查及护理。母羊在分娩及产后期，整个机体特别是生殖器官发生着迅速而剧烈的变化，抗病能力降低。产出胎儿时，子宫颈开张，产道黏膜表层受到损伤，产后子宫内积存大量恶露，均为病原微生物的入侵和繁殖提供了条件。因此，要做好产后期母畜的护理工作. 促进母畜机体尽快恢复正常。

母畜分娩后应尽早驱赶使其站起，以减少出血。母羊乳房和后躯部要及时洗净，并用煤酚皂水溶液消毒外阴部，保持母畜外阴部清洁卫生。尾根及外阴部周围黏附恶露时，须用清水洗净，并用煤酚皂等药液擦洗消毒，防止蚊蝇飞落。垫草要经常更换，保持厩床卫生，以防细菌感染。母畜产后头几天消化功能较弱，应喂给质量好、容易消化的饲料，喂量不宜过大。绵羊 3 天逐渐达到正常喂量。为消除母畜产后疲劳，可饲喂微温麸皮粥或益母草粉、红糖粥，过度疲劳的母畜可肌肉注射适量樟脑或安钠咖等。

分娩后，某些因素可使母畜出现病理现象，如发生胎衣不下、阴道或子宫脱出、奶牛产后瘫痪、乳汁缺乏、急性乳房炎等。因此，必须随时注意观察并进行定期检查，一旦出现异常现象，应立即采取相应措施。

注意观察母畜恶露颜色、气味及排出的时间，防止发生子宫感染。如有异常，立即采取措施。

注意观察母畜产后发情表现及发情时间，适时配种，防止漏配。

4. 新生羔羊的生理学特征和护理

(1) 新生羔羊的生理解剖学特征

1) 呼吸和循环系统。胎儿产出后，氧气不再通过脐血管进入仔畜体内，血液内二氧化碳集聚增多，刺激延脑呼吸中枢，引起羔羊的呼吸反射。羔羊开始呼吸，需要大量血液通过肺脏以获得氧气。羔羊刚出生时呼吸频率快而不稳，常呈胸腹式或腹式呼吸，生后 1～2 天听诊肺泡音清晰，常可听到啰音。

2）消化系统。新生羔羊胃肠容量不大，分泌与消化功能尚不完善，唾液腺分泌也不发达，容易发生消化不良。

（2）新生羔羊的喂养。母畜产后 4～7 天以内排出的乳汁称为初乳。初乳含有大量抗体，吸食后，新生仔畜可以增强机体的免疫力；初乳中镁盐含量较高，初生仔畜吃进初乳后可以软化和促进胎便的排出；初乳中营养丰富，含有大量利于生长的维生素 A 和蛋白质，且无须经过肠道分解即可直接吸收。

新生羔羊应及时吃上初乳，必要时可人工辅助，对于某些原因失乳的羔羊，应进行人工哺乳或寄养，且要做到定时、定量和定温。

四、猪的分娩

1. 分娩预兆

临产前，腹部饱满、下垂，卧底时可见胎动。分娩前 3～5 天，阴唇出现肿胀、松弛，尾根两侧下陷。产前 3 天，母猪中部乳头可挤出清凉胶样液体。产前 1 天，可挤出初乳或出现漏奶现象。在产前 6～12 h，有衔草做窝现象，尤其是地方品种猪。

2. 接产

（1）接产的准备工作。根据配种记录和产前预兆，一般在预产期前 1～2 周将母畜转入产房。产房要预先消毒，并准备必需的药品和用具。对临产前母畜要做好外阴消毒，换上清洁柔软的垫草，组织好夜间值班。在助产时要注意操作人员自身的消毒和防御，防止人身伤害和人畜共患病的感染。

（2）接产的方法步骤。正常分娩所需时间平均为 4 h 左右，分娩平均间隔 18 min。产仔数越少，则每头产仔的间隔时间越长。接产人员在接产前应把指甲剪短，用肥皂洗净手臂。整个接产过程要保持安静，动作准确迅速。一般母猪在破水后 30 min 即会产出第一头仔猪。当仔猪产出后，应立即用手指掏出其口腔内的黏液，然后用柔软的垫草将口鼻和全身的黏液擦干净，以防堵塞影响仔猪呼吸，同时减少体表水分蒸发，避免仔猪感冒。个别仔猪在出生后胎衣仍未破裂，接产人员应马上用手撕破胎衣，以免仔猪窒息而死。随后用手固定住脐带基部，另一只手捏住脐带，将脐带慢慢从产道内拽出，切不可通过仔猪拽脐带。把脐带向仔猪方向撸几下，然后在距离仔猪 4 cm 处用线结扎。断面用 5%碘酒消毒。留在仔猪腹壁上的脐带三四天后即会干枯脱落。断脐带后，立即将仔猪放到红外线灯下，将身体烤干，随后辅助仔猪哺乳。

3. 助产

（1）助产方法。母猪阵痛强，尾向上卷，呼吸急促，心跳加快，反复出现将要产仔的动作却不见仔猪产出，这时应实行人工助产。首先用力按摩母猪乳房，然后按压母猪腹部，帮助其分娩。若反复按压半小时仍无效，则可注射催产素，用量按每 100 kg 体重 2 mL 计算，经半小时即可产仔。若注射催产素仍不见效，则应实行手术掏出，术后给母猪注射青霉素、链霉素，以防感染。

(2) 产后母猪的检查及护理。产后主要供给母猪足够的水和麸皮汤，对母猪的外阴部和臀部要做认真清洗和清毒，勤换洁净的垫草。供给质量好、营养丰富和容易消化的饲料，但不宜过多，否则会引起消化道和乳腺疾病。注意观察产后母猪的行为和状态，发现异常情况应及时采取措施。当母猪极度疲劳或子宫收缩无力时，可注射激素促其排出胎衣。排出后应立即拿走，以免母猪吞食，影响消化和形成吃仔猪的恶癖。胎衣可洗净，加入海带煮汤，分数次喂给母猪，可促进母猪泌乳。

圈内受污染的垫草应清除干净，用肥皂水或0.1%高锰酸钾将母猪乳房、阴部和后躯清洗干净。产后半个小时，给母猪饮适量温淡盐水，最好饮温热的豆饼麸皮汤加少量盐，以补充体液。

4. 新生仔猪的生理学特征和护理

(1) 新生仔猪的生理解剖学特征

1) 呼吸和循环系统。胎儿产出后，氧气不再通过脐血管进入仔猪体内，血液内二氧化碳集聚增多，刺激延脑呼吸中枢，引起仔猪的呼吸反射。仔猪开始呼吸，需要大量血液通过肺脏以获得氧气。仔猪刚出生时呼吸频率快而不稳，常呈胸腹式或腹式呼吸，生后1～2天听诊肺泡音清晰，常可听到啰音。

2) 消化系统。新生仔猪胃肠容量不大，分泌与消化功能尚不完善，唾液腺分泌也不发达，容易发生消化不良。

(2) 新生仔猪的喂养。新生仔猪的胃肠道分泌和消化机能均不健全，但新陈代谢过程又特别旺盛，对食物需求量大，所以在其站立后，可以进行人工辅助，帮助其找到乳头并吮食初乳。当母猪由于各种原因发生拒哺、无乳和死亡，或仔猪过多、乳头不够时，必须寻找分娩期相近的同种母猪完成哺乳任务。仔猪出生后3天内必须人工辅助固定奶头，把弱小的固定到前边乳头吃奶，把体大的固定到后边乳头吃奶；3天后仔猪固定后，帮助弱小仔猪吸乳。应单独为仔猪创造保温小气候环境，最好的办法是在产栏内设置仔猪保温箱，内吊1只250 W红外线灯泡，仔猪箱留有仔猪自由出入孔，或在仔猪箱内铺一块保温板（电热板）。

五、驴的分娩

1. 分娩预兆

(1) 乳房膨大。分娩前，乳房迅速发育、腺体充实，乳房底部水肿，乳头增大变粗，可挤出少量清亮胶状液体或乳汁。营养不良的母驴乳头变化不明显。

(2) 外阴部肿胀。临近分娩前数天，阴唇逐渐柔软、肿胀、增大，皱襞展平，黏膜潮红，黏液稀薄润滑，子宫颈松弛。

(3) 骨盆韧带松弛。产前12～36 h，荐髂韧带松弛，荐骨活动性增大，尾根及臀部肌肉明显塌陷，骨盆血流量增多。

(4) 行为异常。多数母驴食欲下降，行动谨慎小心，喜欢僻静的地方。临产前精神不安，回顾腹部，来回走动。

2. 接产

(1) 接产的准备工作

1）产房在母驴进入前清扫干净并用2%火碱水喷洒消毒，要保持安静、清洁干燥，铺垫清洁干燥的垫草，冬季寒冷地区注意保温。

2）根据母驴配种记录和分娩预兆，在母驴分娩前1～2周将其转入产房进行饲养管理。

3）用温水洗净母驴的外阴、肛门、尾根周围及臀部两侧的污物，并用0.1%高锰酸钾溶液擦洗消毒。用纱布绷带将尾巴缠上系于一侧。

4）产房应准备必要的药品及用具，如肥皂、毛巾、刷子、绷带、消毒药（苯扎溴铵、煤酚皂、酒精和碘酒）、产科绳、镊子、剪子、脸盆等，有条件的还应备有常用的诊疗及手术助产器械。

5）接产人员应熟悉接产有关知识和方法，并在接产前洗净手臂，做好自身防护工作。

（2）接产的方法步骤。母驴正常分娩时，一般不需要人为帮助。接产人员的主要任务是监视分娩情况，发现异常及时处理，并护理好新生仔驴。为了防止难产，当胎儿前置部分进入产道时，可将手臂消毒后伸入产道内，检查胎儿的方向、位置和姿势是否正常。如果胎儿正常，正生时三件（唇、二蹄）俱全，可以自然产出；如有异常，应进行矫正处理。此外，还应检查母驴骨盆有无变形，阴门、阴道及子宫颈的松软程度，以判断有无产道异常而发生难产的可能。

当胎儿头部已露出阴门外、胎膜尚未破裂时，应及时撕破使胎儿鼻端露出，并擦净胎儿口鼻内的黏液，防止胎儿窒息。但不要过早撕破，以免羊水过早流失。如羊水已流出而胎儿尚未产出，母驴阵缩和努责又减弱时，可拉住胎儿两前肢及头部，随着母驴的努责动作沿骨盆轴方向拉出胎儿，倒生时更应迅速拉出胎儿，以免胎儿窒息。

对于大家驴，当胎儿头部通过阴门困难时，尤其是当天母驴反复努责的情况下，可慢慢拉出胎儿，并用手保护阴门，防止会阴撕裂。

母驴站立分娩时，须接住胎儿。

3. 助产

（1）助产方法。在母驴分娩过程中，母驴产程过长或胎儿不能排出体外，称为难产。发生难产时，应首先查明难产的原因和种类，然后进行对症助产。产力不足引起的难产，可用催产素催产或拉住胎儿的前置部分将胎儿拉出体外；硬部产道狭窄及子宫颈有疤痕引起的难产，可实行剖腹产术；软部产道轻度狭窄造成的难产，可向产道内灌注石蜡油，然后缓慢地拉出胎儿，注意保护会阴，防止撕裂；胎儿过大引起的难产，可采取拉出胎儿的办法助产，如拉不出胎儿则实行剖腹产，胎儿死亡时可施行截胎手术；对胎势、胎向、胎位异常引起的难产，应先加以矫正，然后拉出胎儿，矫正困难时可实行剖腹产或截胎术。无论采用哪一种方法，都必须遵循一定的操作原则。

助产时，应尽量避免产道感染和损伤，使用的器械须进行消毒。

母驴横卧保定时，尽量将胎儿的异常部分向上，以利操作。

为了便于推回或拉出胎儿，尤其是产道干燥时，应向产道内灌注润滑剂，如肥皂水或植物油类等。

矫正胎儿异常姿势时，应尽量将胎儿推回到子宫内。因产道容积有限不易操作，推回的时机应选择在阵缩的间歇期。胎儿前置部分最好拴上产科绳。

拉出胎儿时，应随母驴努责用力，对大家畜也不可强行拉出，且须在术者统一指挥下试探进行。注意保护会阴部，因为会阴容易撕裂。

（2）产后母驴的检查及护理。母驴在分娩及产后期，整个机体特别是生殖器官发生着迅速而剧烈的变化，抗病能力降低。产出胎儿时，子宫颈开张，产道黏膜表层受到损伤，产后子宫内积存大量恶露，均为病原微生物的入侵和繁殖提供了条件。因此，要做好产后期母驴的护理工作，促进母驴机体尽快恢复正常。

母驴分娩后应尽早驱赶使其站起，以减少出血。乳房和后躯部要及时洗净，并用新洁尔灭溶液消毒外阴部，保持母驴外阴部清洁卫生。尾根及外阴部周围黏附恶露时，须用清水洗净，并用新洁尔灭等药液擦洗消毒，防止蚊蝇飞落。垫草要经常更换，保持厩床卫生，以防细菌感染。

母驴产后头几天消化功能较弱，应喂给质量好、容易消化的饲料，喂量不宜过大。一般需5～6天逐渐达到正常喂量。为消除母驴产后疲劳，可饲喂微温麸皮粥、益母草粉、红糖粥，过度疲劳的母驴可强心、补液和镇痛。

分娩后，某些因素可使母驴出现病理现象，如发生胎衣不下、阴道或子宫脱出、子宫炎等。因此，必须随时注意观察并进行定期检查，一旦出现异常现象，应立即采取相应措施。

注意观察母驴恶露颜色、气味及排出的时间，防止发生子宫感染。如有异常，立即采取措施。

注意观察母驴产后发情表现及发情时间，适时配种，防止漏配。

4. 新生驴驹的生理学特征和护理

（1）新生驴驹的生理解剖学特征

1）呼吸和循环系统：呼吸快而不稳，常胸腹或腹式呼吸；心跳加快。

2）消化系统不完善。

3）体温：1～2 h体温低0.5～1℃，3天后正常。

4）排尿：健康尿液清亮透明，尿蛋白阳性。

5）脐带脱落：一般生后7天脱落，但与外界条件和幼畜健康有关。

6）代谢与激素变化：乳糖和乳脂是主要能量来源。

7）血液变化：吸吮乳后血成分升高。

（2）新生驴驹的喂养。胎儿在母体子宫内时，环境温度恒定，不受外界条件的影响。驴驹出生后，生理功能尚未发育完全，但生活条件骤然发生改变，由通过胎盘进行气体交换变为自行呼吸，由通过胎盘获得营养物质和排泄废物变为自行摄食、消化和排泄。为了使其逐渐适应外界环境，须加强护理工作。

1）脐带处理。接生时要用5%碘酊对脐带浸泡消毒，脐带一般于生后1周左右干缩脱落，要注意观察脐带变化，勿使相互舔吮，防止感染。

2）注意保温。刚刚出生的驴驹身体对外界温度变化反应敏感，体温调节能力差，尤其在冬季，应采取防寒保温措施，保持产房的适宜温度。

3）适时哺乳。母驴产后4～7天以内排出的乳汁称为初乳。给初生驴驹开始哺喂初乳的时间越早越好。

4）预防疾病。驴驹在出生后一段时间内容易发生疾病，如脐带闭合不全、胎粪停滞、溶血病等。因此，要积极采取预防措施防止疾病的发生，加强妊娠期间的饲养管理，搞好环境卫生等。对于发病驴驹，应及时对症治疗。

单元测试题

一、名词解释

1. 矫正术　2. 截胎术　3. 精子畸形率　4. 精子密度　5. 假阴道

二、填空题（请将正确答案填在横线空白处）

1. 超声妊娠诊断技术在羊的妊娠诊断上具有重要的应用前景，最有实际应用价值的方法是________。

2. 山羊配种后19～22天如果奶孕酮含量低于________，则一般没有怀孕。

3. 测猪每毫升血浆孕酮含量大于________ μg为妊娠，小于为未孕。

4. 腹壁触诊可用于怀孕后期的怀孕诊断，________的羊只诊断比较困难，怀孕________天以上时可在腹肋部触诊到胎儿。

5. 用于输精的精液，必须符合羊输精所要求的输精量、精子活力、有效精子数等，并将保存温度恢复到________左右。

三、简答题

1. 常用的助产方法有哪些？

2. 简述新生仔猪的喂养原则。

3. 简述母畜接产的准备工作。

4. 简述家畜妊娠鉴定一般方法。

5. 简述母猪输精的注意事项。

单元测试题答案

一、名词解释

1. 矫正术是指通过推、拉、翻转、矫正或拉直胎儿四肢的方法，把异常胎向、胎位及胎势矫正到正常的助产手术。

2. 截胎术是为了缩小胎儿体积而肢解或除去胎儿某部分的手术。

3. 精子畸形率是指异常精子的百分率，一般要求畸形率不超过18%。

4. 精子密度指每毫升精液中所含的精子数，是确定稀释倍数的重要标准。

5. 假阴道是模仿母畜阴道的生理条件而设计的一种采精工具。

二、填空题

1. B型超声诊断法　2. 1.5 ng/mL　3. 0.005　4. 体格较肥胖、120

5. 37℃

三、简答题

1. 助产方法

（1）牵引术。又称拉出术，是指用外力将胎儿拉出母体产道的助产手术。

（2）矫正术。是指通过推、拉、翻转、矫正或拉直胎儿四肢的方法，把异常胎向、胎位及胎势矫正到正常的助产手术。

2. 喂养原则

新生仔猪的胃肠道分泌和消化机能均不健全，但新陈代谢过程又特别旺盛，对食物需求量大，所以在其站立后，可以进行人工辅助，帮助其找到乳头并吮食初乳。当母畜由于各种原因发生拒哺、无乳和死亡，或仔猪过多、乳头不够时，必须寻找分娩期相近的同种母猪完成哺乳任务。

3. 接产的准备工作

根据配种记录和产前预兆，一般在预产期前 1～2 周将母畜转入产房。产房要预先消毒，并准备必需的药品和用具。对临产前母畜要做好外阴消毒，缠尾，换上清洁柔软的垫草，组织好夜间值班。在助产时要注意操作人员自身的消毒和防御，防止人身伤害和人畜共患病的感染。

4. 家畜妊娠鉴定一般方法

（1）外部观察法。外部观察法主要是通过母畜妊娠后的行为变化和外部表现来判断是否妊娠的方法。例如，周期发情停止，食欲增加，膘情改善，毛色光泽，性情温顺，行动谨慎安稳；妊娠中后期胸围增大，向右侧突出，乳房膨大。

（2）孕酮水平测定法。一般在配种后，在相当于下一个情期到来的时间阶段，孕畜孕酮含量要明显高于未孕母畜。因此，根据被测母畜孕酮水平的实测值很容易做出妊娠或未妊娠的判断，这种方法适于早期妊娠诊断。

（3）超声波探查法。此法是利用超声波的物理特性，即超声波在传播过程中碰到母畜子宫不同组织结构出现不同的反射，来探知胚胎的存在、胎动、胎儿心音和胎儿脉搏等情况，据此进行妊娠诊断。

5. 母猪输精的注意事项

发情母猪出现静立反射后 8～12 h 进行第一次输精，之后每间隔 8～12 h 进行第二或第三次输精。从 17℃恒温箱中取出精液，轻轻摇匀，用已灭菌的滴管取 1 滴放于预热的载玻片，置于 37℃的恒温箱片刻，用显微镜检查活力，精液活力≥0.7，方可使用。

中级家畜繁育员理论知识考核试卷

一、名词解释

1. 卵巢　2. 阴茎　3. 性成熟　4. 矫正术　5. 真台畜　6. 人工授精　7. 输精

二、填空题（请将正确答案填在横线空白处）

1. 精液进行低温保存时，应采取________的方法，并使用含________较高的稀释液，以防止精子发生冷休克。

2. 精液采集后应尽快稀释，原精贮存不超过________。

3. 子宫变化有________、________和________三个时期，同时子宫肌层保持相对静止和稳定状态。

4. 假阴道一般都由________、________、________、活塞、固定胶圈等部件构成。

5. 仔猪刚出生时呼吸频率快而不稳，常呈胸腹式或腹式呼吸，生后________天听诊肺泡音清晰，常可听到啰音。

三、简答题

1. 简述母牛配种后3个月、5个月和7个月直肠检查妊娠鉴定的要点。

2. 简述母牛常规人工输精的方法和步骤。

3. 简述母羊的输精操作方法和步骤。

中级家畜繁育员理论知识考核试卷答案

一、名词解释

1. 卵巢是母畜生殖器官中最重要的生殖腺体，主要功能是生产卵子和分泌雌激素。

2. 阴茎是公畜交配的器官，主要由海绵体构成。公畜必须先有阴茎勃起才能有正常的射精。

3. 性成熟是指母畜发育到一定年龄，生殖器官已经发育完全，基本上具备了正常的繁殖功能。

4. 矫正术是指通过推、拉、翻转、矫正或拉直胎儿四肢的方法，把异常胎向、胎位及胎势矫正到正常的助产手术。

5. 用发情的母畜作台畜即为真台畜。

6. 人工授精是指采用人工措施将一定量的精液输入到母畜生殖道一定部位而使母畜受孕的方法。

7. 输精是指在母畜发情阶段的适宜时间，准确把精液输入到母畜生殖道内最适当部位的方法。

二、填空题

1. 逐步降温、卵磷脂　2. 30 min　3. 增生、生长、扩展　4. 外壳、内胎、集精杯（瓶、管）　5. 1～2

三、简答题

1. 直肠检查妊娠鉴定要点

（1）3个月。角间沟完全消失，子宫颈被牵拉至耻骨前缘，向腹腔下垂，两角共宽一掌多，也可摸到整个子宫角，偶尔可触到浮在胎水中的胎儿，子宫壁一般均感柔软，无收缩。此时如果触诊不清子宫，手提起子宫颈，可明显感到子宫的重量增大。孕侧子宫动脉基部开始出现微弱的特异搏动。液体波动感清楚，少数牛的子宫体壁上可摸到比蚕豆小的胎盘突，空角也明显增粗。

（2）5个月。子宫全部沉入腹腔，在耻骨前缘稍下方可摸到子宫颈，胎盘突更大。可以明显触摸到胎盘突，摸不到两侧卵巢。孕角侧子宫动脉已较明显，即子宫中动脉类似小指样粗细，并且震颤明显。

（3）7个月。子宫略向骨盆方向退回，整个子宫呈现长袋状，由耻骨联合伸入下腹壁，两侧孕脉明显。由于胎儿更大，从此以后容易摸到。有时可以触摸到胎儿身体的某一部分。胎儿活动增多，胎盘突更大，胎盘突类似鸡蛋大小，两侧子宫中动脉均有明显的孕脉。

2. 方法和步骤

（1）牛的保定。将发情母牛保定在保定架或通道，最好把头部拴系牢靠，也可保定在牛舍颈枷上，对胆小要踢人的牛，最好后腿用绳子8字形绑好。

（2）外阴部消毒。将母牛的尾巴拉向一侧，用0.1%高锰酸钾冲洗阴门，再用一次性卫生纸擦干。

（3）输精枪的插入。戴上一次性塑料长臂手套，压开阴门裂，另外一只手将输精枪、塑料外套和塑料膜呈向上角度插入阴门，进入阴道15 cm后，伸入直肠的手把握住子宫颈将其向前拉，使阴道展平。输精枪到达子宫颈外口时，将塑料膜向后拉，使输精枪从塑料膜中穿出。

（4）输精枪通过子宫颈和输精。双手配合找到子宫颈口，必要时可用大拇指引导进入子宫颈内的输精枪，随着子宫颈管内皱褶的变化，上下左右调整方向。两手配合使输精枪通过子宫颈，直到向前推送没有被皱褶阻挡的感觉时，说明输精枪到达了子宫体，此时应该避免再向前推送。

用位于直肠内的手的食指轻压子宫体部的输精枪头，确定输精枪头在子宫体后，在松开食指瞬间，把外面输精枪的推送杆缓缓向前推，将精液送入子宫体内。

3. 输精操作

绵羊和山羊都采用开膣器输精法或内窥镜输精法，目前主要是开膣器输精法。具体操作方法和步骤如下：

（1）简易保定。由于羊的体形较小，为工作方便、提高效率，可制作能升降的输精台架或在输精架后设置一凹坑，也可由助手倒提母羊，将其保定。

（2）外阴部消毒。用喷壶装0.1%高锰酸钾溶液，向其阴门喷洒，然后用卫生纸擦干。

（3）插入开膣器。将消毒过的开膣器涂抹少量润滑剂，侧向阴道插入开膣器，然后转正并张开开膣器，保持撑开状态。

（4）找到子宫颈外口并输精。借助光源或自然光找到子宫颈口后，将输精器插入子宫颈管内1 cm左右，缓缓将精液输入，同时将开膣器稍微后退，这样精液不容易倒流，最后轻轻抽出输精器和开膣器。

第三部分

家畜繁育员（高级）

第9单元

种畜饲养管理

第一节　种畜饲养

培训目标

➔ 初步了解种畜的饲养标准。

➔ 能进行种畜的一般饲料配制，主要是常见饲料的配制与计算方法。

一、饲料配方的计算方法

饲料配方计算的主要方法有交叉法、代数法、试差法及计算机配方。

1. 交叉法

交叉法又称方形法、对角线法。实践中，尤其是广大一般规模的饲养户，常用浓缩饲料或预混料加上玉米等农副产品进行日粮配制，其涉及饲料种类不多，操作较为简便，易于掌握。

（1）两种饲料配合。例如以玉米、豆饼为主，给体重 35～60 kg 的生长猪配制混合饲料。步骤如下：

1）查“生长猪饲养标准”，得知 35～60 kg 生长猪要求饲料的粗蛋白质水平为 14%。经取样分析或查“饲料营养成分表”，得知玉米含粗蛋白质 8.5%、豆饼含粗蛋白质 40%。

2）作十字交叉图。把需要达到的粗蛋白质含量（14%）放在交叉处，玉米和豆饼的粗蛋白含量分别放在左上角和左下角，然后以两个角为出发点，各向对角通过中心作交叉，大数减小数，所得的数值分别记在右上角和右下角。

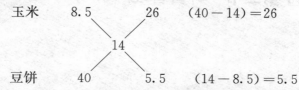

玉米　8.5　　26　（40－14）＝26

　　　　　14

豆饼　40　　5.5　（14－8.5）＝5.5

3）上面所得的各差数值，分别除以两差数的和，就得到两种饲料混合后各自所占的百分比。具体计算如下：

玉米比例＝26÷（26＋5.5）×100%≈83%

豆饼比例＝5.5÷（26＋5.5）×100%≈17%

根据上面计算，35～60 kg 体重的生长猪用玉米及豆饼配制混合饲料，玉米占 83%、豆饼 17%。

（2）两种以上饲料分组配合。例如需用玉米、麦麸、鱼粉、豆饼及其他矿物质饲料为泌乳母猪配制含粗蛋白质 14%的饲料。需先根据经验和养分含量把以上饲料分成确定比例的三组饲料，即混合能量料、混合蛋白质饲料和矿物质饲料。把能量料和蛋白料当作两种饲料交叉配合。计算方法如下：

1）按类分别算出能量和蛋白质饲料组粗蛋白质的平均含量

能量饲料组成：

玉米 70%（含粗蛋白质 8.5%）；

麦麸 30%（含粗蛋白质 13.5%）；

以上两种饲料共含粗蛋白质 10%。

蛋白质饲料组成：

豆饼 70%（含粗蛋白质 40%）；

其他饼粕类 30%（含粗蛋白质 62%）；

以上两种饲料共含粗蛋白质 46.6%；

矿物质饲料占总量 2%。

2）算出未加矿物质饲料前混合料中粗蛋白质的应有含量

粗蛋白质应有含量＝14÷（100%－2%）＝14.3

3）将混合能量料和混合蛋白质料当作两种料作交叉

混合能量料　10　　32.3　（46.6－14.3）＝32.3

14.3

混合蛋白质料　46.6　　4.3　（14.3－10）＝4.3

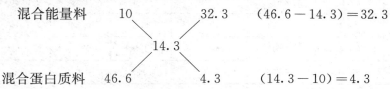

混合能量料比例＝32.3÷(32.3＋4.3)×100%＝88.25%

混合蛋白质料比例＝4.3÷(32.3＋4.3)×100%＝11.75%

4）计算出混合料中各成分应占的比例

玉米＝0.7×0.98×88.25×100%＝60.54%

麦麸＝9.3×0.98×88.25×100%＝25.95%

豆饼＝0.7×0.98×11.75×100%＝8.06%

其他饼粕类＝0.3×0.98×11.75×100%＝3.45%

加上矿物质占 2%，合计 100%。

2. 代数法（联立方程法）

例如，用含粗蛋白质 8.5%的玉米、含粗蛋白质 40%的豆饼，配制出含粗蛋白质 16%的配合饲料。方法如下：

设：玉米应占 X%，豆饼应占 Y%。

$$\begin{cases} X+Y=100 \\ 0.085X+0.4Y=16 \end{cases}$$

得解：

$$X=76.2$$
$$Y=23.8$$

因此，配制含粗蛋白质 16%的日粮，玉米所占比例应是 76.2%，豆饼所占比例应是 23.8%。

3. 试差法

此法是根据经验先初步拟订一个饲料配方，然后计算该配方的营养成分含量，再和饲养标准对照。如某种营养指标多余或不足，可适当调整配比，反复数次，直到所有的营养指标都能满足要求为止。

例如，为体重35～60 kg生长猪配制日粮。

（1）查阅生长猪的饲养标准得知，35～60 kg生长猪的饲粮要求每千克含消化能12.98 MJ、粗蛋白质14%、赖氨酸0.56%、钙0.5%、磷0.41%、食盐0.3%。为了保证足够能量供其生长，特将消化能提至每千克饲料13.4 MJ。

（2）现有饲料种类包括玉米、麦麸、豆饼、高粱、鱼粉、叶粉、骨粉和食盐，其营养成分见表9—1。

表9—1　选定各种饲料原料的营养成分含量　单位：%

种类＼含量	干物质	消化能（kJ/kg）	粗蛋白质	粗纤维	钙	磷	赖氨酸
玉米	87.5	14 670	7.79	1.6	0.10	0.26	0.23
麦麸	88.4	10 321	13.7	6.8	0.34	1.15	0.54
豆饼	88.4	13 615	40.2	4.9	0.32	0.50	2.61
高粱	87.0	11 774	7.24	3.38	0.08	0.29	0.22
鱼粉	92.0	13 071	61.3	1.0	5.5	2.8	4.81
叶粉	87.0	5 441	17.0	17.1	2.6	0.29	1.68
骨粉	—	—	—	—	30.12	13.46	—

（3）确定限制饲料比例。鱼粉价格较高，不能超过6%；高粱含有单宁，不能超过10%；叶粉适口性差，不宜超过8%。

（4）按消化能和粗蛋白质的要求确定大致比例，进行试配。试配结果，如消化能偏高、粗蛋白质偏低，则相应地降低能量饲料比例、提高蛋白质饲料的比例，反之也一样。如此反复试算，直到结果与饲养标准接近为止，相差不应超过±5%，具体见表9—2。

表9—2　调整后的饲料组成　单位：%

饲料＼指标	组成比例	消化能（kJ/kg）	粗蛋白质	钙	磷	赖氨酸
玉米	61.5	14.670×61.5% =9.022	7.79×61.5% =4.791	0.1×61.5% =0.062	0.26×61.5% =0.160	0.23×61.5% =0.141
麦麸	12.5	10.321×12.5% =1.290	13.7×12.5% =1.712	0.34×12.5% =0.043	1.15×12.5% =0.144	0.54×12.5% =0.068

单元 9

续表

饲料＼指标	组成比例	消化能(kJ/kg)	粗蛋白质	钙	磷	赖氨酸
豆饼	12	13.615×12% =1.634	40.2×12% =4.824	0.32×12% =0.038	0.50×12% =0.06	2.61×12% =0.313
高粱	8	11.774×8% =0.942	7.24×8% =0.580	0.08×8% =0.006	0.29×8% =0.023	0.22×8% =0.018
鱼粉	3	13.0710×3% =0.392	61.3×3% =1.839	5.49×3% =0.165	2.81×3% =0.084	4.81×3% =0.144
叶粉	2	5.441×2% =0.109	17.0×2% =0.34	2.6×2% =0.052	0.29×2% =0.006	1.68×2% =0.034
骨粉	0.6			30.12×0.6% =0.181	13.46×0.6% =0.081	
食盐	0.3					
合计	99.9	13.389	14.086	0.547	0.558	0.718
要求	100	13.390	14	0.50	0.41	0.56
相差	−0.1	−0.001	+0.086	+0.047	+0.148	+0.16

4. 计算机配方

应用电子计算机编制配方时，一般是先将饲料配合问题描述成线性规划数字模型，然后用电子计算机进行运算，得出各营养成分含量达到规定的指标值且成本最低的饲料配方。

二、种畜的饲养标准

目前，国外饲养标准主要有美国饲养标准（NRC）、英国饲养标准（ARC）、前苏联饲养标准及日本饲养标准等。这些国家的饲养标准制定较早，且不断进行修改调整，所以比较科学合理，可作为我国制定饲养标准的参考。

在生产实践中，由于各种客观因素影响，饲养标准会有所变更，不能把饲养标准视为只能遵照执行的框框，实践中应灵活运用。

1. 猪的饲养标准及饲料配方

（1）妊娠期。母猪妊娠期的营养需要包括妊娠母猪本身的营养需要和发育中胎儿的营养需要。胎儿的发育规律是妊娠前期较慢、后期生长发育较快，故前期营养需要主要以满足母体正常需要为主，后期则既要考虑母体的维持需要，又要考虑胎儿正常发育的需要。

（2）泌乳期。在泌乳期间，既要考虑母猪本身的营养需要，还要考虑母猪的泌乳需要。

（3）仔猪的营养需要。除铁外，哺乳仔猪在产后 2～3 周内的营养需要一般可由母乳来满足。3 周后仔猪生长较快，而母猪泌乳量却从第 5 周开始下降，因此，为使仔猪保持快速生长，应该从仔猪生后第 3 周开始给予补料。

（4）生长期营养需要。猪的生长期一般划分为三个阶段，即 20～35 kg、35～60 kg、60～90 kg。一般来说，20～35 kg 时期，饲料中蛋白质水平要高于能量水平；在 35～60 kg 时期，要综合考虑能量水平与蛋白质水平；在 60～90 时期，饲料能量水平应高于蛋白质水平。

2. 牛的饲养标准及饲料配方

（1）奶牛的饲养标准。奶牛的饲养标准分为成年母牛、生产母牛、生长公牛及种公牛四部分。

能量是奶牛营养的重要基础。世界各国所采用的能量体系不尽相同，但当前总的趋势是采用产奶净能。

奶牛能量单位（NND），是指 1 kg 含脂 4％的标准乳含有的能量，即 3 139 kJ。

$$\text{NND}=\frac{\text{产奶净能（kJ）}}{3\ 139}$$

例如，1 kg 干物质 89％的玉米，产奶净能为 9 016 kJ，则：

$$\text{NND}=\frac{9\ 016}{3\ 139}=2.87$$

其生产概念可直接反映为 1 kg 玉米（能量）相当于生产 2.87 kg 奶（能量）的价值。

（2）肉牛饲养标准。此标准采用“增重净能”体系，即以 200 kg 体重的生长阉牛增重 0.5 kg 所需 5.44 MJ 的增重净能作为一个肉牛能量单位（NND）。

3. 羊的饲养标准及饲料配方

我国各地区自然条件不同，羊的品种繁多，目前国内尚无统一的羊饲养标准。

三、种畜饲料配制基本知识

1. 设计配方的意义

科学地设计饲料配方是饲养种畜的一个重要环节。设计饲料配方时既要考虑种畜的营养需要及生理特点，又应合理地利用各种饲料来源，才能设计出能获得最佳的饲养效果和最佳经济效益并且成本低的饲料配方。

2. 设计配方所需资料

设计饲料配方必须具备下述几种资料才能着手进行数学运算。

（1）种畜饲养标准。饲养标准是以种畜的种类、性别、年龄、体重、生理状态、生产目的和生产水平等为依据，科学规定一头种畜每天应给予的各种营养物质的数量。实践证明，根据饲养标准所规定的营养物质供应量饲喂种畜，更加有利于提高饲料的利用效果及经济效益。但值得注意的是，饲养标准也只是相对的，不能机械地搬用。

（2）饲料

1）饲料成分及营养价值表。饲料成分及营养价值表是通过对各种饲料的常规成分、氨基酸和维生素等进行分析化验，经计算和统计，在种畜饲喂试验的基础上，对饲料进行营养价值评定之后综合制定的。但因各地的饲料成分略有差异，具备分析饲料成分能力的单位，应对所购进的每批原料做分析测定，以此作为饲料配方参考。

2）饲料的种类和来源。应根据种畜的营养需要，从原料营养含量的实际出发，合理地选用原料。脱离饲料现状所设计的饲料配方是没有实用价值的。

3）饲料价格。在饲料价格的选择上，应在首先满足种畜营养需要的前提下，选择质优价廉的饲料以降低成本。

（3）日粮类型和预期采食量。日粮类型在很大程度上与其组成及养分的含量有关。在设计饲料配方时，所配制的种畜日粮应既能满足营养需要，又能满足饱感需要。

3. 设计饲料配方的原则

（1）选用合适的饲养标准。生产实践中，可根据饲养种畜生长或生产水平等情况对饲养标准进行适当调整。

（2）选用适宜的饲料。设计饲料配方首先应熟悉所在地区的饲料资源现状，根据当地各种饲料资源的品种、数量以及各种饲料的理化特性及饲用价值，尽量做到全年比较均衡地使用各种饲料原料。

（3）注重提高经济效益。饲料原料的成本在饲料企业生产及畜牧业生产中均占有很大比重，因此在设计饲料配方时，应注重高效益、低成本。

四、种畜常用饲料配方

1. 猪饲料配方示例

（1）妊娠母猪饲料参考配方（见表 9—3）

表 9—3　　妊娠母猪饲料参考配方

饲料配方		营养成分		
饲料名称	比例（%）	名称	单位	含量
玉米	42.25			
大麦	35.0	消化能	MJ/kg	12.72
小麦麸	5.0	粗蛋白质	%	12.7
豆饼	8.0	粗化粗蛋白	g/kg	97
槐叶粉	8.0	粗纤维	%	4.6
砺粉	0.5	钙	%	0.57
磷酸钙	0.7	磷	%	0.47
食盐	0.5	赖氨酸	%	0.55
硫酸铜	0.01	蛋氨酸＋胱氨酸	%	0.52
硫酸锌	0.02			
硫酸亚铁	0.02			

注：1. 适用于杂种猪；2 日喂精料 2.2～2.5 kg；3 母猪在妊娠 16 周内增重在 40 kg 以下，繁殖利用表现良好；4. 钙、磷偏低。

（2）哺乳母猪饲料配方（见表 9—4）

表 9—4　　哺乳母猪饲料参考配方

饲料配方		营养成分		
饲料名称	比例（%）	名称	单位	含量
玉米	39.0	消化能	MJ/kg	12.72
大麦	33.0	粗蛋白质	%	16.4
小麦麸	4.0	可消化蛋白质	g/kg	132
鱼粉	6.0	粗纤维	%	4.2
豆饼	10.0	钙	%	0.83
槐叶粉	6.0	磷	%	0.62
多种维生素	0.3	赖氨酸	%	0.86
砺粉	0.55	蛋氨酸＋胱氨酸	%	0.64
磷酸钙	0.60			
食盐	0.50			
硫酸铜	0.01			
硫酸锌	0.02			
硫酸亚铁	0.02			

注：1. 适用于各种二元杂种猪；2. 饲料为水拌料，喂量不限，饮水充足；3. 母猪初生活崽数每次在 10 头以上；4. 断奶（6 周）仔猪成活数在 9 头以上，体重在 10 kg 以上。

2. 牛饲料配方示例

（1）成年奶牛泌乳期饲料参考配方（见表 9—5）

表 9—5　　成年奶牛泌乳期饲料参考配方

饲料配方		营养成分		
饲料名称	比例（%）	名称	单位	含量
麸 皮	17	消化能	MJ/kg	11.34
玉米粉	10	奶牛能量单位	NND	1.89
高 粱	7	粗蛋白质	%	16.30
豆 饼	4.5	可消化粗蛋白质	g/kg	111.9
砺 粉	1.5	粗纤维	%	15.4
玉米胚芽渣	4	钙	%	0.97
干草	9	磷	%	0.40
豆腐渣	15			
玉米青贮	32			

注：平均日产奶 17.25 kg，年产奶 6 200 kg，乳脂率 3.2%～3.5%，体重 550 kg。

（2）高产奶牛饲料参考配方（见表 9—6）

表 9—6 高产奶牛饲料参考配方

原料	数量（kg）	干物质（kg）	产奶净能（MJ）	可消化粗蛋白质（g）	钙（g）	磷（g）
干稻草	4.0	3.8	13.73	25.60	6.40	7.60
玉米青贮	20.0	4.45	27.62	162.00	20.00	10.00
草木樨	15.0	3.25	15.07	330.00	46.50	19.50
玉米粉	9.0	8.1	88.52	680.40	8.10	45.00
豆 饼	3.5	3.35	32.69	1 530.55	10.50	24.15
麸 皮	2.0	1.84	13.90	262.80	2.80	19.40
石 粉	0.25	—	—	—	100.00	—
食 盐	0.25	—	—	—	—	—
合 计	54.0	24.79	191.53	2 991.35	194.3	125.65
日泌乳量（kg）	45～51					

（3）泌乳奶牛日粮混合精料参考配方

配方一：玉米 15%，甘薯面 15%，花生饼 6%，芝麻饼 6%，豆饼 6%，小麦麸 28%，细米糠 4%，三七糠 18%，牛用添加剂 2%。

配方二：玉米 30%，麸皮 15%，三七糠 28%，豆饼 25%，磷酸氢钙 2%。

3. 羊饲料配方示例（见表 9—7、表 9—8）

表 9—7 奶山羊饲料参考配方一

饲料配方		营养成分		
饲料名称	比例（%）	名　称	单　位	含　量
玉米粉	53.0	消化能	MJ/kg	13.27
小麦麸	30.0	代谢能	MJ/kg	12.56
大 麦	10.0	粗蛋白质	%	12.30
高 粱	3.0	可消化粗蛋白质	g/kg	97.00
骨 粉	1.0	粗纤维	%	5.20
磷酸氢钙	1.0	钙	%	0.70
食 盐	2.0	磷	%	0.93

表 9—8　　奶山羊饲料参考配方二

饲料配方		营养成分		
饲料名称	比例（%）	名　称	单　位	含　量
		消化能	MJ/kg	135.61
混合料	45.2	代谢能	MJ/kg	11.01
黑豆	4.6	粗蛋白质	%	16.1
豆饼	4.2	可消化粗蛋白质	g/kg	124
青贮料	18.1	粗纤维	%	17.2
干草	27.9	钙	%	0.53
		磷	%	0.62

注：1. 萨能山羊日采食量：混合料 1.41 kg，青贮 1.70 kg，干草 0.73 kg；2. 平均年产奶量 934.8 kg，平均日产奶量 3.12 kg，乳脂率 3.45%，体重 65.4 kg。

4. 公畜常用饲料配方

（1）种公猪饲料参考配方（见表 9—9）

表 9—9　　种公猪饲料参考配方

饲料配方		营养成分		
饲料名称	比例（%）	名　称	单　位	含　量
玉米	43.0	消化能	MJ/kg	12.68
大麦	28.0	粗蛋白质	%	15.4
小麦麸	7.0	可消化粗蛋白质	g/kg	120
鱼粉	6.0	粗纤维	%	5.1
豆饼	8.0	钙	%	0.84
干草粉	6.0	磷	%	0.68
骨粉	1.5	赖氨酸	%	0.80
食盐	0.5	蛋氨酸+胱氨酸	%	0.65

注：1. 适用于瘦肉型种公猪，如杜洛克、大约克夏和长白猪等；2. 每吨配合饲料中另加多种维生素 100 g；3. 日喂 2 kg（限量），在配种期另喂鸡蛋 2 个。

（2）种公羊精料的参考配方

玉米 50%，麦麸 22%，菜籽饼 13%，熟化豌豆 10%，蚕蛹 2%，食盐 0.8%，碳酸氢钙 1.5%，微量元素添加剂 0.7%。

第二节　种畜管理

培训目标

→ 学习掌握家畜繁殖改良站（点）工作室及相应设备的要求与内容。
→ 学习掌握制定家畜繁殖改良站（点）的设备计划。

一、家畜繁殖改良设备计划的准备

制定品种改良的设备计划应符合当地实际生产需要，充分利用人力、物力、财力。

1. 收集制定设备计划需要的材料

（1）首先要摸清服务区域的能繁母畜数，还应考虑该区域在一定时间的规划规模。统计时要按经济用途进行，如乳用牛、肉用牛、水牛等要分别统计。

（2）确定家畜品种改良方案。一是要摸清需繁殖改良品种的优点、缺点以及资源保护要求；二是要筛选选配品种的最佳组合。

（3）本地区技术力量配备。一是要搞清技术员的人数、分布情况；二是要搞清技术员的平均技术水平，合理调配人员。

2. 确定本地区家畜繁殖改良所用的主要技术方法

主要是根据本地的地理环境和技术力量等具体情况，设置不同的家畜繁殖改良技术方法，如本交改良、鲜精配种改良和冻精配种改良方法。

3. 确定引进或购进用于改良的种公畜的品种、数量

引进品种根据选配方案或制定的杂交组合进行，引进数量根据配种方式确定。例如，牛采用本交，30～50 头能繁母牛需配 1 头公牛；采用鲜精配种，200～500 头能繁母牛需 1 头公牛；如采用冻精配种，则可根据改良方案到国家认定的冷冻精液供应单位采购。

4. 技术人员配备

一般一名专业技术员可负责 500 头左右母牛或母猪的繁殖改良。

5. 建筑要求

要根据采精场所及工作室的要求修建采精场及工作室。实验室应有足够的面积，并要求有利于维护环境卫生。如工作台面要求是陶瓷的，地面应铺设地板砖，墙面应容易冲洗、不落尘，窗户、门应有很好的防尘功能。人工授精实验室应设有缓冲间，以便更换工作服、拖鞋等。为了防止建设材料及油漆等散发的气味对精子产生影响，建筑材料应选择环保材料，并在使用前对室内进行放射、有害气体的检测。

6. 采精设备配备

保定架或假台畜，保定绳若干，卫生工具若干。

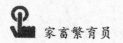

二、繁殖改良工作室（人工授精室）的一般设备

1. 消毒用具

手提式高压蒸汽灭菌器、煮沸消毒器、酒精灯、紫外线灯等。

2. 采精用具

各种家畜用假阴道、温度计、玻璃棒、滑润剂、长柄钳等。

3. 精液品质检查用具

量精杯、显微镜、显微镜保温箱（或显微镜恒温盘）、恒温水浴箱、血细胞计、酸度计、烧杯、载玻片、玻璃棒等。

4. 配制稀释液用具及运输、保存精液容器

量筒、天平、药匙、漏斗架、滤纸、冰箱、广口保温瓶、贮精瓶、蒸馏水生成器等。

5. 输精用具

各种家畜用开膣器及各种剂型冷冻精液输精器、头灯或手电筒、注射器等。

6. 精液冷冻设备

液氨罐、颗粒精液冷冻器械、细管冷冻精液制作设备等。

7. 一般用品

脱脂棉、纱布、大玻璃瓶、小玻璃瓶、标签、大搪瓷盘、小搪瓷盘、水桶、热水瓶、面盆、毛巾、肥皂、无磷洗衣粉、工作服、一次性塑料长臂手套橡胶或乳胶手套等。

8. 常用药品

酒精、苯扎溴铵消毒液、精液稀释液用药品、凡士林、染色剂、蒸馏水等。

9. 其他物品

器械贮存柜、药品贮存柜、工作台、工作椅、台式或立式照明灯等。

三、家畜繁殖改良站（点）的设置要求

1. 家畜繁殖改良站（点）的选址

（1）家畜繁殖改良站（点）一般设在县、乡（镇）行政事业管理单位或畜牧技术服务中心，这有利于家畜繁殖改良工作的统一管理、协调，有利于技术规范的实施及技术和设备资源的充分利用，有利于国家科技成果的转化。

（2）我国地域广阔，各地客观情况比较复杂，也可根据实际情况在养殖户较集中的村寨中设置若干个繁殖改良点。设置时，要经过充分的调研，做到工作不交叉、无盲区，遵循繁殖改良家畜和技术人员资源合理配置的原则。

2. 家畜繁殖改良站（点）工作室的要求

（1）设置独立的工作室。一般要求水泥地面、瓷砖砌墙。

（2）配置常规设备。一般要求有稳固的工作台、配有高低倍物镜的显微镜、冰箱、冻精保存与运输设备（如液氮罐）、紫外线消毒灯、器械贮存柜、药品贮存柜。

（3）配备人员。根据工作需要，每个站、点至少配备一名具有管理经验及熟练掌握家畜繁殖改良技术的技术员。

(4) 制定各项规章制度。如器械使用登记制度、人员岗位责任制度、工作室安全卫生责任制度等。

单元测试题

简答题

1. 如何用交叉法及代数法配制饲料?
2. 各种家畜饲养标准有哪些要求?
3. 如何制定家畜繁殖改良站(点)的设备及工作室计划?
4. 家畜繁殖改良站(点)工作室的设置要求有哪些?

答案请见相关内容。

第10单元

发情与发情鉴定

第一节 发情控制

培训目标

→ 掌握家畜常见繁殖疾病，初步了解其发病原因。
→ 掌握家畜繁殖疾病的一般检查程序及内容。
→ 了解家畜的诱导发情。
→ 了解家畜繁殖疾病的防治。

一、家畜常见繁殖疾病的识别

1. 母畜的繁殖障碍

（1）先天性不育

1）生殖器官畸形。母畜生殖道的先天性性缺陷是由于输卵管、子宫和子宫颈某一部分停止发育或融合不全而影响生殖细胞的运送。通常生殖道在解剖上有缺陷的家畜仍然有正常的发情周期和发情表现。这种情况往往不能从外表上诊断出来。生殖器官解剖畸形在猪身上比较常见，大约可以占猪不育例的一半。常见的生殖器官异常有：输卵管伞与输卵管、输卵管与子宫角连接处不通，缺乏子宫角、单子宫角，无管腔子宫角，子宫颈的形状、位置异常，如子宫颈闭锁，双子宫颈，以及阴瓣过度发育等。

2）雌雄间性。雌雄间性又称两性畸形。雌雄间性是一个家畜个体同时具有雌雄两性的部分生殖器官，又可分为真两性和假两性畸形。真两性畸形的生殖腺可能一侧为卵巢、另一侧为睾丸，或者两个生殖腺都是卵睾体。睾丸可能位于腹股沟的皮下或在腹腔内。真两性畸形见于猪和山羊，而牛和马极少。

3）异性孪生不育。异性孪生不育主要发生于牛异性双胎的母犊，大约有 91%～94%不能生育，实际上也是雌雄间性的一种。母犊不表现发情。阴门狭小、阴蒂较长、阴道短小，子宫角犹如细绳，卵巢极小，乳房极不发达，乳头与公牛近似，常无管腔。异性孪生不育有时见于山羊和猪。

4）种间杂交后代。种间杂交的后代往往无繁殖能力，这种母畜虽然有时性机能和排卵正常，但是，由于生物学上的某种缺陷或遗传因素，以致卵子不能受精或者合子不能发育。

马同驴杂交所生的后代——骡的不孕是最典型的例子。

（2）机能性繁殖障碍

1）卵巢机能障碍

①卵巢幼稚型。发育不全的卵巢形态与季节性不发情的卵巢不同。正常情况下，在乏情期的母畜卵巢内，经常有不同直径甚至达到排卵前大的卵泡，但卵巢发育不全的则没有这种情况。一般母猪卵巢的重量为 5 g 左右，而卵巢发育不全时则仅有 3 g 左右，甚至更少，即使有卵泡，直径也不超过 2～3 mm。其原因多为饲养管理条件不佳。下丘脑垂体机能发生障碍时，卵巢对促性腺激素的敏感性降低，或者是由于遗传因素

引起。

②卵巢萎缩及硬化。卵巢萎缩除衰老时出现外，母畜瘦弱、使役过重也能引起卵巢萎缩。卵巢硬化多为卵巢炎的后遗症。卵巢肿瘤也可使卵巢变硬。卵巢萎缩及变硬后不能形成卵泡，外观上看不到母畜有发情表现。母马卵巢小如鸽蛋或枣核，母牛卵巢缩小如豌豆或小指肚大。随着卵巢组织的萎缩，有时子宫也变小。母猪卵巢发生萎缩或硬化后，体形、性情往往变坏，有时类似公猪样，当然，正常情况下卵巢也可能非常小，但不影响其生殖力。

③持久黄体。卵巢上有持久黄体时，母畜长时间不发情。母马如有持久黄体，间隔一定时间进行直检时，可发现卵巢的同一部位有显著的黄体存在，但未妊娠，有时可发现伴有子宫疾病。母牛的持久黄体，一部分呈圆锥状或者蘑菇状凸出于卵巢表面，比卵巢实质稍硬。母猪持久黄体和正常黄体相似，直径约 12 mm 左右。但发生黄体囊肿时，体积增大。

持久黄体发生的原因可能是由于子宫积水、积脓，子宫内有异物，干尸化，致使黄体不能消失。

④卵巢囊肿。卵巢囊肿包括卵泡囊肿和黄体囊肿两种。卵泡囊肿是由发育中的卵泡上皮变性、卵泡壁结缔组织增生、卵细胞死亡、卵泡液被吸收或增多而形成。黄体囊肿是由于未排卵的卵泡壁上皮发生黄体化，或排卵后由于某些原因而黄体化不足，在黄体内形成空腔而致。

2）受精障碍。受精障碍可能是卵子在精子进入以前死亡，卵子或精子的结构或机能异常，由于母畜生殖道解剖上的原因妨碍合子的运输或附植，或者卵子和精子间存在着免疫不相容性等。

（3）营养性繁殖障碍。日粮中营养缺乏、能量不足以及饲料搭配不合理，是造成母畜营养性繁殖障碍的主要原因，会导致母畜乏情，卵泡停止发育，安静排卵或形成卵泡囊肿。长期饲喂单一饲料，特别是缺乏运动时，可使卵巢脂肪沉积、卵泡上皮变性而引起肥胖性不育。这种不育多见于猪，也见于马、驴。

饲料品质不佳，或缺乏某些微量元素、矿物质或维生素时，母畜生殖机能也会受到破坏和扰乱。

（4）疾病性不育。疾病性不育是由于母畜生殖器官疾病或其他疾病所引起的繁殖障碍。病原微生物和非病原微生物都可能进入生殖道而不出现临床症状。在做生殖道检查或实施某些手术时，不规范的操作也可将微生物传给其他家畜。虽然子宫颈把子宫腔隔开，成为防止感染子宫的屏障，而且在发情期内抵抗感染的能力很强，但是进入阴道的病原微生物仍有侵入子宫而导致感染的可能。同时病原微生物在某种情况下，也可能通过血液、淋巴进入子宫。

某些系统的疾病，如呼吸、消化、循环、神经系统等疾病均能影响家畜的繁殖力，但在实践中造成家畜不育的主要疾病是生殖器官疾病和具有直接危害生殖力的一些传染病。

1）卵巢炎。卵巢有炎症时，卵泡的正常发育及排卵被破坏。触摸卵巢时可感觉到体积增大，母畜有疼痛反应。卵巢有脓肿时其触摸感觉非常类似于卵泡，应注意区别。

卵巢炎多见于牛马，常继发于卵巢囊肿被挤破或穿刺时受到损伤或感染。

2）输卵管炎。炎性分泌物及其有害成分可直接危害精子或卵子。严重时发炎管腔变狭窄，甚至闭锁。此病多见于猪、牛，有时见于马。直肠检查时，重症的往往可以摸到输卵管肥厚、硬结，有时如硬绳索状。并发输卵管水肿时管腔阻塞，具有大小不一的囊泡。如积脓，触摸时母畜多有疼痛反应。一侧发炎时可能仍有生殖力，两侧发生输卵管炎症时不易治愈。

3）子宫内膜炎。子宫内膜炎在母畜生殖器官疾病中所占比例最大，也是母畜不孕的常见病因。子宫内的炎性产物直接危害精子的生存环境而影响受精，有时即使能够受精，但进入子宫的胚胎也会因处于不利于附植的环境而造成死亡。在妊娠期间，子宫黏膜的炎症、萎缩、变性等变化，不仅会破坏胎儿胎盘与母体胎盘的联系，而且病原微生物及其毒素也通过损害的胎盘侵入胎儿体内，引起胎儿的死亡，进而发生流产。

4）子宫弛缓。子宫弛缓使母畜子宫收缩机能和紧张性降低，它导致发情时分泌物在子宫内滞留和腐败，不能提供胚胎发育的良好环境。暂时性的子宫弛缓，母马可能是因饲养管理不当，尤其是缺乏运动和过度使役而发生该症状；子宫过度伸张、长时间持续性收缩可引起松弛。长期性子宫弛缓多见于经产的母牛或进入衰老期的母畜。

5）子宫颈炎。多在分娩助产或人工授精时受到损伤或感染而发生，常限于子宫颈外口。子宫颈炎主要发生于牛。在对患有子宫颈炎的发情母畜进行人工授精时，其可以受胎但易流产。检查时可见子宫颈阴道部黏膜潮红。个别黏膜松软、水肿，并附有絮状物或脓汁，子宫颈外口略开张，如变为慢性时，结缔组织增生，则黏膜肥厚。

6）阴道炎。阴道炎包括阴门炎和前庭炎，一般不影响受胎，但常波及子宫颈及子宫，可致繁殖障碍。其症状是从阴门流出炎性分泌物，常附在阴门下角及周围皮肤。给患畜进行阴道检查时，发现黏膜肿胀、充血，有疼痛反应，有时会发生溃烂、粘连。严重时排尿呻吟、拱背，并伴有全身症状。

（5）胚胎早期死亡

1）胚胎早期死亡的时间。胚胎死亡可能发生于妊娠的任何阶段，而早期死亡最常见的是在附植前后不久。受精后至附植前的一段时间，胚胎的陆续死亡数也不少，只是不易被发觉而已。

胚胎死亡时间主要集中于胚胎附植未牢固的时期，此期最易引起家畜胚胎的早期死亡。牛受精后 16～25 天，羊受精后 14～24 天，猪受精后 16～25 天（子宫内迁移阶段），马受精后 30～60 天。马的胚囊 2 个月时，绒毛膜上的绒毛开始伸入子宫黏膜的腺窝内，约 3 个半月完成附植。由于胚泡与子宫黏膜的联系并不紧密，所以马胚胎死亡的发生时间较其他家畜晚。

2）胚胎早期死亡的原因。引起胚胎死亡的原因是多方面的，如母体因素、胚胎因素或母体与胚胎之间的相互作用不协调等。母体方面的原因往往造成全窝损失，胚胎方面的原因似乎只能影响个别胚胎。另外，母畜的营养、年龄、遗传、子宫环境、激素不平衡、胚胎过度拥挤以及高温等，都与胚胎死亡有密切关系。

（6）流产。受精后，除胚胎早期发育阶段因某种因素发生死亡外，在妊娠中后期，某些原因也可使胎儿与母体之间的正常关系遭到破坏，发生妊娠中断而引起流产。流产可能是母体自发的，也可能是人为饲养管理不当造成的。

（7）传染病。生殖器官的病原微生物感染是损害家畜繁殖力最重要的原因。母畜生殖道可能成为某些病原微生物生长繁殖的场所，被感染的母畜可表现明显的临床症状，有的则为隐性感染，而不出现外观变化。这些病原微生物在性交时会传给公畜，或在阴道检查、人工授精时传染给其他母畜。

2. 公畜的繁殖障碍

（1）机能性繁殖障碍

1）隐睾。隐睾是一侧或两侧睾丸位于腹股沟或腹腔内，因为睾丸外界环境温度较高，不利于产生正常精子。公马和公猪的隐睾症比公牛、公羊更为常见。一侧隐睾虽能正常繁殖，但不应留做种用。

2）睾丸和附睾发育不全。公畜生殖道发育不全或某一部分缺乏，均是不育的因素。如牛会发生右侧附睾缺陷，也会发生精囊显著不对称的现象。

3）阴茎和包皮缺陷。除阴茎发育不良短小外，公牛阴茎呈先天性弯曲或螺旋状，从而在交配时限制或妨碍插入阴道。有的公牛或公羊阴茎不能充分伸出，如包皮开口不全、缺乏S状弯曲等所致，也可能是由于感染或机械损伤后天造成。公猪偶尔有一种遗传性缺陷，表现为阴茎只能短距离伸出包皮之外，而且是下垂的。

4）性行为障碍。当公畜受到惊吓，或者在交配时受到不良刺激，以及人工采精时的操作异常等，均会使公畜出现性行为障碍。

5）性亏损。公母畜不分圈或不分群，让其自由交配或辅助交配次数过多，常会使公畜的性反射衰退，表现为交配不射精、阴茎不能勃起或拒绝交配。

公畜性机能受营养、运动环境的影响，同时与家畜种类和个体有关。公马和公猪性亏损较多，其原因是它们的射精量较大。猪的精液量少时，即使不致造成不育，也会影响胎儿数目。因此人工授精时，对不同的种公畜应有不同的采精频率。

（2）营养性不育。饲养水平能影响公畜的发育及初情期的来临。如青年公牛营养不良时间过长，可发生无法恢复的损害，这种损害反映在睾丸大小、精子的产量上。1岁以内的公猪饲养不足，使身体的大小、睾丸的重量和精子发生的机能都受到抑制。种公畜瘦弱或过度肥胖也会造成性机能下降，甚至导致不育。

（3）疾病性不育。某些全身性疾病会导致种公畜性反射衰退，表现为交配不射精、阴茎不能勃起或拒绝交配，有时性欲缺乏或无性欲。

1）阴囊皮肤病。阴囊是睾丸的温度调节器官，对精子的生成起重要作用。睾丸温度升高会破坏生殖上皮，产生畸形精子或死精子。阴囊皮肤疾病可见于外伤、炎性肿胀、皮炎等。

2）阴囊积水。多发生于年龄较大的公马或公驴。从外观上看，阴囊肿大、紧张、发亮，但无炎性症状，触诊时可以明显地感到有液体波动。时间久往往伴有睾丸萎缩、精液品质下降。因治愈希望不大，因此患这类疾病的公畜不宜继续留做种用。

3）睾丸炎及附睾炎。本病多来自外伤，特别是挫伤，亦可通过内源性转移而来。临床上可见到阴囊红肿、增大，运步谨慎小心，局部温度升高，触诊时公畜有疼痛反应。有的患病公畜精索也发炎、变粗。由于睾丸及附睾发炎，精子的生成遭到破坏，配种可使炎症加剧，因此在未治愈前公畜应禁止配种。治疗时，局部可涂消炎软膏，全身可用抗生素，化脓性可按外科方法处理。

4）精囊腺炎。多为尿道炎继发症状，常见于公马和公牛，急性的可出现全身症状，如走动时小心，排粪时有疼痛反应，并频做排尿姿势。直肠检查时，可发现精囊腺显著增大，有波动感。慢性炎症表现为精囊腺壁变厚。精囊腺发炎，在射精时其炎性分泌物混入精液内，精液颜色呈浑浊黄色，或伴有臭味，经过显微镜检查可见精子全部死亡。患精囊腺炎的公畜不能继续采精，应充分休息，治愈后再采精。可考虑用磺胺类药物对症治疗。

5）包皮炎。包皮炎常见于公畜。马的包皮炎症常常是由于包皮垢较多引起的，猪是由包皮憩室的分泌物积存引起的，牛羊多由于包皮腔中的分泌物腐败分解造成。其临床表现为包皮及阴茎的游离部水肿、疼痛，发生溃疡甚至坏死。包皮炎虽对精液本身无影响，但会影响公畜交配行为和采精。当公畜发生症状时，可对患部进行对症处理。为防止症状出现，要定期定时用消毒液对包皮内外进行冲洗。

（4）精液品质不良。精液品质对于公畜的生育力具有明显的相关性，但至今尚无绝对可靠的方法能判断精子的受精力，如在精液中有些传染性因子可使公畜失去生育力，却不引起任何可见症状。

对先天性的繁殖障碍，一般无特效治疗方法。患遗传性繁殖障碍的母畜应从畜群中淘汰。因后天原因引起的各个器官、组织、内分泌等的机能障碍，可根据患病的程度、性质和原因有针对性地进行治疗，对没有治疗价值的公畜或母畜应及时淘汰。

3. 家畜繁殖疾病的检查程序及内容

（1）登记。登记的内容有种用家畜的名字、号目、毛色、品种、出生日期、体重等项目。

（2）病史调查。此项调查应着重了解和记录饲养管理条件和有无其他疾病、已经出现障碍的性质和持续时间、交配或采精时的性行为表现等。

（3）一般检查。一般检查主要包括检查种畜的外貌及其对周围环境的反应、体质、肥瘦、第二性征、气质，还有体温、脉搏、呼吸、眼睛、可视黏膜、四肢、步态、感觉器官、神经系统等。

（4）生殖器官检查。主要是对公畜的生殖器官和精液品质的实验室检查、母畜内外生殖器官的直肠检查。

（5）传染性疾病诊断。需根据流行病学原理对种畜临床症状作初步诊断，最后确诊则需通过血清学或细菌培养对传染病性质进行鉴定。

二、母畜的诱导发情技术

1. 准备

（1）诱导发情的处理对象。处于哺乳期、乏情季节、病理性乏情（持久黄体、黄体囊肿、卵巢静止等）的母畜。

（2）常用药物。孕酮及其类似物、前列腺素及其类似物、促性腺激素类（孕马血清促性腺激素、促卵泡素、绒毛膜促性腺激素、促黄体素）、促性腺释放激素类（促排 2

号、促排 3 号）、雌激素类（雌二醇、三合激素）。

（3）常用孕酮类及其配套物品。海绵栓、硅胶栓、自制棉栓、孕酮类埋植剂，以及注射器、激素埋植枪、输精枪、0.1%高锰酸钾溶液、酒精棉球、生理盐水等。

2. 各种家畜的诱导发情技术

（1）牛

1）孕激素埋植法。用含 18-甲基炔诺酮 15～25 mg/头的药管埋植于母牛耳背皮下，1～2 周后取管，同时肌注孕马血清促性腺激素（PMSG）800～1 000 国际单位，即可诱发母牛发情。

2）孕激素阴道栓塞法。栓塞物可用泡沫塑料块或硅橡胶环做成。硅橡胶环为一螺旋状钢片，表面敷以硅橡胶，它们包含一定量的孕酮或孕激素制剂。将栓塞物放在子宫颈外口处，其中激素缓慢渗出被组织吸收。目前有国外产品 CIDR 和 PRID，可在外阴消毒后用埋植枪埋入阴道内。处理结束将其取出即可，或同时注射孕马血清促性腺激素或者前列腺素。

3）其他方法。促性腺激素释放激素类似物 LRH-A_3，25～50 μg 肌肉注射，连用 1～3 次（每天一次），对奶牛效果较好。如果母牛长期不发情的原因是持久黄体，则注射前列腺素或其类似物氯前列烯醇。用法有两种，一种是子宫灌注氯前列醇钠注射液 0.2 mg/头；另一种是肌肉注射，0.4～0.6 mg/头。

总的来说，不管哪种方法，激素处理有效期有短期（9～12 天）和长期（16～18 天）两种。处理结束，在 3 天内可诱发发情。

（2）猪。对哺乳母猪通过提早断奶即可达到诱发发情目的，也可采取在产后 6 周注射孕马血清促性腺激素 750～1 000 国际单位。对一般乏情母猪，可在注射孕马血清促性腺激素后 3～4 天，再注射绒毛膜促性腺激素 500～1 000 国际单位。

断奶后乏情的母猪，也可用公猪进行异性刺激或者用公猪尿液给乏情母猪嗅闻若干次，均能引起多数母猪发情，此法称为“公猪效应”。

（3）羊。用孕激素制剂（阴道栓、埋植或肌注孕酮每天 10～12 mg）处理 14 天，在停药的当天肌注孕马血清促性腺激素 500～1 000 国际单位，一般经 30 h 左右即开始发情。

阴道海绵栓：方法是浸泡适量的药物，如甲地孕酮（MAP 50～70 mg）、孕酮（500～1 000 mg）、18-甲基炔诺酮（10～15 mg），均具有促进母羊发情排卵的效果。

用羊的初乳 16～20 mL 注射给乏情母羊也可引起发情，这可能是由于初乳中含有某种生理活性物质的结果。

在母羊发情季节到来之前数周，将公羊放入母羊群中（公羊效应），将刺激母羊乏情期很快结束，即公羊效应。利用“公羊效应”，几乎可以使绵羊、山羊品种的季节性发情提早 6 周。

绵羊的诱发发情还可通过创造人工气候环境来实现。在温带条件下，绵羊的发情季节是在日照时间开始缩短的季节才开始的。春、夏季是母羊非发情季节，在此期间，利用人工控制光照和温度，仿效秋季的光照时间和温度，也可引起母羊发情。对于哺乳母羊，提前断奶并结合激素处理的诱发发情可以得到较好的效果，也可用“公羊效应”来诱发母羊发情。

(4) 马可用孕马血清促性腺激素加前列腺素（如氟前列烯醇）注射，配合使用40～42℃的生理盐水冲洗子宫效果会更好。

三、家畜繁殖疾病的防治

1. 母畜繁殖疾病的防治

(1) 卵巢机能障碍的治疗　对卵巢机能障碍，无论采取何种治疗方法，首先应从改善饲养管理入手，给予全价饲料，其中应含有足量的蛋白质、维生素、矿物质和微量元素。给配种的牛和马喂青草、苜蓿、胡萝卜或大麦芽等。高产奶牛可根据产奶量增加饲料。母畜特别是母猪过于肥胖时，应减少精料，增加多汁饲料。母马使役过重时应适当休息。有条件时，可延长放牧时间。

1) 生物学刺激法。它是利用公畜来刺激母畜的生殖机能，一般用健康而无种用价值的公畜作为试情公畜放入畜群中。公马可以做阴茎转位术，公牛可做输精管结扎术，公羊可配上试情布。

2) 物理学疗法。包括子宫热浴法和卵巢按摩法。

①子宫热浴法。对母马特别是产后母马，用42～45℃溶液（如生理盐水、无菌蒸馏水、1%～2%碳酸氢钠溶液等）冲洗子宫，一般每次可用3 000～5 000 mL。冲洗后可通过直肠按摩子宫把冲洗液尽量排尽，勿使其残留于子宫内。

②卵巢按摩法。对马、牛及150 kg以上的母猪，可隔着直肠按摩卵巢，进行机械性刺激，以激发卵巢的机能，每次3～5 min。有报道指出，按摩子宫颈也有一定效果。

子宫热浴和卵巢按摩，连日或隔日进行一次，3～5次为一个疗程，适用于卵巢发育不全、卵巢萎缩、不排卵发情、安静发情。子宫冲洗适用于伴有慢性子宫内膜炎的患畜。

3) 激素疗法。为了促使卵巢机能的恢复，促进卵泡的正常发育和排卵，根据不同情况可试用下列激素：

①促卵泡素。牛、马200～400国际单位，猪50～100国际单位，肌注，每天一次或隔天一次，连用2～3次。使用该激素最好与促黄体素合用，适用于不发情、卵巢发育不全、卵巢萎缩、卵巢硬化及安静发情等症状。

②促黄体素。用法用量同促卵泡素，多用于不排卵发情、排卵延迟等症状。

③绒毛膜促性腺激素。牛、马1 000～2 000国际单位，猪500～1 000国际单位。必要时，间隔1～2天重复注射一次。适用于不发情、卵巢发育不全、卵巢萎缩、卵巢硬化及安静发情等症状。

④牛、马1 000～2 000国际单位，猪、羊200～1 000国际单位，肌注或皮下注射，连日或隔日注射一次，连用2次，适用于卵巢发育不全、不发情、不排卵发情及安静发情等症状。牛反复使用时会出现过敏现象，在生产实际中应加以注意。

⑤黄体酮。牛、马50～100 mg，羊、猪15～25 mg，肌注，多用于卵泡囊肿，可以连续注射直至囊肿消失为止。目前也有长效黄体酮注射液可用。

⑥前列腺素及其类似物。目前，牛用主要是氯前列烯醇，马用主要是氟前列烯醇，

可肌肉注射、子宫灌注。其具有溶解黄体的作用，可用于持久黄体或黄体囊肿。地塞米松：牛 10～20 mg 肌注，对卵泡囊肿应用其他激素无效的病例，可试用此药。

4）手术疗法。对母牛的卵泡囊肿，药物疗法无效时，可隔着直肠将囊肿挤破。挤破有困难时，可握住卵巢将其拉至阴道穹窿或臀部处，另一只手持带有套管的 18# 穿刺针头伸进阴道，隔着阴道壁或臀部对准囊肿进行穿刺引流，然后将 LRH-A_3 与少量抗生素溶解后注入卵巢囊肿内，起到穿刺介入治疗效果，注意尽量避开血管。

5）其他疗法。采取隔离仔猪方法。如生产需要，在仔猪哺乳期内将仔猪与母猪隔离，可促进母猪发情和配种。一般隔离 3～5 天母猪便可出现发情症状。

卵巢机能障碍的治疗也可选用中草药疗法或电针疗法。

（2）内生殖道（输卵管、子宫、阴道）病变的防治

1）内生殖道因病菌感染而发生炎症，可用抗生素或磺胺类药物治疗。

2）输卵管发生炎症，可使用雌激素或促性腺激素促进炎性渗出物的排出，同时采用抗生素治疗消除炎症。

3）对于子宫内膜炎的防治，首先应从改善饲养管理着手，以提高母畜机体的抵抗力。治疗的目的主要是恢复子宫的张力，增加子宫的血液供给，促进子宫内聚集的渗出液外流和抑制或消除子宫内膜的炎症。

治疗采用冲洗子宫及注入药液的方法。冲洗子宫的次数、间隔时间和所用药物的种类、药液的冲洗容量，应根据家畜种类、品种及炎症程度来决定。一般每天或隔天一次，3～5 天为一疗程。以回流液透明、无异物为止，并尽量将冲洗液排尽。

临床上用的冲洗液有如下几种：

①无刺激性溶液。配方：1%盐水、1%～2%重碳酸氢钠溶液等。温度 30～38℃，适用于较轻病例。

②刺激性溶液。配方：5%～10%盐水、1%～2%鱼石脂。温度为 40～45℃，适用于各种子宫内膜炎的早期。

③消毒性溶液。配方：0.5%煤酚皂、0.1%雷凡诺尔、0.1%高锰酸钾、0. 02%苯扎溴铵。温度为 30～38℃，适用于各类子宫内膜炎。

④收敛性溶液。配方：1%明矾、1%～3%鞣酸等。温度为 20～30℃，适用于伴有子宫弛缓和黏膜出血。

⑤腐蚀性溶液。配方：1%硫酸铜、1%碘溶液。适用于顽固性子宫炎，一般只用 1～2 次，冲洗时间要短。

向子宫内注入药液，常用的为抗生素，例如青霉素、链霉素等。大家畜一次用量，青霉素为 40 万国际单位、链霉素 100 万国际单位，可溶于 20～40 mL 生理盐水内注入子宫。

亦可采用中药和电针疗法。当患病母畜伴有全身症状时，应采用全身疗法。患畜应该改善营养状态，加强运动。治疗方法可按摩子宫或用 5%～10%氯化钠溶液冲洗子宫，必要时应用子宫收缩剂，或采用益母草水煮灌服。

4）当发生阴道炎时，可配制相关的药液冲洗阴道。冲洗用药可参照子宫内膜炎治疗用药。冲洗后，在阴道壁涂以碘甘油、青霉素软膏、磺胺软膏。

2. 公畜繁殖障碍的防治

（1）先天性繁殖障碍。隐睾和生殖器官发育不全（阴茎和包皮的缺陷、输精管阻塞等），这类公畜必须坚决淘汰，不能做种用。

（2）后天繁殖障碍。因饲养管理或使用不当导致的繁殖障碍，应提前注意采取预防措施和根据实际情况进行相应的处理。

公畜在采精或交配时要防止受到不良刺激，人工采精时要求按规范技术进行操作，否则容易导致公畜出现性行为障碍。

公母畜达到性成熟时要分圈或分群，否则会引起交配次数过多，常使公畜的性反射衰退，表现为交配不射精、阴茎不能勃起或拒绝交配。

公畜性机能受营养、运动环境的影响，同时与家畜种类和个体有关，公马和公猪性亏损较多，其原因是它们的射精量较大。猪的精液量少时，即使不致造成不育，也会影响胎儿数目。因此，人工授精时，对不同的种公畜应有不同的采精频率。

（3）营养性繁殖障碍。饲养水平能影响公畜初情期的来临及性机能的显现。在配制公畜的饲料时，要按公畜各个时期的饲养标准进行，尤其要尽量做到饲料多样化和满足蛋白质、维生素、微量元素、矿物质等的需要。

（4）疾病性繁殖障碍。某些全身性疾病会导致种公畜性反射衰退，表现为交配不射精、阴茎不能勃起或拒绝交配，有时性欲缺乏或无性欲，如阴囊皮肤病、阴囊积水、睾丸炎及附睾炎、精囊腺炎、包皮炎等。一是要求在饲养管理及种用时要科学、合理，尽量减少这些疾病的发生率；二是要注意观察，发现问题及时处理，如使用抗生素类药物治疗，搞好卫生防疫等。

（5）精液品质。要求定期或不定期进行精液品质检查，包括对一般性状、活力、密度、畸形率等的检查。一旦发现异常，应及时进行分析检查，并采取相应的处理措施。

四、生殖激素的正确使用

1. 前列腺素（PG）的使用

（1）PG 对母牛的生理作用

1）对卵巢的作用。主要为 $PGF_{2\alpha}$ 的溶黄体作用，$PGF_{2\alpha}$ 还可直接作用于卵泡，促进排卵。

2）对输卵管的作用。对输卵管肌肉有松弛作用。

3）对子宫的作用。主要是促进子宫平滑肌收缩。

4）对受精的作用。前列腺素能促进精子在母牛生殖道内运行，可改变子宫和输卵管的张力，有利于精卵结合。

5）对分娩的作用。前列腺素可诱发子宫在分娩时的收缩运动，还能使妊娠后期母畜体内的雌激素升高，增强催产素的作用，有利于分娩的进行。

（2）$PGF_{2\alpha}$ 的投药方式

1）子宫角内注射。注入有黄体一侧的子宫角内，效果好、用量小。

2）子宫颈内注入。与人工输精方法相同，将 $PGF_{2\alpha}$ 注入子宫颈内，效果也较好。

3）肌肉注射。简便有效，但用药量大，一般为上述两法的 2～4 倍。

4）阴道注射。用法简单，但用药量大，用药后见效较慢。如果用于母牛促情，用药后出现发情的时间比子宫注射迟两天左右。

（3）$PGF_{2\alpha}$在母牛繁殖中的应用

1）控制母牛的发情周期。用$PGF_{2\alpha}$对排卵5天后的黄体进行处理，发情后配种受胎率可达65%～70%。另外，$PGF_{2\alpha}$可与孕激素结合使用，先用孕激素制的阴道栓或皮下埋植处理7天，并在处理的第六天使用$PGF_{2\alpha}$。此法处理时间短，发情受胎效果好。

2）用于母牛人工流产和引产。母牛妊娠早期用$PGF_{2\alpha}$处理流产率很高。在妊娠263～276天时，用$PGF_{2\alpha}$引产，可使母牛在3天内分娩，但易造成产后胎衣滞留。

3）治疗繁殖疾病

①治疗持久黄体。在间情期给患此病的母牛注射$PGF_{2\alpha}$，可使黄体溶解，一般在用药后第三天发情，4～5天排卵。如氯前列醇钠注射液肌肉注射0.4～0.6 mg/头，注射一次即可。

②治疗黄体囊肿。确诊为黄体囊肿的母牛可直接用$PGF_{2\alpha}$处理，5～7天后对侧卵巢排卵。

4）治疗子宫疾病

①促进母牛产后子宫恢复。母牛产后5～30天，用$PGF_{2\alpha}$处理，2～7天内可排出恶露，在5～26天内子宫可恢复正常体积。

②清除子宫内膜炎愈后残留黄体。肌注$PGF_{2\alpha}$ 3～4天后，母牛可开始发情。

③促进子宫积液排出。对子宫积液的母牛肌注$PGF_{2\alpha}$，用药后第三天可排出积液，4～5天发情配种。

④清除子宫积脓。用$PGF_{2\alpha}$处理，24 h后90%母牛的黄体溶解，并开始排脓，3～4天后有发情表现。重症牛第一次治疗无效时，可在10～14天后进行第二次治疗，用$PGF_{2\alpha}$处理后，出现第二次发情时配种。

⑤胎儿干尸化。注射$PGF_{2\alpha}$，24 h后黄体溶解，90～120 h可使干尸化胎儿排到阴道。

2. 催产素（OT）的使用

（1）催产素对子宫的收缩作用以临产及刚分娩时更为有效，无分娩预兆时用催产素无效。

（2）催产素主要作用于子宫体，对子宫颈的作用微弱。所以，子宫颈未张开或助产过迟子宫不再收缩、子宫颈已经缩小时，用催产素效果不理想。

（3）骨盆过狭、产道受阻、胎位不正等原因引起的难产及有剖腹产史的母牛禁用，否则子宫剧烈收缩时可能发生破裂。所以在使用催产素前须先检查产道、胎位情况以及是否有剖腹产史。

（4）使用催产素治疗难产时注射适量的苯甲酸二醇，可提高子宫对催产素的敏感性。

（5）在临床常可见到使用催产素后，胎儿胎盘过早脱离母体胎盘导致胎儿缺氧死亡，所以催产素使用要适量。一般每次用50～100单位，根据子宫收缩及胎儿排出情况，可以考虑间隔2～3 h再使用一次，同时结合人工助产。

（6）临床上经常出现使用催产素后，由于母牛用力过度导致身体极度疲劳、虚弱无力，影响产犊。所以使用催产素时要加强对母牛的护理，补充足够的能量和体液。最好将催产素稀释到5%葡萄糖盐水中静脉注射。

3. 雌激素（E）在生产中的应用

（1）诱导发情和同期发情

1）方法一

第1～2天，注射5 mg E_2、100 mg P_4，其后连续用药6～11天。

每天注射100 mg P_4，在6～11天的任意一天注射2支PG，停药后发情。

新西兰阴道埋植孕酮装置（CIDR）就是应用这一原理。

2）方法二

用18-甲基炔诺酮30 mg，加少量消炎粉，装入带小孔的塑料细管内，埋植于耳背皮下。同时肌注18-甲基炔诺酮5 mg和E_2（雌二醇）4 mg，9天后取出塑料细管，过72 h、96 h两次定时输精。单用E诱导乏情母牛发情，症状明显，但大多数不排卵。

（2）促发情及促受胎。主要适合安静发情，多因FSH、E、P不足引起。这里关键是判定和预测安静发情的时间。一般在预计第二次发情到来前1～2天或本次发情母牛流2～3天稀薄黏液（非疾病所致），发情表现微弱，无法准确判定其发展时给药。如肌注三合激素1～1.5 mL（此外，可肌注FSH 100 IU或PMSG 1 600 IU，效果可能更好）。出现发情可输精，并肌注促黄体素释放激素，如促排3号（LRH-A_3）25 μg 1支。

（3）治疗子宫内膜炎，排出子宫内容物（积水、积脓）。此类疾病的治疗，主要起到促子宫颈口开张，促进子宫肌收缩，排出炎性产物。对增强生殖道防御微生物的能力，其往往是辅助治疗，首选治疗方案是子宫冲洗和宫注抗生素。但是有时宫口不开，就必须将E与OT、PG协同使用，加强子宫收缩能力，加快炎性物的排出，效果更好。一般PG（如氯前列烯醇0.1～0.2 mg）或OT（20 IU）采用宫注加抗生素。

第二节 发情鉴定

培训目标

→ 能应用直肠检查法判断牛、马的发情状况。

一、直肠检查法

1. 准备

（1）检查人员的准备。剪短、磨光指甲，手、臂部洗净消毒。

（2）排出宿粪。术者五指并拢成锥状，慢慢插入母畜肛门，然后手指张开，将宿粪推向肛门方向，再将手臂上抬，即可将大部分宿粪排出或者直接掏出。

（3）被检母畜的清洗消毒。清洗和消毒阴门、肛门及周围部位，母畜保定待检。

2. 检查方法

（1）牛。手伸入直肠后，手掌平伸、手心向下，在骨盆底部下压可摸到一个管状结构，即牛的子宫颈管。沿子宫颈向前触摸可摸到角间沟、子宫角大弯，沿大弯稍向下或两侧，即可摸到小鸡蛋样的一个实质物即卵巢。在实际工作中，可根据卵泡变软、波动明显，确定人工输精的适宜时期。

（2）马。手伸入直肠后，可先摸到子宫颈，然后摸到子宫体、子宫角。手伸到髋结节内侧下方1～2掌处周围时下压，可摸到一个蛋样结构即卵巢。

二、卵泡发育时期的判断

1. 母牛卵泡发育时期的判断

母牛卵泡发育可分为以下4个时期：

（1）第一期：卵泡出现期。表现为卵巢体积稍微增大，卵泡的直径为0.5～0.75 cm，触之能感觉到卵巢上有一个软化点。这一期持续约10 h，母牛开始出现发情的外表征候。

（2）第二期：卵泡发育期。卵泡直径1～1.5 cm，触摸时感觉卵泡光滑而有弹性，内部略有波动的感觉。这一期持续10～12 h。

（3）第三期：卵泡成熟期。卵泡体积不再增大，卵泡液增多，但卵泡壁变薄，紧张性增强，有一触即破的感觉。这一期持续6～8 h，此期母牛的发情征候明显。

（4）第四期：排卵期。母牛性兴奋消失后10～15 h卵泡开始破裂，泡液流失，泡壁变为松软，呈一凹陷。排卵后6～8 h黄体形成，触感柔软，凹陷不明显，凹陷直径为0.5～0.8 cm。这时母牛进入休情期。

2. 母马卵泡发育时期的判断

马的卵泡发育可分为以下6个时期：

（1）第一期：卵泡出现期。卵巢一端或某一部分稍微增大，触摸坚硬，光滑无弹性。本期约维持1～3天。

（2）第二期：卵泡发育期。卵泡体积逐渐增大，凸出卵巢表面，表面光滑，弹性较大，直径3～5 cm。本期维持1～3天。

（3）第三期：卵泡成熟期。卵泡体积增至最大，占卵巢2/3左右，卵泡壁变薄，卵泡液增多，波动强，通过直肠检查触摸卵泡有“波、大、流”的感觉。本期约维持1～2天。母马处于发情盛期，是配种的最佳时期。

（4）第四期：排卵期。卵泡成熟破裂，卵子排出，触摸有凹陷，卵泡壁变得松软。从卵泡液逐渐排出至排空需1～3 h。

（5）第五期：空腔期。卵泡液流尽，卵泡腔凹陷，卵巢体积明显变小，形状不规则，母马发情表现消失。

（6）第六期：黄体形成期。在排卵后6～8形成黄体，直肠检查触摸有肉样感觉。

三、检查操作

1. 检查前的准备工作

(1) 将受检母畜保定在栏内，防止检查人员被踢伤。

(2) 清洗被检母畜的后躯及肛门周围。

(3) 剪短指甲并锉圆，清洗裸露手臂，戴上一次性塑料长手套。

2. 检查的操作要点

(1) 将被保定的母畜尾巴拉向一侧。

(2) 术者站立于被检母畜的正后方，给母畜的肛门周围涂上润滑剂，例如石蜡油。

(3) 术者将手指并拢成楔状，手心向上，以缓慢旋转动作伸入肛门。对于体形较小的母畜，掌心应朝向一侧面，以便于进入肛门，因为尾椎上下活动的范围较大，而左右横径由于坐骨粗隆的限制不便扩张。

(4) 手臂伸入肛门后，直肠内如有宿粪，可用手指扩张肛门，使空气由手指缝进入直肠内，促使宿粪排出（空气排粪法），否则要用手指掏出。掏粪便时，手掌展平，少量而多次地取出，切勿抓粪一把向外硬拉。最好设法促使母畜自动排粪。其方法是将手掌在直肠内向前轻推，以阻止粪便排出，待粪便蓄积较多时，逐渐撤出手臂，即可促使排尽宿粪。

(5) 掏粪完毕，应再次给手臂涂上润滑剂伸入直肠，除拇指外，将四指并拢探入结肠内，即可触摸欲检查的器官。

3. 检查的注意事项

(1) 家畜努责时，术者应停止动作，待努责停止后再继续进行掏宿粪或检查。

(2) 动作应轻缓，不过度刺激母畜，以免引起母畜拒绝检查。

(3) 清除马的宿粪时，要注意马粪球与卵巢的区别，切记不要将其捏碎，防止其中的草渣损伤直肠。

(4) 检查时，应主要用手指感触卵巢及卵泡，不能用手指“掐捏”或“抠抓”。

单元测试题

一、名词解释

1. 诱导发情　　2. 公羊效应　　3. 早期胚胎死亡

二、填空题（请将正确答案填在横线空白处）

1. 诱导发情的处理对象是处于哺乳期、________、病理性乏情（持久黄体、黄体囊肿、卵巢静止等）的母畜。

2. 溶解黄体的最常用激素是________。

3. 卵巢囊肿包括________和黄体囊肿两种。

4. ________在母畜生殖器官疾病中所占比例最大，也是母畜不孕的常见病因。

三、简答题

1. 家畜常用的激素类药物有哪些？

2. 牛常见的卵巢疾病有哪些?

3. 简述前列腺素 $PGF_{2\alpha}$在母牛繁殖中的应用。

单元测试题答案

一、名词解释

1. 采用外源生殖激素等方法诱导单个母畜发情并排卵的方法，称为诱导发情。

2. 在季节性乏情期结束之前，在母羊群中放入公羊，会很快出现集中发情，这种现象称为公羊效应。

3. 专指妊娠1个月之内发生的胚胎死亡，其在流产中占相当大的比例，是隐性流产的主要原因。

二、填空题

1. 乏情季节　2. 前列腺素　3. 卵泡囊肿　4. 子宫内膜炎

三、简答题

1. 常用药物

孕酮及其类似物、前列腺素及其类似物、促性腺激素类（孕马血清促性腺激素、促卵泡素、绒毛膜促性腺激素、促黄体素）、促性腺释放激素类（促排2号、促排3号）、雌激素类（雌二醇、三合激素）。

2. 牛常见的卵巢疾病

卵巢静止、卵巢囊肿（分为卵泡囊肿和黄体囊肿）、持久黄体、排卵延迟和不排卵。

3. 应用

（1）控制母牛的发情周期。用 $PGF_{2\alpha}$对排卵5天后的黄体进行处理，发情后配种受胎率可达65%～70%。另外，$PGF_{2\alpha}$可与孕激素结合使用，先用孕激素制的阴道栓或皮下埋植处理7天，并在处理的第六天使用 $PGF_{2\alpha}$。此法处理时间短，发情受胎效果好。

（2）用于母牛人工流产和引产。母牛妊娠早期用 $PGF_{2\alpha}$处理流产率很高。在妊娠263～276天时，用 $PGF_{2\alpha}$引产，可使母牛在3天内分娩，但易造成产后胎衣滞留。

（3）治疗繁殖疾病。

1）治疗持久黄体。在间情期给患此病的母牛注射 $PGF_{2\alpha}$，可使黄体明显减少，一般在用药后第3天发情，4～5天排卵。如用氯前列烯醇（ICI-80996）500 μg，注射一次即可。

2）治疗黄体囊肿。确诊为黄体囊肿的母牛可直接用 $PGF_{2\alpha}$处理，如用氯前列醇钠注射液肌肉注射0.4～0.6 mg 5～7天后对侧卵巢排卵。

（4）治疗子宫疾病

1）促进母牛产后子宫恢复。母牛产后5～30天，用 $PGF_{2\alpha}$处理，2～7天内可排出恶露，在5～26天内子宫可恢复正常体积。

2）清除子宫内膜炎愈后残留黄体。肌注 $PGF_{2\alpha}$ 3～4天后，母牛可开始发情。

3）促进子宫积液排出。对子宫积液的母牛肌注 $PGF_{2\alpha}$，用药后第三天可排出积液，4～5天发情配种。

4）清除子宫积脓。用 $PGF_{2\alpha}$处理，24 h 后 90％母牛的黄体溶解，并开始排脓，3～4 天后有发情表现。重症牛第一次治疗无效时，可在 10～14 天后进行第二次治疗，用 $PGF_{2\alpha}$处理后，出现第二次发情时配种。

5）胎儿干尸化。注射 $PGF_{2\alpha}$，24 h 后黄体溶解，90～120 h 可使干尸化胎儿排到阴道。

第11单元

家畜人工授精

第一节 采精准备

培训目标

→ 掌握对种公畜的诱情方法。

一、种公畜的诱情方法

(1) 在假台畜的后躯涂抹发情母畜阴道分泌物或外激素，以引起公畜的性兴奋，并诱导其爬跨假台畜，多数公畜经多次调教即可成功。

(2) 在假台畜的旁边拴系一发情母畜，让待调教公畜爬跨发情母畜，然后拉下，反复几次，当公畜的性兴奋达到高峰时将其牵向假台畜，用此种方法调教公畜成功率较高。

(3) 可让待调教公畜目睹已调教好的公畜利用假台畜采精或在场内播放有关录像，进而诱导公畜爬跨假台畜。

二、种公畜诱情时的注意事项

(1) 调教过程中，要反复进行训练、耐心诱导，切勿施用强迫、恐吓、抽打等不良刺激，以防止公畜产生性抑制而给调教造成困难。

(2) 调教时应注意公畜外生殖器的清洁卫生。

(3) 最好选择在早上调教，早上家畜精力充沛，性欲盛。

(4) 调教时间、地点要固定，每次调教时间不宜过长。

(5) 注意改善和加强饲养管理，以保持公畜健壮的种用体况。

第二节 采精及精液品质鉴定

培训目标

→ 掌握显微镜使用的一般方法。
→ 学会用显微镜检查法评定精子活力。

一、显微镜低倍镜和高倍镜的使用方法

(1) 首先用镜头纸擦拭镜头，然后用低倍镜调整好光线。

（2）将制备好的精液抹片放置在显微镜的载物台上。

（3）在低倍镜下先找到精子，然后用高倍镜观察精子。有恒温载物台的显微镜应先插上电源，待载物台温度达到 35℃时再进行观察。

二、油镜的使用

油浸物镜的工作距离（指物镜前透镜的表面到被检物体之间的距离）很短，一般在 0.2 mm 以内，再加上一些光学显微镜的油浸物镜没有“弹簧装置”，因此使用油浸物镜时要特别细心，避免由于调焦不慎而压碎标本片并使物镜受损。

使用油镜按下列步骤操作：

（1）先用粗调节旋钮将载物台下降（或将镜筒提升）约 2 cm，并将高倍镜转出。

（2）在玻片标本的镜检部位滴上一滴香柏油。

（3）从侧面注视，用粗调节旋钮将载物台缓缓地上升（或镜筒下降），使油浸物镜浸入香柏油中，使镜头几乎与标本接触。

（4）从接目镜内观察，放大视场及光圈，上调聚光器至顶位，使光线充分照明。

（5）用粗调节旋钮将载物台徐徐下降（或镜筒上升），当出现物像一闪后改用细调节旋钮调至最清晰为止。

如油镜已离开油面而仍未见到物像，必须再从侧面观察，重复上述操作。

（6）观察完毕，下降载物台，将油镜头转出。先用擦镜纸擦去镜头上的油，再用擦镜纸蘸少许乙醚乙醇混合液（乙醚 2 份、无水乙醇 3 份）或二甲苯，擦去镜头上残留油迹，最后再用擦镜纸擦拭 2～3 下即可（注意朝一个方向擦拭）。

（7）将显微镜各部分还原，转动物镜转换器，使低倍物镜与载物台通光孔相对，再将载物台下降至最低，降下聚光器，使反光镜与聚光器垂直，用一张干净软布将接目镜罩好，以免目镜沾染灰尘。最后用柔软纱布清洁载物台等部件，然后将显微镜放回柜内或镜箱中。

三、显微镜检查法评定精子活率

评定精子活率多采用“十级一分制”。如果精液中有 80％的精子做直线运动，精子活率计为 0.8；如有 50％的精子做直线运动，活率计为 0.5。以此类推。评定精子活率的准确度与经验有关，具有主观性，检查时要多看几个视野，取平均值。

四、显微镜的构造

普通光学显微镜的构造可分为两大部分，即机械装置和光学系统。只有这两部分很好地配合，才能充分发挥显微镜的作用。

1. 显微镜的机械装置

显微镜的机械装置包括镜座、镜筒、物镜转换器、载物台、推动器、粗调螺旋和微调螺旋等部件。

（1）镜座。镜座是显微镜的基本支架，由底座和镜臂两部分组成。在其上部连接有载物台和镜筒，是用于安装光学放大系统部件的基础。

（2）镜筒。镜筒上接目镜、下接转换器，形成接目镜与接物镜（装在转换器下）间的暗室。从镜筒的上缘到物镜转换器螺旋口之间的距离称为机械变化。因为物镜的放大率是对固定的镜筒长度而言的，所以镜筒长度变化，不仅放大倍率随之变化，而且成像质量也受到影响。因此，使用显微镜时，不能任意改变镜筒长度。国际上将显微镜的标准镜筒长度定为 160 mm，此数字标在物镜的外壳上。

（3）物镜转换器。物镜转换器上可安装 3～4 个物镜，一般是 3 个物镜（低倍、高倍、油镜）。转动转换器，可以按需要将其中的任何一个接物镜和镜筒接通，与镜筒上面的目镜构成一个放大系统。

（4）载物台。载物台中央有一孔，为光线通路。在台上装有弹簧标本夹和推动器。

（5）推动器。推动器是推动标本的机械装置，由一横一纵两个推动进齿轴和齿条构成。

（6）粗调螺旋。粗调螺旋用于粗放调节物镜和标本的距离。老式显微镜粗调螺旋向前扭，镜头下降接近标本。新近出产的显微镜（如 Nikon 显微镜）镜检时，右手向前扭动使载物台上升，让标本接近物镜；反之则下降，标本远离物镜。

（7）微调螺旋。用粗调螺旋只能粗放地调节焦距，难于观察到清晰的物像，因而在对标本进行观察时，需要用微调螺旋做进一步的调节。微调螺旋每转一圈，镜筒共移动 0.1 mm。

2. 显微镜的光学系统

显微镜的光学系统由反光镜、聚光镜、物镜、目镜等组成，光学系统使标本物像放大，形成倒立的放大物像。

（1）反光镜。早期的普通光学显微镜用自然光检视标本，在镜座上装有反光镜。反光镜是由一平面镜和另一凹面镜组成，可以将投射在它上面的光线反射到聚光器透镜的中央，照明标本。不用聚光器时，用凹面镜也能起汇聚光线的作用。用聚光器时，一般都用平面镜。新近出产的研究显微镜镜座上装有光源，并有电源调节螺旋，可通过调节电流大小来调节光照强度。

（2）聚光镜。聚光器在载物台下面，一般由聚光镜、光圈和升降螺旋组成，其作用是将光源经反光镜反射来的光线聚焦于样品上，以得到最强的照明，使物像获得明亮清晰的效果。聚光镜在光学系统中的位置可以通过其上的两个调节螺杆将光圈调小后进行集中调节。通过调节聚光镜，使光源的焦点落在被检物体上，就可以得到最大亮度。一般聚光器的焦点在其上方 1.25 mm 处，而其上升限度为载物台平面下方 0.1 mm。因此，要求使用的载玻片厚度应在 0.8～1.2 mm 之间，否则被检样品不在焦点上，影响镜检效果。聚光器前透镜组成前面还装有光圈，光圈的开大和缩小可以影响成像的分辨力和反差。若将光圈开放过大，超过物镜的数值孔径时，便产生光斑；若收缩光圈过小，虽反差增大，但分辨力下降。因此，在观察时一般应将光圈调节开启到视场周缘的外切处，使不在视场内的物体得不到任何光线的照明，以避免散光的干扰。

（3）物镜。安装在镜筒前端转换器上的物镜利用入射光线对被检物像进行第一次造像，物镜成像的质量对分辨力有着决定性的影响。物镜的性能取决于物镜的数值孔径，每个物镜的数值孔径都标在物镜的外壳上，数值孔径越大，物镜的性能越好。

（4）目镜。目镜的作用是把物镜放大的实像进行第二次放大，并把物像映入观察者的眼中。目镜的结构较物镜简单。普通光学显微镜的目镜通常由两组透镜组成，上端的一组透镜又称为接目镜，下端的则称为场镜。上下透镜之间或在两组透镜的下方，物镜放大后的中间像就落在视场平面处，所以其上可安置目镜测微尺。

五、精子活力检查的基本原则

（1）采集的精液要迅速置于30℃左右的恒温水浴中或保温瓶中，以防温度突然下降，对精子造成低温打击。按照规定要求，注意保持工作室（20～30℃）和显微镜周围（37～38℃）适当的温度。如果同时进行多头公畜精液检查时，要对精液来源作标记，以防错乱。

（2）事先做好各项检查准备工作，在采得精液后立即进行品质检查。检查时要求动作迅速，尽可能缩短检查时间，以便及时对精液做稀释保存等处理，防止质量下降。

（3）在检查操作过程中不应使精液品质受到损害，如蘸取精液的玻璃棒等用具，既要消毒灭菌，又不能残留消毒药品及气味。

（4）取样要注意代表性，应从采得的全部并经轻轻晃动或搅拌均匀的精液中取样，力求评定结果客观准确。

（5）精液品质检查项目很多，通常采用逐次常规重点检查和定期全面检查相结合的办法。检查时不要仅限于精子本身，还要注意精液中有无杂质异物等情况。

（6）在评定精液质量等级时，应对各项检查结果进行全面综合分析，一般不能由一两项指标就得出结论。有些项目必要时要重复2～3次，取其平均值作为结果。对一头种公畜精液品质和种用价值的评价，更不能只根据少数几次检查结果，应以某个阶段多次评定记录作为综合分析结论的依据。

第三节 输精

培训目标 → 能确定母畜适宜的输精时间、输精次数和输精间隔时间。

一、母畜适宜的输精时间、输精次数和输精间隔确定方法

1. 牛的输精时间、输精次数和输精间隔确定方法

发现母牛发情后8～10 h可进行第一次输精，间隔8～12 h进行第二次输精。生产中，如果牛早上发情，当日下午或傍晚第一次输精，次日早晨第二次输精；下午或傍晚发情，次日早晨进行第一次输精，次日下午或傍晚再输一次。

初配母牛发情持续期稍长，输精过早则受胎率不高，通常在发情后20 h左右开始

输精。在第二次输精前，最好检查一下卵泡，如母牛已排卵则不再输精。母牛发情持续期短，要掌握好输精的适宜时间。

2. 猪的输精时间、输精次数和输精间隔确定方法

由于母猪的发情持续期为2～3天，生产中一般在发情第二天输精一次，第三天再输精一次。母猪发情外部表现特别明显，外阴长时间红肿，通过外部观察难以确定输精时间，一般在母猪发情后20～30 h内输精2次或发情盛期过后仍出现“压背反射”时输精。

3. 羊的输精时间、输精次数和输精间隔确定方法

母羊的输精时间应根据试情确定。每天一次试情，在母羊发情的当天及半天后各输精一次；每天两次试情，发现母羊发情后隔半天进行第一次输精，再隔半天进行第二次输精。

4. 马（驴）的输精时间、输精次数和输精间隔确定方法

母马（驴）发情后的3～4天开始输精，连日或隔日进行，输精不越过3次，或根据卵泡发育程度，在母马（驴）卵泡接近成熟期、成熟期或排卵期输精。

母马（驴）的卵泡发育可分为6个时期，一般按“三期酌配，四期必输，排后灵活追补”的原则安排输精时间。所谓“酌配”，即根据卵泡的发育结合母马（驴）的体况以及环境的变化等进行综合判定，排卵后如黄体还没有生成，输精仍有一定的受胎率。

二、母牛直肠把握子宫颈输精法

其他家畜请见后面的相关部分，这里只介绍母牛直肠把握子宫颈输精法。

1. 准备

（1）器械。牛输精器械（例如卡苏枪）、解冻杯、温度计、细管剪等。

（2）物品。0.1%苯扎溴铵溶液、75%酒精棉球、0.1%高锰酸钾溶液、生理盐水、一次性长臂塑料手套、一次性卫生纸、输精记录本、绳子。

（3）操作人员。清洗消毒，指甲剪短磨光。

（4）发情母牛及准备好的精液。

2. 方法和步骤

（1）母牛保定。固定在保定架内，如母牛性情温顺，可采取拴系或者由畜主牵系。

（2）外阴部的清洗、消毒。母牛在输精前，外阴部须经清洗，再使用0.1%苯扎溴铵溶液或70%酒精棉球擦拭消毒，待干燥后，用生理盐水棉球擦拭或以凉开水冲洗。

（3）输精。左手呈楔形插入母牛直肠，触摸子宫、卵巢、子宫颈的位置，把握住子宫颈，右手趁势将输精器先斜上方插入阴道5～15 cm，再水平插入到子宫颈口。两手配合，把输精器送到子宫颈的3～5个皱褶处或子宫体内，输精器通过子宫颈管内的硬皱襞时，会有明显的感觉。输精器一旦越过子宫颈皱襞，立刻感到畅通无阻，这时即抵达子宫体处。当确认输精器进入子宫体时，应向后抽退一点，慢慢注入精液，然后轻轻地抽出输精器。

3. 输精的注意事项

母畜输精后是否受胎，掌握合适的输精时间至关重要。输精时间是根据母牛的排卵时间、精子及卵子在母畜生殖道内保持受精能力的时间及精子获能等时间确定的。

第四节 精液的保存

培训目标 → 能使用液氮容器正确保存冷冻精液。

一、液氮容器的使用方法

1. 检查容器的方法

使用液氮容器之前，应细致检查有无破损和缺件，内部是否干燥、有无异物，然后装入液氮，观察 24 h（最少 6 h）的液氮消耗率，确定安全之后方可使用。

2. 管理容器的方法

液氮容器应放在干燥通风的室内，容器底部应垫木板或毛毡等物，以防潮湿。液氮容器是高度真空的冷藏器，使用时必须小心，避免震动。为防止外部冲击，容器的外部应装保护套，套内填充棉絮、羊毛等防震物品。运输途中，严防碰撞、翻倒。提筒出入、添补液氮均应防止碰罐颈和分度圈。开盖罐塞要轻揭慢盖，防止罐塞从接口处脱落。应定期（5～10 天）称重或用尺测试，以了解液氮消耗率，如消耗过快或罐壁挂白霜，均表明绝缘性能失常，应及时维修或更换。

3. 保养容器的方法

液氮罐每年应清洗 1～2 次，以免因积水、精液污染和杂菌繁殖使罐内壁发生腐蚀。

清洗方法：先用洗衣粉配成的洗涤液擦洗，然后用清水冲洗干净，防止洗涤液残留在罐内壁上，最后倒置控水，自然风干或热风吹干。但洗液和热风的温度不得超过 50℃，以防影响罐的性能，缩短使用年限。

二、冷冻精液的保存方法

（1）冻精液放在液氮贮精罐里，管理人员应熟知每个罐的空熏和液氮的多少（1 L 液氮熏 0.808 kg），要定时测量，做好消耗记录，及时添加液氮。

（2）尽量减少开罐的次数和时间，开罐后要注意快速将罐盖好，以防液氮消耗过快。

（3）贮精过程中，如发现液氮消耗显著或罐外壳挂霜，表明容器保冷性能失常，应立即更换。

（4）贮存的冷冻精液需要向另一液氮容器转移时，在罐外停留的时间不能超过 5 s。

（5）取放冷冻精液时，不要把盛精液的容器（提筒）提到罐口之外，只能提到罐颈基部。如经 10 s 还没有取完，应将提筒放回，经液氮浸泡后再继续提取。

（6）定期检查精液保存效果。

目前，普遍采用液氮作冷源、液氮罐作为容器贮存和分发冷冻精液。

三、液氮及其特性

液氮是空气中的氮气经分离、压缩形成的无色、无味、无毒的一种液体，温度为－196℃。在常温下，液氮沸腾，吸收空气中的水汽形成白色烟雾。液氮具有很强的挥发性，当温度升至18℃时，其体积可膨胀680倍。此外，液氮又是不活泼的液体，渗透性差，无杀菌能力。

基于液氮的上述特性，使用时要注意保持空气畅通，防止发生窒息，防止喷溅造成冻伤等。

四、液氮容器介绍

液氮容器包括液氮贮运容器和冷冻精液贮存容器。前者为贮存和运输液氮液用，后者为专门保存冷冻精液用。当前冷冻精液专门使用的液氮罐型号较多，其结构基本相同。

1. 罐壁

由内外两层构成，一般由坚固的合金制成。

2. 夹层

指内外壳之间的空隙。为了增加罐的保温性，夹层抽成真空，真空度为 1.33×10^{-4} Pa。在夹层中装有活性炭、硅胶及镀铝涤纶薄膜等，以吸收漏入夹层的空气，也增加了罐的绝热性。

3. 罐颈

由高热阻材料制成，是连接罐体和罐壁的部分，较为坚固。

4. 罐塞

由绝热性好的塑料制成，具有固定提筒手柄和防止液氮过度挥发的功能。

5. 提筒

提筒是存放冻精的装置。提筒的手柄由绝热性良好的塑料制成，既能防止温度向液氮传导，又能避免取冷冻精液时发生冻伤。提筒的底部有多个小孔，以便液氮渗入其中。

液氮罐在使用中要防止撞击、倾倒，注意定期刷洗保养。为保证储精效果，要定期检查液氮的消耗情况，当液氮减少2/3时，需及时补充。

单元测试题

一、填空题（请将正确答案填在横线空白处）

1. 输精时间是根据母牛的________、精子及卵子在母畜生殖道内保持受精能力的时间及________等时间确定的。

2. 发现母牛发情后8～10 h可进行第一次输精，间隔________ h进行第二次输精。

3. 母猪的发情持续期为________天。

4. 液氮是空气中的氮气经分离、压缩形成的一种液体，温度为________℃。

5. 液氮罐每年应清洗________次，以免因积水、精液污染和杂菌繁殖使罐内壁发生腐蚀。

二、简答题

1. 如何对种公畜进行诱情？

2. 简述显微镜低倍镜和高倍镜的使用方法。

3. 一般怎样评定精子活率？

4. 怎样确定母羊适宜的输精时间、输精次数和输精间隔？

单元测试题答案

一、填空题

1. 排卵时间、精子获能　2. 8～12　3. 2～3　4. －196　5. 1～2

二、简答题

1. 方法

(1) 在假台畜的后躯涂抹发情母畜阴道分泌物或外激素，以引起公畜的性兴奋，并诱导其爬跨假台畜，多数公畜经多次调教即可成功。

(2) 在假台畜的旁边拴系一发情母畜，让待调教公畜爬跨发情母畜，然后拉下，反复几次，当公畜的性兴奋达到高峰时将其牵向假台畜，用此种方法调教公畜成功率较高。

(3) 可让待调教公畜目睹已调教好的公畜利用假台畜采精或在场内播放有关录像，进而诱导公畜爬跨假台畜。

2. 使用方法

(1) 首先用镜头纸擦拭镜头，然后用低倍镜调整好光线。

(2) 将制备好的精液抹片放置在显微镜的载物台上。

(3) 在低倍镜下先找到精子，然后用高倍镜观察精子。有恒温载物台的显微镜应先插上电源，待载物台温度达到35℃时再进行观察。

3. 一般用显微镜检查法评定精子活率，评定精子活率多采用“十级一分制”。如果精液中有80％的精子做直线运动，精子活率计为0.8；如有50％的精子做直线运动，活率计为0.5。以此类推。评定精子活率的准确度与经验有关，具有主观性，检查时要多看几个视野，取平均值。

4. 母羊的输精时间应根据试情确定。每天一次试情，在母羊发情的当天及半天后各输精一次；每天两次试情，发现母羊发情后隔半天进行第一次输精，再隔半天进行第二次输精。

第12单元

妊娠与分娩

第一节 妊娠鉴定

培训目标

→ 了解妊娠母畜直肠检查注意事项。
→ 掌握妊娠母畜直肠检查法。

一、妊娠母畜直肠检查法

妊娠母畜直肠检查是检查者用手隔着直肠壁触摸卵巢、子宫、子宫动脉的变化及子宫内有无胎儿存在等来进行妊娠诊断，该方法适用于大家畜。此法诊断准确率高，在整个妊娠期内均可应用。但在触诊胎儿时，动作要轻缓，以免造成流产。

1. 准备

（1）家畜。怀孕1～3个月、4～5个月及6个月以上的母马（驴）和母牛。

（2）器械及用品。保定架、缠尾绷带、一次性塑料长臂手套、指甲剪、肥皂、温水、毛巾等。

（3）操作人员。清洗消毒，指甲剪短磨光。

2. 方法和步骤

（1）检查者站立于母畜后侧，以涂有润滑剂的手抚摸肛门，然后手指合拢成锥状，缓缓地以旋转动作插入肛门并逐渐伸入直肠。直肠内如有宿粪，应多次少量掏完。

（2）将手指合拢成锥状，伸入直肠狭窄部前结肠内，将手尽可能向前推进，使手臂能够自由地在各个方向触摸。

（3）寻找卵巢和子宫。

（4）触摸项目

1）马。子宫角的质地、形状、大小、位置，胚胎大小、位置，有无漂浮的胎儿及胎儿活动情况，子宫内液体的性状，子宫动脉的粗细及有无妊娠脉搏。

2）牛。子宫角的大小、形状、对称程度、质地、位置，在子宫体、子宫角内可否摸到胎盘及胎盘的大小，有无漂浮的胎儿及胎儿活动状况，子宫内液体的性状，子宫动脉的粗细及妊娠脉搏有无。

二、妊娠时间长短的判断

1. 妊娠母牛的直肠检查

母牛配种后一个情期（18～24天）仍未出现发情，可进行直检。如果卵巢上没有正在发育的卵泡，而在排卵侧有妊娠黄体存在，可初步诊断为妊娠。此时子宫角的变化不明显。

妊娠30天，两侧子宫角不对称，孕角比空角略粗大、松软，有波动感，收缩反应不敏感，空角较厚且有弹性。用手指从孕角基部向尖端轻轻滑动，偶尔可以感到胎泡从指间滑过。

妊娠 60 天，孕角比空角约粗 2 倍，有波动感，角间沟稍变平坦，但仍能分辨。

妊娠 90 天，孕角如婴儿头大小，波动明显，有时可以摸到胎儿，子宫已开始沉入腹腔；空角比平时增大 1 倍，角间沟已不清楚，孕角子宫动脉根部已有轻微的妊娠脉搏。

妊娠 120 天，子宫沉入腹底，只能触摸到子宫后部及子宫壁上的子叶，子叶直径为 2～5 cm。子宫颈下沉移至耻骨前缘下方，不易摸到胎儿，子宫动脉逐渐变粗如手指大小，并出现明显的妊娠脉搏。

此后直到分娩，子宫日渐膨大，沉入腹腔甚至抵达胸骨区，子叶逐渐长大，如鸡蛋大小。子宫动脉变粗如拇指，空角侧子宫动脉也变粗，并有妊娠脉搏。寻找子宫动脉时，手伸入直肠后，手心向上贴着椎体向前移动，在峡部的前方可以摸到腹主动脉的最后一个分支，即髂内动脉，在左右髂内动脉的根部各有一分支，沿游离的子宫阔韧带下行至子宫角的小弯处，此为子宫动脉。

2. 妊娠母马的直肠检查

妊娠 14～16 天，少数马的子宫角收缩呈圆柱状，子宫壁肥厚，内有实心感，略有弹性。同侧卵巢上有黄体存在，卵巢体积较平时增大。

妊娠 17～24 天，子宫角收缩明显变硬，轻捏子宫角尖端捏不扁，呈里硬外软，孕角基部有胎泡且明显向下凸出，如鸽蛋大小。子宫底部形成凹沟，子宫收缩反应不灵敏，卵巢上黄体稍增大，空角多出现弯曲。

妊娠 25～30 天，孕角变粗缩短，坚实，如猪尾巴状。胎泡如鸡蛋大，柔软有波动。空角稍细而弯曲。

妊娠 30～40 天，子宫位置开始下沉前移，胎泡如拳头大，直径 8 cm 左右，壁软，有明显波动感。

妊娠 40～50 天，胎泡大如充满尿液的膀胱，并逐渐伸至空角基部，变为椭圆形，横径达 10～12 cm，触之壁薄，波动明显。孕角和空角分叉处的凹沟变浅，卵巢位置稍下降。

妊娠 60～70 天，胎泡增长迅速，纵径大于横径，平均直径达 12～16 cm，两侧卵巢下降并彼此向体轴中线靠近。

妊娠 80～90 天，胎泡直径近 25 cm，如篮球大小，两侧子宫角几乎全被胎儿占据并下沉，摸不到全部子宫和胎儿，子宫颈增粗、前移，牵拉时有沉重感。

妊娠 90 天以后，胎泡完全沉入腹腔，只能摸到胎儿的局部。

妊娠 120 天以后，孕侧子宫动脉出现明显的妊娠脉搏。

妊娠 180 天左右，可以触感到胎动。

三、妊娠母畜直肠检查注意事项

1. 综合判断

对母畜出现的妊娠征候要全面考虑，不能只根据个别征候就轻易判断，尤其是做早期妊娠检查时，须把握典型征候。例如在做母牛妊娠检查时，不能只根据摸到一侧子宫角膨大、内有液体就判断为妊娠，应同时注意有无子叶和子宫动脉的妊娠脉搏，重点检查子叶。

2. 注意特殊变化

对特殊情况要充分考虑。例如怀双胎的母牛在妊娠 2 个月时两侧子宫角仍为对称，不能因其对称而判断为未孕。

3. 注意孕期发情

母牛在妊娠 20 天后偶尔也有假发情现象，但直肠检查时无卵泡发育，外阴部虽有肿胀表现但无黏液排出，对这种牛应慎重判断。

4. 正确区分妊娠子宫和异常子宫

要认真区分正常胎泡与子宫积水、积脓的差别。当母畜患子宫内膜炎时，卡他性渗出物或脓性分泌物不能排出而蓄积于子宫内，分别形成子宫积水和子宫积脓。积水或积脓使一侧子宫角及子宫体膨大、重量增加，使子宫有不同程度的下沉，卵巢位置也随之下降，但子宫并无妊娠症状，牛无子叶出现。积水可由一角流至另一角，积脓的水分被子宫壁吸收一部分，使脓汁变稠，隔着直肠触之有面团状感觉。无论积水还是积脓，在一定时期内子宫动脉始终不会出现妊娠脉搏。

5. 正确区分胎囊和膀胱

牛、马的膀胱充满尿液后，其大小与妊娠 70～90 天的胎囊相近。如果检查不细，则容易误诊。膀胱呈圆梨形，在骨盆前方正中、子宫的下方，其两侧无牵连物，伸向后方的膀胱颈逐渐变细，膨大的膀胱表面不光滑，有网状粗糙感觉。胎囊两侧均与子宫阔韧带相连，且偏于一侧，后方与子宫体、子宫颈相连，胎泡表面光滑。如果区分不清，可待家畜排尿后再做检查。

第二节　分娩

培训目标

→ 了解母畜产后期变化。
→ 掌握产后母畜的护理方法。

一、产后母畜的护理方法

母畜在分娩及产后期，整个机体特别是生殖器官发生着迅速而剧烈的变化，抗病能力降低。产出胎儿时，子宫颈开张，产道黏膜表层受到损伤，产后子宫内积存大量恶露，均为病原微生物的入侵和繁殖提供了条件。因此，要做好产后期母畜的护理工作，促进母畜机体尽快恢复正常。

母畜分娩后应尽早驱赶使其站起，以减少出血。乳房和后躯部要及时洗净，并消毒外阴部，保持母畜外阴部清洁卫生。尾根及外阴部周围黏附恶露时，须用清水洗净，并用药液擦洗消毒，防止蚊蝇飞落。垫草要经常更换，保持厩床卫生，以防细菌感染。

母畜产后头几天消化功能较弱，应喂给质量好、容易消化的饲料，喂量不宜过大。牛需 10 天、绵羊 3 天、猪 8 天、马 5～6 天，逐渐达到正常喂量。为消除母畜产后疲劳，可饲喂温麸皮盐水或益母草粉、红糖水，过度疲劳的母畜可口服补液盐。

分娩后，某些因素可使母畜出现病理现象，如发生胎衣不下、阴道或子宫脱出、产后瘫痪、乳汁缺乏、急性乳房炎等。因此，必须随时注意观察并进行定期检查，一旦出现异常现象，应立即采取相应措施。

注意观察母畜恶露颜色、气味及排出的时间，防止发生子宫感染。如有异常，立即采取措施。

注意观察母畜产后发情表现及发情时间，适时配种，防止漏配。

二、难产的处理原则

（1）处理前要对临产母畜进行体温、心跳、呼吸等身体检查，掌握临产母畜的身体状况，做到心中有数。

（2）确保母子双全。

（3）如出现紧急情况，要保母不保子。

（4）母畜出现难产时，要遵守助产原则。

三、母畜的产后期

产后期是指胎衣排出至母畜生殖器官恢复正常的阶段。此阶段是子宫内膜再生、子宫复旧和重新开始发情的关键时期。

1. 子宫内膜再生

分娩后，子宫黏膜表层发生变性、脱落，由新生的黏膜代替曾作为母体胎盘的黏膜。在再生过程中，变性的母体胎盘、白细胞、部分血液及残留胎水、子宫腺分泌物等被排出，最初为红褐色，以后变为黄褐色，最后变为无色透明，这种液体称为恶露。正常情况下，牛的恶露排出时间为 10～12 天，绵羊为 5～6 天，山羊为 14 天左右，猪、马为 2～3 天。恶露排出持续时间过长，说明子宫内有病理变化。

产后 12～14 天，牛子宫肉阜表面上皮通过周围组织的增殖开始再生，一般在产后 30 天内全部完成。马一般在产后 13～25 天子宫内膜完成再生。猪子宫上皮的再生在产后第一周开始，第三周完成。

2. 子宫复旧

胎儿和胎盘排出后，子宫恢复到未孕时的大小称为子宫复旧。子宫复旧的时间，牛为 30～45 天，绵羊 24 天，猪 28 天，马 30 天左右。

3. 发情周期的恢复

牛的卵巢黄体在分娩后才逐渐被吸收，因此其产后第一次发情较晚，若产后哺乳或增加挤奶次数，发情周期的恢复时间更长。马的卵巢黄体在妊娠后期即开始萎缩，分娩时黄体消失。因此，分娩后很快就有卵泡发育，产后发情出现较早，一般产后十几天便出现第一次排卵。猪在分娩后黄体很快退化，产后3～5天便可出现发情，但此时正值哺乳期，卵泡发育受到抑制，即使出现发情征候也不排卵。

单元测试题

一、名词解释

1. 产后期　2. 恶露　3. 子宫复旧

二、填空题（请将正确答案填在横线空白处）

1. 子宫复旧的时间，牛为________天，绵羊________天，猪28天，马________天左右。

2. 妊娠母畜直肠检查是检查者用手隔着直肠壁触摸________、________和________的变化及子宫内有无胎儿存在等来进行妊娠诊断。

3. 正常情况下，牛的恶露排出时间为________天，绵羊为________天，山羊为14天左右，猪、马为2～3天。

三、简答题

1. 简述妊娠母畜的直肠检查方法和步骤。

2. 妊娠母畜直肠检查时有哪些注意事项？

单元测试题答案

一、名词解释

1. 产后期是指胎衣排出至母畜生殖器官恢复正常的阶段。

2. 在再生过程中，变性的母体胎盘、白细胞、部分血液及残留胎水、子宫腺分泌物等被排出，最初为红褐色，以后变为黄褐色，最后变为无色透明，这种液体称为恶露。

3. 胎儿和胎盘排出后，子宫恢复到未孕时的大小称为子宫复旧。

二、填空题

1. 30～45、24、30

2. 卵巢、子宫、子宫动脉

3. 10～12，5～6

三、简答题

1. 方法和步骤

（1）检查者站立于母畜后侧，以涂有润滑剂的手抚摸肛门，然后手指合拢成锥状，缓缓地以旋转动作插入肛门并逐渐伸入直肠。直肠内如有宿粪，应多次少量掏完。

（2）将手指合拢成锥状，伸入直肠狭窄部前结肠内，将手尽可能向前推进，使手臂能够自由地在各个方向探摸。

（3）寻找卵巢和子宫。

（4）触摸项目

1）马。子宫角的质地、形状、大小、位置，胚胎大小、位置，有无漂浮的胎儿及胎儿活动情况，子宫内液体的性状，子宫动脉的粗细及有无妊娠脉搏。

2）牛。子宫角的大小、形状、对称程度、质地、位置，在子宫体、子宫角内可否摸到胎盘及胎盘的大小，有无漂浮的胎儿及胎儿活动状况，子宫内液体的性状，子宫动脉的粗细及妊娠脉搏有无。

2. 注意事项

（1）综合判断。对母畜出现的妊娠征候要全面考虑，不能只根据个别征候就轻易判断，尤其是做早期妊娠检查时，须把握典型征候。例如在做母牛妊娠检查时，不能只根据摸到一侧子宫角膨大、内有液体就判断为妊娠，应同时注意有无子叶和子宫动脉的妊娠脉搏，重点检查子叶。

（2）注意特殊变化。对特殊情况要充分考虑。例如怀双胎的母牛在妊娠 2 个月时两侧子宫角仍为对称，不能因其对称而判断为未孕。

（3）注意孕期发情。母牛在妊娠 20 天后偶尔也有假发情现象，但直肠检查时无卵泡发育，外阴部虽有肿胀表现但无黏液排出，对这种牛应慎重判断。

（4）正确区分妊娠子宫和异常子宫。要认真区分正常胎泡与子宫积水、积脓的差别。当母畜患子宫内膜炎时，卡他性渗出物或脓性分泌物不能排出而蓄积于子宫内，分别形成子宫积水和子宫积脓。积水或积脓使一侧子宫角及子宫体膨大、重量增加，使子宫有不同程度的下沉，卵巢位置也随之下降，但子宫并无妊娠症状，牛无子叶出现。积水可由一角流至另一角，积脓的水分被子宫壁吸收一部分，使脓汁变稠，隔着直肠触之有面团状感觉。无论积水还是积脓，在一定时期内子宫动脉始终不会出现妊娠脉搏。

（5）正确区分妊娠子宫和膀胱。牛、马的膀胱充满尿液后，其大小与妊娠 70～90 天的子宫相近。如果检查不细，则容易误诊。膀胱呈圆梨形，在骨盆前方正中、子宫的下方，其两侧无牵连物，伸向后方的膀胱颈逐渐变细，膨大的膀胱表面不光滑，有网状粗糙感觉。子宫两侧均与子宫阔韧带相连，且偏于一侧，后方与子宫体、子宫颈相连，子宫表面光滑。如果区分不清，可待家畜排尿后再做检查。

高级家畜繁育员理论知识考核试卷

一、名词解释

1. 诱导发情　2. 恶露　3. 子宫复旧　4. 公羊效应

二、填空题（请将正确答案填在横线空白处）

1. 输精时间是根据母牛的________、精子及卵子在母畜生殖道内保持受精能力的时间及________等时间确定的。

2. 子宫变化有________、________和________三个时期，同时子宫肌层保持相对静止和稳定状态。

3. 正常情况下，牛的恶露排出时间为________天，绵羊为________天，山羊为 14 天左右，猪、马为 2～3 天。

4. 液氮是空气中的氮气经分离、压缩形成的一种液体，温度为________℃。

三、简答题

1. 简述显微镜低倍镜和高倍镜的使用方法。

2. 家畜常用的激素类药物有哪些？

3. 怎样确定母羊适宜的输精时间、输精次数和输精间隔？

高级家畜繁育员理论知识考核试卷答案

一、名词解释

1. 采用外源生殖激素等方法诱导单个母畜发情并排卵的方法，称为诱导发情。

2. 在再生过程中，变性的母体胎盘、白细胞、部分血液及残留胎水、子宫腺分泌物等被排出，最初为红褐色，以后变为黄褐色，最后变为无色透明，这种液体称为恶露。

3. 胎儿和胎盘排出后，子宫恢复到未孕时的大小称为子宫复旧。

4. 在季节性乏情期结束之前，在母羊群中放入公羊，会很快出现集中发情，这种现象称为公羊效应。

二、填空题

1. 排卵时间、精子获能　2. 增生、生长、扩展　3. 10～12、5～6　4. －196

三、简答题

1. 使用方法

(1) 首先用镜头纸擦拭镜头，然后用低倍镜调整好光线。

(2) 将制备好的精液抹片放置在显微镜的载物台上。

(3) 在低倍镜下先找到精子，然后用高倍镜观察精子。有恒温载物台的显微镜应先插上电源，待载物台温度达到 35℃时再进行观察。

2. 常用药物：孕酮及其类似物、前列腺素及其类似物、促性腺激素类（孕马血清促性腺激素、促卵泡素、绒毛膜促性腺激素、促黄体素）、促性腺释放激素类（促排 2 号、促排 3 号）、雌激素类（雌二醇、三合激素）。

3. 母羊输精时间应根据情况确定。每天一次试情，在母羊发情当天及半天后各输精一次；每天两次试情，发现母羊发情后隔半天进行第一次输精，再隔半天进行第二次输精。

附录

附录1　马人工授精技术操作程序

一、设施设备条件

1. 授精场地

授精最好在室内进行，如无授精室，可在室外进行，但应注意采用平坦、避风、安静、宽敞的地方作为授精场地。授精场地具备保定架、分群栏等设施。

2. 设备器械

（1）主要控温消毒设备。保温桶、高压灭菌锅、紫外线灭菌设备、酒精灯和洗涤用容器。

（2）精液检测设备。显微镜、载玻片、盖玻片、量筒、吸管。

（3）输精器械。马人工授精专用输精器或者 60～70 cm 左右、内径 2 cm 的长橡胶软管（前端较细）。

（4）其他器械。便携式 B 超仪、一次性长臂塑料手套、一次性 50 mL 塑料注射器、0.5 mL 吸管、一次性医用纱布、消毒盘、垃圾桶。

二、洗涤和消毒准备

1. 玻璃器皿

使用前用水浸泡和洗涤，有污物的宜用加洗涤剂的温热水或重铬酸钾洗液浸泡数小时后，用水洗净晾干备用。玻璃输精管放置在电热干燥箱 160℃保持 0.5 h，自然冷却后待用。

2. 金属器械

金属输精器类洗净后，置电热干燥箱（干热灭菌器）120℃保持 1 h，自然冷却待用。

3. 橡胶、塑料制品

玻璃输精器上的橡胶头用蒸汽或体积分数 75%酒精浸泡消毒，待酒精挥发尽后方能使用；塑料制品灭菌，可放置在距离紫外灯下 60 cm 处照射 0.5 h 以上。

三、输精操作

1. 输精前的准备

（1）母马的准备。经过发情鉴定，卵泡发育已经到 3～4 期，确定要输精的母马，在输精前进行适当的保定，可在输精架内或者用绳子做脚绊保定。用绷带布将靠近尾根部的马尾缠起或用长臂塑料手套扎好，并由助手将马尾拉向左前方，操作者用 1%～

2%来苏尔或0.1%新洁尔灭液对母马外阴部清洗消毒，用纱布擦干。

（2）器械及人员的准备。所有输精用器材应预先做好准备，保证清洁灭菌。输精人员的手臂彻底洗净后，再用1%～2%来苏尔或0.1%新洁尔灭液洗涤消毒，右臂戴上一次性长臂手套。

2. 母马发情及排卵期鉴定

（1）直肠检查法。通过直肠检查卵巢，触摸卵泡发育的程度，判断发情和排卵时间。

马的卵泡发育一般分为6个时期，即卵泡出现期、发育期、成熟期、排卵期、空腔期和黄体形成期。母马卵泡阶段发育的各期特征如下：

1）卵泡出现期。卵泡结实，无弹性与波动，无明显的界限，一般与卵巢表面不易区分。卵泡表面整齐光滑，直径1～2 cm，并与坚硬的老黄体及肉样弹性的卵巢基质有所区别。

2）发育期。优势新生卵泡体积迅速增大，充满卵泡液，表面光滑，卵泡内液体波动不明显，凸出于卵巢部分呈圆形，犹如半个球体扣在卵巢表面，其他发情征候日趋明显。卵泡直径一般为2～3 cm，个别可达4～5 cm。卵泡体积占整个卵巢体积的2/3～3/4。整个卵泡的直检感觉为：泡皮厚，弹性强，波动传导迟钝，卵泡深部有结实感。

3）成熟期。这是卵泡充分发育的最高阶段。此期卵泡体积基本不再增大，外部形态相对稳定，性状发展到极限，卵泡进入成熟阶段。根据临床特征，成熟卵泡有以下3种常见类型：

①厚弹型。这种成熟卵泡的基本特征是卵泡较“硬”，卵泡内膨胀力增大，卵泡壁弹性强，手指触及时感到抗力大。由于卵泡壁呈“绷紧”状态而有硬、实、韧感觉，波动不明显，排卵凹裸露明显，其他卵泡不明显。此类卵泡发育快、成熟时间短，当卵泡靠近排卵凹，卵泡壁感觉很薄时即可排卵。

②薄弹型。此类成熟卵泡波动和弹性明显，卵泡壁较薄且活泼，一指触及另指即感。此卵泡和次级卵泡明显，排卵凹膨满不明显。一般当排卵凹附近发软或凹满隆起，次级卵泡略有波动时即可排卵。

③软活型。卵泡壁松软、极薄而易变形，波动大，弹性很弱，整个卵泡呈软绵绵之感，次级卵泡不明显。此类卵泡多数由薄弹型发展演变而成。

成熟卵泡3种类型中，以薄弹型多见，厚弹型和软活型少见。三期卵泡的卵巢位置在腹腔内略有回升。进入此期，一般必配。

4）排卵期。卵泡完全成熟后，即进入排卵期。这时的卵泡形状不规则，有显著的流动性，卵泡壁变得薄而软，卵泡液逐渐流失，需2～3 h才能完全排空。

5）空腔期。卵泡液完全流失后，卵泡内腔变空，在卵泡原来的位置上向下按，可感到卵巢组织下陷，凹陷内有颗粒状凸起。用手捏时，可触到两层薄皮。该期约持续6～12 h。触摸时，母马有疼痛反应，当用手指按压时，母马表现出回顾、不安、弓腰或两后肢交替离地等情况。

6）黄体形成期。卵泡破裂排卵后，经6 h左右形成黄体，卵泡液排空后，卵泡壁微血管排出的血液重新充满卵泡腔形成出血体，使卵巢从“两层皮”状逐渐发育成扁圆形的肉状凸起。黄体初期其顶部柔软，形状和大小很像第二、第三期时的卵泡，后变为肉样，无波动，厚实，呈扁圆形“垫”状，触摸时一般没有明显的疼痛反应。

上述6个时期是人为划分的，而卵泡发育的过程是连续的，所以在进行发情鉴定时，上下两期并无明显的界限，只有熟练掌握才能做出准确的判断。通过卵泡直检技术识别成熟卵泡类型及其表面特性演变规律并结合外部发情症状，是提高情期受胎率两个不可分割的重要环节。

（2）阴道检查法。通过检查阴道黏液特征判断发情和排卵时间。阴道黏液的变化一般和卵泡发育有关。因此，根据母马阴道黏液的变化情况进行发情鉴定长期以来被广泛采用。关于卵泡发育各阶段的阴道黏液性状简述如下：

1）卵泡出现期。黏液一般较黏稠，呈灰白色，如稀薄糨糊状。

2）卵泡发育期。黏液一般由稠变稀，初为乳白色，后变为稀薄如水样透明，当捏合于两指间然后张开时，黏液拉不成丝。

3）卵泡成熟与排卵期。卵泡接近成熟时，黏液量显著增加，黏稠度增强。开始时两手之间仅能拉出较短的黏丝，以后随黏度增加，可以拉成1～2根较长的黏丝，随风飘动、经久不断，以手指捻之感到异常润滑并易干燥。黏液有时流出阴门，黏着在尾毛上结成硬痂，及至卵泡完全成熟进入排卵期，黏液减少而黏性增加，但拉不成长丝。

4）卵泡空腔期。黏液变得浓稠，在手指间可形成许多细丝，但很易断，断后黏丝缩回而形成小珠，似有很大的弹性。此时，黏液继续减少，变为灰白色而无光泽。

5）黄体形成期。黏液浓稠度更大，呈暗灰色，量更少，黏而无弹性，用手指拉不出丝来。

（3）B超探查激素诱导排卵法。绒毛膜促性腺激素（HCG）被证明对促进马卵泡成熟和排卵具有明显作用，但只有当马的卵泡发育到一定时期（32～35 mm）后，才对该激素比较敏感。发情季节使用B超仪测量卵泡大小，直径大于35 mm时，注射HCG 2 500 IU，经此处理后，母马的平均排卵时间为激素注射后36 h。

3. 输精方法

戴上一次性长臂塑料手套，手套上涂抹少量润滑剂，扒开母马外阴，将马人工授精专用输精器外套或者橡胶软管一端深入阴道，穿过子宫颈到达子宫体后，手从阴道里取出伸入直肠，用手触摸并引导输精器外套进入有大卵泡或新生黄体一侧的子宫角间沟分岔部的子宫体部，用一次性塑料注射器吸取精液稍稍用力输入母马子宫体内，然后吸取少量空气将输精枪内的精液全部推注干净，并检查精液是否倒流。

4. 输精量

给母马每次输精的有效精子数保证在5 000万～1亿个。

5. 输精时间、输精次数和间隔时间

（1）激素诱导排卵法输精时间及输精次数。激素诱导处理后36 h，直肠检查已排卵输精一次即可，如果尚未排卵，一次输精后间隔6～12 h再进行一次输精。

（2）直肠、阴道检查法输精时间及输精次数。一般母马卵泡发育至四期时输精较为合适。在早春和盛夏时期，卵泡发育缓慢，卵泡发育至三期的母马即应输精。配种过程中，一般早晚各检查一次卵泡发育状况，第一次输精后一般连续输精 2～3 次。

6. 记录内容

包括母马号、母马发情时间、发情观察鉴定、发情后期流血时间、输精时间、公马号及精液信息、输精操作人员。上述内容可以表格的方式记录。

附录 2　牛人工授精技术规程

1. 范围

本规程规定了牛冷冻精液人工授精的操作技术要求。

本规程适用于母牛人工授精技术应用。

2. 规范性引用文件

下列文件中的条款通过本规程的引用而成为本规程的条款。凡是注日期的引用文件，其随后所有的修改单（不包括勘误的内容）或修订版均不适用于本标准，然而，鼓励根据本标准达成协议的各方研究是否可以使用这些文件的最新版本。凡是不注日期的引用文件，其最新版本适用于本标准。

GB 4143　牛冷冻精液

GB/T 5458　液氮生物容器

3. 术语和定义

下列术语和定义适用于本规程。

3.1

冷冻精液 frozen semen

将原精液用稀释液等温稀释、平衡后快速冷冻，在液氮中保存。冷冻精液包括颗粒冷冻精液和细管冷冻精液。

3.2

冷冻精液解冻 thawing of frozen semen

冷冻精液使用前使冷冻精子重新恢复活力的处理方法。

3.3

人工授精 artificial insemination

用人工方法采取公牛精液，经检查处理后，输入发情母牛生殖道内，使其受胎的技术。

3.4

发情鉴定 estrus detection

通过外部观察或其他方式确定母牛发情程度的方法。

3.5

情期受胎率 conception rate of same insemination

同期受胎母牛数占同期输精情期数的百分比。

3.6

受胎率 conception rate

同期受胎母牛数占同期参加输精母牛数的百分比。

3.7

繁殖率 reproductive rate

同期分娩母牛数占同期应繁殖母牛数的百分比。

4. 牛基本条件

4.1　种公牛和精液品质

应符合 GB 4143 的要求。

4.2　母牛

健康、繁殖机能正常的未妊娠母牛。

5. 输精准备

5.1　器具清洗和消毒

凡是接触精液和母牛生殖道的输精用器具都应进行清洗和消毒（见附录 A)。

5.2　冷冻精液的贮存

冷冻精液应浸泡在液氮生物容器中贮存，液氮生物容器应符合 GB/T 5458 有关规定。包装好的冷冻精液由一个液氮容器转换到另一液氮容器时，在液氮容器外停留时间不得超过 5 s。

5.3　冷冻精液解冻

冷冻精液的解冻方法应符合 GB 4143 的要求。

5.4　精液质量检查

精液质量应符合 GB 4143 的要求。

5.5　牛体卫生

输精前，用手掏净母牛直肠宿粪后，再用温水清洗母牛外阴部并擦拭干净。

5.6　输精器准备

5.6.1　球式玻璃输精器使用

球式玻璃输精器主要用于颗粒冷冻精液的输精。输精前在输精器后端装上橡胶头，手捏橡胶头吸取精液。

5.6.2　金属输精器使用

金属输精器主要用于细管冷冻精液的输精。剪去细管精液封口，剪口应正，断面应齐。将剪去封口的细管精液迅速装入输精器管内，步骤为：剪去封口端的为前端，输精器推杆后退，细管装至管内，输精器管进入塑料外套管，管口顶紧外套管中固定圈，输精器管前推到头，外套管后部与输精器后部螺纹处拧紧，全部结合要紧密。

6. 母牛发情鉴定

6.1　外部观察

通过母牛的外部表现症状和生殖器官的变化判断母牛是否发情和发情程度（见附录 B)

6.2　直肠检查

通过直肠检查卵巢，触摸卵泡发育程度，判断发情程度及排卵时间（见附录 B)。

7．输精

7.1　输精时间确定

7.1.1　触摸卵泡法

在卵泡壁薄、满而软、有弹性和波动感明显接近成熟排卵时输精一次；6～10 h 卵泡仍未破裂，再输精一次。

7.1.2　外部观察法

母牛接受爬跨后 6～10 h 是适宜输精时间。如采用两次输精，第二次输精时间为母牛接受爬跨后 12～20 h。青年母牛的输精时间宜适当提前。

7.2　直肠把握输精法

输精人员一手五指并握，呈圆锥形从肛门伸进直肠，动作要轻柔，在直肠内触摸并把握住子宫颈，使子宫颈把握在手掌之中，另一手将输精器从阴道下口斜上方约 45°角向里轻轻插入，双手配合，输精器头对准子宫颈口，轻轻旋转插进，过子宫颈口螺旋状皱襞 1～2 cm 到达输精部位。一头母牛应使用一支输精器或者一支消毒塑料输精外套管。直肠把握输精使用器械及其操作分为：

a）用球式玻璃输精器的，注入精液前略后退约 0.5 cm，手捏橡胶头注入精液，输精管抽出前不得松开橡胶头，以免回吸精液。

b）用金属输精器的，注入精液前略后退约 0.5 cm，把输精器推杆缓缓向前推，通过细管中棉塞向前注入精液。

7.3　输精部位

应到子宫角间沟分岔部的子宫体部，不宜深达子宫角部位。

8. 妊娠检查

8.1　外部观察

妊娠母牛外部表现发情周期停止，食欲增进，毛色润泽，性情变温和，行为变安稳。怀孕中后期腹围增大，腹壁一侧突出，甚至可观察到胎动，乳房胀大。

8.2　直肠检查

输精后 2 个情期未发情（40 天左右），通过直肠触摸检查子宫，可查出两侧子宫角不对称，孕侧子宫角较另侧略大，且柔软。60 天后直肠触摸可查出妊娠子宫增大、胎儿和胎膜。直肠触摸同侧卵巢较另侧略大，并有妊娠黄体，黄体质柔软、丰满，顶端能触感突起物。

8.3　超声波诊断

用 B 超检查母牛的子宫及胎儿、胎动、胎心搏动等。

9. 记录

9.1　记录内容

包括母牛号、母牛发情时间、发情观察鉴定、发情后期流血时间、输精时间、公牛号及冷冻精液信息、输精操作人员。上述内容可以表格的方式记录。

9.2　情期受胎率

情期受胎率按式（1）计算。

$$F=\frac{F\cdot I}{I}\times 100 \qquad \text{式(1)}$$

式中：F——情期受胎率，%；

$F\cdot I$——同期受胎母牛数，头；

I——同期输精情期数，头·次。

9.3　受胎率

受胎率按式（2）计算。

$$C=\frac{C_1}{I}\times 100 \qquad \text{式(2)}$$

式中：C——受胎率，%；

C_1——同期受胎母牛数，头；

I——同期输精母牛数，头。

9.4　繁殖率

繁殖率按式（3）计算。

$$R=\frac{C}{I}\times 100 \qquad \text{式(3)}$$

式中：R——繁殖率，%；

C——同期产犊母牛数，头；

I——同期应繁殖母牛数，头。

附　录　A
（规范性附录）
输精器具的清洗和消毒

A.1　玻璃器皿

使用前用水浸泡和洗涤，有污物的宜用加洗涤剂的温热水或重铬酸钾浸泡数小时后，用水洗净晾干备用。玻璃输精管放置在电热干燥箱 160℃保持 0.5 h，自然冷却后待用。

A.2　金属器械

金属输精器类洗净后，置电热干燥箱 120℃保持 1 h，自然冷却待用。

A.3　橡胶、塑料制品

玻璃输精器上的橡胶头用蒸汽或体积分数 70%酒精浸泡消毒，待酒精挥发尽后方能使用；塑料制品灭菌，可放置在距离紫外灯下 60 cm 处放射 0.5 h 以上。

附　录　B
（资料性附录）
发情外部表现症状和生殖器官的变化

B.1　母牛发情外部表现症状和生殖器官的变化

母牛发情外部表现症状和生殖器官的变化见表 B.1。

表 B.1　　发情鉴定外部表现症状和生殖器官的变化

期别	发情初期（不接受爬跨期）	发情盛期（接受爬跨期）	发情末期（拒绝爬跨期）
外观表现	母牛兴奋不安，哞叫，流走，采食渐少，奶牛产奶量降低，追逐、爬跨它牛，而对它牛爬跨不予接受，一爬即跑	母牛游走减少，它牛爬跨时站立不动、后肢张开，频频举尾，接受爬跨	母牛转入平静，它牛爬跨时，臀部避开，但很少奔跑
生殖器官变化	阴户肿胀、松弛、充血、发亮，子宫颈口微张，有稀薄透明黏液流出，阴道壁潮红	子宫颈口红润开张，阴道壁充血，黏液显著增加，流出大量透明而黏稠的分泌物	黏液量减少，浑浊黏稠。子宫颈口紧闭，有少量浓稠黏液。阴唇消肿起皱，尾根紧贴阴门
卵泡变化	卵巢变软，光滑，有时略有增大	一侧卵巢增大，卵泡直径 0.5～1.0 cm	卵泡增大，波动明显，泡壁由厚变薄

附录3　荷斯坦奶牛繁殖技术规范

1　范围

本标准规定了荷斯坦奶牛繁殖过程中对公牛和母牛的技术要求和质量标准。

本标准适用于荷斯坦奶牛的繁殖。

2　规范性引用文本

下列文本中的条款通过本标准的引用而成为本标准的条款。凡是注日期的引用文件，其随后所有的修改单（不包括勘误的内容）或修订版均不适用于本标准，然而，鼓励根据本标准达成协议的各方研究是否可使用这些文件的最新版本。凡是不注日期的引用文本，最新版本适用于本标准。

NY/T 1335 牛人工授精技术规程

NY/T 1446 种公牛饲养管理技术规程

3　要求

3.1　种公牛

应符合 NY/T 1446 的要求。

3.2　母牛

3.2.1　繁殖指标

3.2.1.1　年受胎率≥85%。

3.2.1.2　年情期受胎率≥55%。

3.2.1.3　一次配种的情期受胎率≥65%，其中：青年牛≥75%，成母牛≥60%。

3.2.1.4　年空怀率≤15%。

3.2.1.5　胎间距≤400天。

3.2.1.6　初配月龄16～18个月。

3.2.1.7　出产月龄≤28个月。

3.2.1.8　产后始配天数≥60天，群体平均始配天数应在70～90天之内。

3.2.1.9　情期平均用精量1.5～2.0剂。

3.2.1.10　年流产率≤6%。

3.2.1.11　年繁殖率≥85%。

3.2.1.12　以上各项繁殖指标的计算方法见附录A（规范性附录）。

3.3　人工授精

奶牛的人工授精应符合 NY/T 1335 的要求。

3.4　妊娠和妊娠诊断

3.4.1　母牛输精后进行两次妊娠诊断，分别在配种后两个月和停奶前。

3.4.2　妊娠诊断采用直肠检查法、腹壁触诊法、超声波诊断法等。

3.5　产科管理

3.5.1　分娩管理

3.5.1.1　分娩奶牛出现临产征兆，对奶牛后驱进行消毒，调入产房；产犊后 48 h 无异常情况方可出产房。产房消毒每天 1 次。

3.5.1.2　以奶牛自然分娩为主，需要助产时，由专业技术人员按助产要求操作。

3.5.1.3　对产后奶牛要加强饲养管理，促使奶牛生殖机能恢复。

3.5.1.4　产后监护

3.5.1.4.1　产后 6 h 内，注意观察母牛产道有无损伤，发现损伤及时处理。产后 12 h 内观察母牛努责情况。对努责强烈母牛，要注意子宫内是否有胎儿或者有无子宫脱出征兆，并及时处理。

3.5.1.4.2　产后 24 h 内，观察胎衣排出情况。3 天内观察产道和外阴部有无感染，同时观察奶牛有无生产瘫痪症状，并及时治疗。

3.5.1.4.3　产后 7 天内，监视恶露排出情况，发现恶露不正常或有隐性炎症表现，应立即治疗。

3.5.1.4.4　产后 14 天，进行第一次产科检查，主要检查阴道黏液的洁净程度。发现黏液不洁时，轻微的可先记录，不作处理；严重的进行治疗。

3.5.1.4.5　产后 35 天，进行第二次产科检查，通过临床检查、直肠检查子宫恢复的程度和卵巢健康状况，并对第一次检查有异常征兆记录的牛进行重点检查。对检查中发现患子宫疾病的牛，都要进行治疗。

3.5.1.4.6　产后 50～60 天对一检、二检的治疗牛进行复查。如未愈，应继续治疗。对卵巢静止和发情不明显的牛，采用诱导发情法催情处理。

3.5.1.4.7　胎衣排出情况的检查处理。

3.5.1.4.8 产后 6 h 胎衣未下时，应予以处理。推荐方法：肌注催产素（30～100 国际单位）或前列腺素（0.4～0.6 mg）。

3.5.1.4.9　产后 24 h 胎衣未下时，采取剥离术或者保守疗法。胎衣剥落后，检查胎衣是否完整，尤其注意子宫角尖端的检查，如果发现有部分绒毛膜或尿膜仍留在子宫内未排除，要及时向子宫内投药，以防胎膜腐败。

3.5.2　子宫隐性感染的监测

3.5.2.1　检测方法

用 4%氢氧化钠 2 mL 取等量子宫黏液混合于试管内加热至沸点，冷却后根据颜色进行判定，无色为阴性，呈柠檬黄色为阳性。

3.5.2.2　检测时间

产后 2 周内。

3.5.2.3　控制标准

产后子宫隐性感染率＜30%。

3.6　子宫内膜炎

3.6.1　鉴定

主要根据恶露颜色、性状、气味等来判断是否患有子宫内膜炎。产后天数与正常恶露排出情况见表 1。

表 1　　产后天数与正常恶露排出情况鉴定表

产后天数（天）	恶露类型	颜色	排出量（mL/天）
0～3	黏稠血液	清洁透明、红色	≥1 000
4～10	稀、黏、带颗粒或稠带凝块	褐红色	500
11～12	稀、黏、血	清洁透明、红或暗红色	100
13～15	黏稠、呈线性	清洁透明、橙色	50
16～20	稠	清洁透明	≤10

3.6.2　治疗方法

3.6.2.1　冲洗治疗

可用0.01％高锰酸钾溶液冲洗子宫，洗后再向子宫注入20 mL含有青霉素80万国际单位、链霉素100万国际单位的溶液，每天1次，连续3天；或用土霉素、四环素、金霉素等广谱抗生素加生理盐水清洗子宫，隔日一次。

3.6.2.2　肌注子宫内膜炎药物治疗

有全身症状的宜静注抗生素，如青霉素或速解灵等，结合补液、补糖增强奶牛体质。

3.7　繁殖障碍牛处理

3.7.1　对超过14月龄未见初情的后备母牛，必须进行母牛产科检查和营养学分析。

3.7.2　对产后60天未发情的牛、发情间隔超过40天的牛、妊娠时未妊娠的牛，要及时做好产科检查，必要时使用激素诱导发情。

3.7.3　对异常发情（安静发情、持续发情、断续发情、情期不正常发情等）牛和受精两次以上未妊娠的牛要进行直肠检查。详细记录子宫、卵巢的位置、大小、质地和黄体的位置、数目、发育程度，以及有无卵巢静止、持久黄体、卵泡和黄体囊肿等异常现象，及时对症治疗。

4. 记录

4.1　对母牛的发情配种、妊娠产犊等情况需要专门的表格予以记录。表格格式见附录B。

4.2　牛场应利用产后监控卡对奶牛进行管理，把产后监控作为技术管理的一项常规措施。产后监控卡格式见附录B。

附　录　A
（规范性附录）
繁殖指标计算方法

A.1　年总受胎率

$$年总受胎率=\frac{受胎母牛数}{实配母牛数}\times 100\%$$

注 1：一年内受胎 2 次的母牛，受胎头数以 2 头计，实配母牛数以 2 头计。

注 2：配种后 60 天内死亡、淘汰、出售的母牛，不能确定是否妊娠的不参加统计。配种后 60 天以上死亡、淘汰、出售的母牛，都应参加统计。

A. 2　年情期受胎率

$$年情期受胎率=\frac{年受胎母牛数}{年输精情期数}\times 100\%$$

注 1：一个情期内无论几次输精，只计一个情期数。

注 2：60 天以内，死亡、淘汰、出售的母牛，不能确定是否妊娠的那个情期不计情期数。

A. 3　一次配种的情期受胎率

$$一次配种的情期受胎率=\frac{第一次配种受胎母牛数}{第一次配种输精情期数}\times 100\%$$

A. 4　年空怀率

$$空怀率=\frac{平均空怀头数}{平均母牛数}\times 100\%$$

注 1：成母牛产后 110 天及流产后 90 天、后备母牛年满 18 月龄仍未受胎的，每超过 1 天，为 1 个空怀日，365 个空怀日为一头空怀牛。

注 2：平均母牛头数指年平均成母牛头数加 18 月龄以上青年母牛的平均头数。

A. 5　胎间距

成母牛两次连续产犊的时间间隔。

A. 6　产后始配天数

指产后第一次配种的天数。

A. 7　年流产率

$$流产率=\frac{年内流产母牛头数}{年内正常繁殖母牛头数+年内流产母牛头数}\times 100\%$$

A. 8　年繁殖率

$$年繁殖率=\frac{年产犊胎数}{年应繁殖母牛头数}\times 100\%$$

附　录　B（规范性附录）
繁殖记录表格

B. 1　发情记录表（见表 B. 1）

表 B. 1　　发情记录表

牛号	发情日期	发情开始时间	发情持续	阴道分泌物状况

B. 2　配种记录表（见表 B. 2）

表 B. 2 配种记录表

牛号	上次配种日期	配种时基本情况						备注
		现胎次	配次	日期	与配公牛	精液数	活力	

B. 3 妊娠记录表（见表 B. 3）

表 B. 3 妊娠记录表

牛号	妊检日期	妊检结果	预产期	干奶期	备注

B. 4 产犊记录表（见表 B. 4）

表 B. 4 产犊记录表

牛号	胎次	与配公牛	产犊日期	性别	编号	初生重	难产度	备注

B. 5 流产记录表（见表 B. 5）

表 B. 5 流产记录表

牛号	胎次	配种日期	与配公牛	流产日期	流产类型	处理措施	流产后发情情况	备注

B. 6 产后监控卡（见表 B. 6）

表 B. 6 产后监控卡

牛号	日期		组别	管理人	
项目	时间	内容	结果	处理办法	经手人
产后观察					
胎衣监控与检查					
恶露监视					
第一次产科检查					
第二次产科检查					
第三次产科检查					
子宫隐性感染检查					

附录 4　规模化猪场的人工授精操作程序

一、人工授精的用品与设备

名称	规格	数量	用途
采精用品			
采精室	3.5×3 m^2	1	采精场所
假母栏	100 cm×26 cm×（56～70）cm	1	用于采精时公猪爬跨
防护栏	高 75 cm	7 根	确保公猪攻击时人员能安全撤离
壁橱	离地 120 cm	1	位于采精室与实验室之间，用于传递用品
红外线灯	175 W	1 盏	用于采精杯及烧杯升温
防滑垫	60 cm×60 cm	1 块	放置于假母猪后，防止公猪摔倒
实验室采精用品			
采精杯	250 mL 左右保温杯	2 只	采精
采精袋	20 cm×25 cm	若干	一次性用品，在采精杯中盛放精液
一次性过滤网	20 cm×20 cm	100 张	放于采精杯上过滤精液中胶状物
一次性手套	150 枚乳胶或 PE	2 盒	采精
消毒纸巾	130 抽	2 盒	擦拭公猪包皮
橡皮筋	100 根	1 盒	用于将过滤网固定于采精杯上
恒温干燥箱		1 台	消毒用品和预热采精杯
玻璃棒		2 根	准备采精杯时使用
实验室精液品质检查用品			
显微镜	1 000 倍	1 台	检查精子活力和检查密度
显微镜恒温板	35～40℃	1 块	检查精子活力
载玻片		1 盒	检查精子活力
盖玻片		1 盒	检查精子活力
微量移液器	5/25 mL	1 支	精液取样（可用 1 mL 注射器代替）
微量移液器	10/250 mL	1 支	精液取样或稀释
吸管	250 mL	100 支	精液取样或稀释
血球计数板		1 块	测定精子密度
计数器		1 台	测定精子密度
擦镜纸		1 本	擦拭显微镜镜头
纸巾		1 盒	擦拭用品

续表

名称	规格	数量	用途
实验室精液稀释与分装用品			
精液稀释粉	配制 500 mL 或 1 000 mL	10 袋	配制精液稀释液
量筒	500（±5）mL	2 只	量取纯水
三角瓶	1 000 mL	2 只	配制稀释液
大烧杯	1 000 mL	2 只	精液稀释
纯水或蒸馏水	19 L 或 25 L	1 桶	配制稀释液及冲洗用品
电子天平	称重 1 200 g（感量 0.1 g）	1 台	配制稀释液、测定射精量、精液稀释
电子秤	分度值 1 g，称重 2 000 g	1 台	配制稀释液、测定射精量、精液稀释及分装
恒温水浴锅	双孔、指针式或数显	1 只	精液与稀释液等温
分装架		1 台	分装精液（带刻度）
分装管	一次性或多次性	2 支	分装精液
一次性注射器	5 mL/支	1 支	分装精液
热封口机		1 台	精液袋封口
精液袋（输精袋）		1 只	分装及保存精液
恒温冰箱	50 L	1 台	保存精液
75%乙醇	2.5 L	1 桶	消毒分装管
输精用品			
输精管	一次性	1 200 支	输精
输精管	多次性	5 支	输精
洗瓶		2 只	清洗多次性输精器
红霉素软膏		1 支	润滑输精管
输精记录簿		1 本	记录输精及产崽情况
标签纸、标记笔		若干	标记精液种类、输精时间
恒温干燥消毒柜	共用		
纸巾		1 盒	擦拭外阴
高锰酸钾	500 g	1 瓶	消毒外阴
输精用工作服	自制	1 套	
疫苗箱		1 只	临时保存或运输精液

二、采精操作规程

1. 目标

尽可能采集到全部的浓份精液，并保证精液洁净、无胶状物、不受任何污染及物理因素影响。

2. 用品

假母猪、采精室（栏）、防护栏、水管、赶猪板、保温箱、采精杯、食品袋、过滤网、一次性手套、纸巾、橡皮筋、恒温箱、玻璃棒等。

3. 采精的步骤

（1）稀释液、精液品质检查和用品准备。采精前应配制好精液稀释液：将稀释粉放入三角瓶中，量取稀释粉说明书上要求的蒸馏水，彻底溶解后，将稀释液放在33～35℃水浴锅中预温。同时打开显微镜的恒温台，将控制器设置温度调至37℃，并在载物台上放置两张洁净的载玻片和盖玻片，然后准备采精用品；没有恒温台的实验室，可将两块厚玻璃和两张洁净的载玻片和盖玻片放于恒温消毒柜中，将消毒柜控制器调整至38℃。

（2）采精杯安装及其他采精用品准备。在配制稀释液前，将洗净干燥的保温杯打开盖子，放在37℃的干燥箱中，也可放在红外线灯下45 cm处约5 min。取出，将两层集精袋装入保温杯内，并用洁净玻璃棒使其贴靠在保温杯壁上，袋口翻向保温杯外，上盖一层专用一次性过滤网，用橡皮筋固定，并使过滤网中部下陷3～4 cm，以避免公猪射精过快或精液过滤慢时精液外溢。最后用一张纸巾盖在网上，再轻轻将保温杯盖盖上。取两张纸巾装入工作服口袋中；采精员一手（右手）戴双层无毒的聚乙烯塑料手套，或戴外层为聚乙烯、内层为无毒乳胶的手套（比塑料手套防滑），将集精杯放在壁柜内。

（3）检查采精室。检查各种设备是否牢固可靠，用品是否齐全。

（4）公猪的准备。采精员将待采精的公猪赶至采精栏，如果时间允许，可用0.1%高锰酸钾溶液清洗其腹部和包皮（可用喷水瓶喷消毒液），再用温水（夏天用自来水）清洗干净并擦干，避免水及药物残留对精子造成伤害；必要时，可将公猪的阴毛剪短至2～3 cm。

（5）按摩公猪的包皮腔，排出尿液。当公猪爬上假母猪时，采精员蹲在（或坐在）公猪左侧，用右手尽可能地按摩公猪的包皮，使其排出包皮液（尿液），并诱导公猪爬跨假母猪。

（6）锁定公猪阴茎的龟头。当公猪逐渐伸出阴茎（个别公猪要按摩包皮，使其阴茎伸出），脱去外层手套，使公猪阴茎龟头伸入空拳（拳心向前上方，小指侧向前下方）；用中指、无名指和小指紧握伸出的公猪阴茎螺旋状龟头，顺其向前冲力将阴茎的S状弯曲拉直，握紧阴茎龟头防止其旋转，公猪即可安静下来并开始射精；如果公猪的阴茎不够坚挺，可让其龟头在空拳中转动片刻，待其彻底勃起时，再锁定其龟头。小心地取下保温杯盖和盖在滤网上的纸巾。

（7）精液的分段收集。将集精杯口向下，等待浓份精射出。最初射出的少量精液不含精子而且含菌量大，不能接取，等公猪射出部分清亮的液体后，可用纸巾将清液吸附和将胶状物擦除。然后开始接取精液，应尽量使射精孔刚好露出，使精液直接射到滤网上。一些公猪射精时，先射出清亮的液体，之后是浓份精，然后逐渐变淡，直到变为完全清亮的液体，射出胶状物后，射精结束。而一些公猪则分2～3个阶段将浓份精液射出，直到射精完毕。一般射精过程历时5～7 min，如果可能，应根据各头公猪的射精规律，尽可能只收集含精多的精液，清亮的精液尽可能不收集。

（8）采精结束。公猪射精结束时，会射出一些胶状物，同时环顾左右，采精人员要注意观察公猪的头部动作。如果公猪阴茎软缩或有爬下假母猪动作，就应停止采精，使其阴茎缩回。注意：不要过早中止采精，要让公猪射精过程完整，否则会造成公猪不适。

（9）将精液送至实验室。小心去掉过滤网及其网上的胶状物，注意不要使网面上胶状物掉进精液中。将集精袋口束在一起，放在保温杯口边缘处，盖上盖子，放入壁橱中。将公猪赶回猪舍。

（10）采精注意事项。采精工作人员应耐心细致，确保工作人员和公猪的安全，防止公猪长期不采精或过度采精造成公猪恶癖，并应总结公猪调教的经验，保证每头公猪都能顺利调教成功。

1）注意人畜安全

①采精员应注意安全，平时要善待公猪，不要强行驱赶、恐吓。

②初次训练采精的公猪，应在公猪爬上假母猪后，再从后方靠近，按照正确的采精方法采精，一旦采精成功，一般都能避免公猪的攻击行为。

③平时注意观察公猪的行为，操作时保持合适的位置关系，一旦公猪出现攻击行为，采精员应立刻逃至安全区。

④确保假母猪的牢固。假母猪的安装位置应能使公猪围着假母猪转，并保证假母猪上没有对公猪产生伤害的地方，如锋利的边角。

2）使公猪感到舒适

①在锁定龟头时，最好食指和拇指不要用力，因为所有手指把握，可能会握住阴茎的体部，使公猪感到不适。

②手握龟头的力量应适当，不可过紧也不可放松，以有利于公猪射精和不使公猪龟头转动为宜。不同的公猪对握力的要求也不相同。

③即使收集最后射出的精液也应让公猪的射精过程完整，不能过早中止采精。

④夏天采精应在天气凉爽时进行，如果气温很高，应先给公猪冲凉，半小时后再采精。

3）保证精液卫生

①保持采精栏和假母猪的清洁干燥。

②保持公猪体表卫生。采精前应将公猪的下腹部及两肋部污物清除，同时注意治疗公猪皮肤病，如疥癣，以减少采精时异物进入精液中。

③采精前尽可能将包皮腔中的尿液排净。如果采精过程中包皮腔中有残留尿液顺阴茎流下时，可先将公猪的龟头部分抬高，等公猪射精中止或只有清亮液体时，放下集精杯，用一张纸巾将尿液吸附，然后继续采精。如果包皮液（尿液）进入精液中，可使精子死亡，造成精液报废。

④不要收集最初射出的精液和最后部分的精液。

4）采精时间。应在采食后 2～3 h 采精，饥饿状态和刚喂饱时不能采精。应固定每次采精时间。

5）采精频率。成年公猪每周 2～3 次，青年公猪（1 岁左右）每周 1～2 次。最好固定每头公猪的采精频率。

三、人工授精实验室管理规范

目标：培养操作人员严格、规范工作的素质，确保从实验室送出的每一份精液的输精可靠性和生物安全性。

人工授精实验室工作和人工授精操作一样，工作人员必须经过培训，具有严格按照操作规程操作的素质，确保精子不受到危害并能良好保存。人工授精实验室是进行精液检查、处理、贮存的场所，为了生产出优质的、符合输精要求的精液，一定要把好质量关，保证从实验室送出的每一袋精液的活力不低于0.6，72 h内保存活力不受影响。

（1）实验室要求整洁、干净、卫生，每周彻底清洁一次。

（2）非实验室工作人员在正常情况下不准进入实验室，采精员也不准进入实验室，如采精员同时兼任实验室工作，则每次进入实验室时要更换衣、鞋。

（3）实验室工作人员进入实验室要更换衣、鞋，洗手。

（4）各种电气设备应按要求选择适当插座，除冰箱、精液保存恒温箱、恒温培养箱等外，一般电器要求人走电断。干燥箱无人值守时，设定温度不应高于100℃，连续通电时间在3 h以内；冰箱、恒温水浴、干燥箱等电器应安装接地线。

（5）物品、器皿的清洗消毒方法。所有器皿应用对皮肤危害性小、易洗涤的清洁剂清洗，并用自来水冲净，再用蒸馏水冲洗3～4遍。玻璃用品干燥温度为100～150℃；精液分装管使用后立即用蒸馏水冲洗，然后用75%乙醇冲洗一遍，沥净水分，再放入消毒柜中100℃消毒1 h；输精器使用多次后，立即用清水冲洗，不得使用任何洗涤剂，清洗后，再用蒸馏水冲洗，最后用75%乙醇冲洗，放入消毒柜中100℃消毒1 h。这些用品也可用电脑程控式多重消毒柜85℃消毒。

（6）稀释液的配制和精液检查、稀释、分装等按照人工授精操作规程进行。

（7）实验室仪器设备应保持清洁卫生。实验室内使用的仪器设备，如显微镜、干燥箱、水浴锅、17℃冰箱、37℃恒温板、电子天平（秤）等，必须保持清洁卫生，显微镜镜头（目镜、物镜），应每两周用二甲苯浸泡一次，保持清洁。

（8）作为采精室与实验室之间的传递窗口，只有在传递物品时才能开启使用。

（9）实验室地板、实验台保持干净，每天清洁1～2次。

（10）下班离开实验室前一定要检查电源、水龙头、窗是否关闭好，做到万无一失方可离开实验室，确保安全。

四、人工授精实验室精液处理规范

目标：保证精液在不受不良物理、化学、生物因素影响的情况下，进行精液的处理和保存。

用品清单：采精用品、精液品质检查用品、精液稀释液配制与精液稀释分装用品、保存用品、输精用品、消毒用品。

采精室送来的精液应在最短的时间内进行稀释和保存，但在稀释前应对精液进行一些检查，以确定精液是否有使用价值。

1. **直观指标测定**

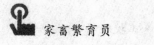

(1) 容量。新鲜精液容量应在100～250 mL。过多，可能是混有尿液或副性腺有炎症；过少，说明采精方法不当或公猪生精能力降低。

(2) 色泽。精液色泽应为乳白色或灰白色。红色说明有血液，绿色说明有脓液，清黄色说明有尿液。精液色泽越白越浓（可能偏黄）说明精子浓度越高。

(3) 气味。精液应没有明显异味。有腥味说明有脓液，有臊味说明混有尿液。

2. **活力测定**

将精液轻轻摇动或用洁净的玻璃棒搅动，用微量移液器或玻璃棒取精液20 μL，放于预温后的载玻片中央，盖上盖玻片，在载物台上预温片刻，用推进器将载玻片推至物镜下，在100和400倍下进行观察。如果精子无凝集、出现大群运动波、无明显死亡精子，应为“很好”（5分）；如果精液出现大群波动但有少量死亡精子，应为“好”（4分）；如果有成群运动但有精子凝集现象，应为“一般”（3分）；有大片凝集或死亡但有部分精子在正常运动，应为“差”（2分）。一般新鲜精液和保存精液在3分以上方可用于输精。没有载物台恒温设备的实验室，可将预温至37℃的厚玻璃板和载玻片叠在一起，取20 μL精液放于载玻片上，盖上盖玻片，迅速放在100倍镜头下检查活力。

在进行精子活力或密度测定时，应注意显微镜的光源光圈应尽量小些，光线过强，无法看清精子。每次调节显微镜焦距时，都应先将载物台调到与物镜最近的距离，但不能使载玻片与物镜接触，然后缓慢放低载物台，同时从目镜观察，直到观察到精子为止；观察活力时应轻轻微调，以观察各个层次的精子活动情况。

3. **密度测定**

一般猪场不进行密度测定，可通过精液的外观检查（如色泽）判断精子密度，呈乳白色说明精子密度大，白度越高说明浓度越高，相反则说明精子密度低。如果有能力，可用计数板测定密度，用专用的比色仪进行密度测定更方便。也可将精液样品送至科研单位，让技术人员进行密度测定，并将此数值作为稀释倍数的参考。正常的全份精液的密度在1.5亿～3亿/mL，浓份精液密度在3亿～6亿/mL。

4. **畸形率测定**

初配公猪在使用前及正常使用的种公猪，应每季度进行一次畸形率测定。精子可用伊红、龙胆紫或纯蓝、红墨水等染色剂染色，并在显微镜400倍下观察，畸形率不应高于25%。如果带中段原生质的精子增多，说明采精频率过高；如果断尾精子增多，说明公猪受过高温影响或发烧过；其他畸形精子多，可能公猪有先天性问题，应予以淘汰。也可将精液样品送至科研单位进行评定。

5. **精液的稀释**

经过品质检查合格的精液应立即进行稀释，稀释时应将精液与稀释液放在同一个水浴锅中等温后，再将稀释液缓慢倒入精液中，并轻轻搅动或摇动。稀释时，精液最好仍放在原来的集精袋中。一般可根据需要和计算（估算）的稀释倍数和精液量加入适量的稀释液。最小稀释倍数为1∶2，最大稀释倍数不超过1∶9。如果收集的是全份精液（不包括最初射出的精液），稀释倍数为1∶2.5。稀释后每个剂量应为70 mL，每个剂量含20 mL鲜精，这样可保证每个剂量中有30亿～60亿个精子。同样，如果是浓份精液（约为全份精液的一半），可按 1∶6 稀释，每个剂量 70 mL，含鲜精 10 mL。

6. **精液的分装**

将稀释后的精液放在台架上，分装管的玻璃管一端插入精液中，打开开关，用一支 5 mL 一次性注射器套上移液管的吸嘴与另一端连接，拉动注射器活塞，使精液充满分装管。关闭分装管开关，取下注射器吸嘴，将分装管端插入精液袋的灌装口，并将精液袋挂在固定的板面上，使其自然悬垂。打开开关，使精液进入精液袋内。待精液灌装到规定刻度，或用电子秤称量到一定重量（如 70 g 或 80 g）时，关闭开关，将管插入另一悬挂的精液袋内，然后打开开关。取下灌装好的精液袋，放在热封口机上封口。封口后的精液可暂放在一个泡沫塑料盒中，等全部灌装完后，将精液袋在泡沫塑料盒中停留片刻，再放入 17℃恒温冰箱中保存。

7. **精液的保存**

应确保冰箱功能正常和通电正常。每隔 12 h 或 24 h 将精液袋取出，上下翻转数次，将沉淀的精子与稀释液混合一下，有利于延长时间。如果停电时间不超过 4 h，应在停电期间尽量减少开冰箱的次数。如果停电时间过长，冬季可在冰箱中放置 30℃左右的水袋，夏季可在冰箱下层放置一些冰袋，并将其用毛巾包好，以维持合适的温度。

8. **精液的运输**

袋装精液可放在泡沫塑料箱中运输，输精时，也应将精液放在泡沫塑料箱中运至待配母猪舍内。

五、母猪发情鉴定技术操作规程

目标：及时发现发情母猪，准确判断母猪的发情阶段及输精的最佳时机。

母猪的发情鉴定主要工作是确定母猪发情阶段，以判断母猪适宜的输精时间。猪人工授精的效果好坏，判断配种时机是成功的关键。

1. **发情生理特征**

母猪发情周期平均 21 天（19～23 天），大多数经产母猪在仔猪断奶后一周内（3～7 天）发情排卵，配种受胎；母猪发情持续期一般为 2～4 天，经产母猪发情持续期较短，而后备母猪发情持续时间较长。

2. **发情周期分期**

母猪发情周期可分为发情前期、发情期、发情后期和间情期。母猪只有在发情时才允许公猪爬跨或称之为静立反应，此行为表现可作为母猪适时输精的指标。

3. **各阶段特征**

（1）发情前期。母猪躁动不安，外阴肿胀，并由淡红色变为红色，这种变化在后备母猪较为明显，阴道有黏液分泌，其黏度渐渐增加。在此期间母猪不允许骑背，平均约为 2.7 天，不宜输精配种。

（2）发情期。平均约为 2.5 天，特征为母猪阴部肿胀及红色开始减退（暗红、泛紫），分泌物也变得浓厚，黏度增加。此时母猪允许压背不动，压背时，母猪双耳竖起向后，后肢紧绷，尾部竖起，背弓起，颤抖。

（3）发情后期。1～2 天，发情母猪的阴部完全恢复正常，不允许公猪爬跨。

（4）间情期。13～14 天，完全恢复到正常状态。

4. 发情鉴定方法

每日做两次试情（每天上午 7：00—9：00 和下午 16：00—17：30 进行发情检查），将试情公猪赶至待配母猪舍，让其与母猪头对头接触。判断母猪是否发情：在安静的环境下，有公猪在旁时，工作人员按压母猪背部（或骑背），观察其是否有静立反应。试情公猪一般选用善于利用叫声吸引发情母猪、唾液分泌旺盛、行动缓慢的老公猪。没有公猪的猪场，应以观察母猪的外阴肿胀、消退（皱而下垂）和黏液情况，以及压背反应判断发情状况。

5. 发情鉴定记录

包括发情母猪耳号、胎次、发情时间、外阴部变化、压背反应等，尤其是后备母猪的记录。

六、输精操作规程

目标：在不受污染的情况下，将输精器插入母猪阴道内，准确、适时、顺利地将精液输入到母猪的生殖道内，完成配种。

用品清单：一次性输精器、精液、润滑剂、一次性手套、纸巾、0.1%高锰酸钾。

1. 配种方法和输精次数

有以下 3 种：（1）第一次自然交配，第二、三次人工授精；（2）2 次人工授精；（3）3 次人工授精。

2. 输精时间

断奶后 3～6 天发情的经产母猪，发情出现静立反射后 6～12 h 进行第一次输精配种。断奶后 7 天以上发情经产母猪，发情出现静立反应就进行配种（输精）；无试情公猪的情况下，发现有静立反应时立即第一次输精。

3. 精液检查

袋装精液可先将其放在恒温载物台上，用一张载玻片（边缘磨光）压在精液袋上，使这部分精液加热片刻，在 100 倍下观察活力，输精前精液的活力不应低于 0.6。没有恒温载物台的实验室，可将精液袋封口线内刺破，用微量移液器吸取精液在显微镜下检查，如果精液合格，再用封口机将精液袋封好。

4. 发情鉴定

将试情公猪赶至待配母猪栏前，使母猪在输精时与公猪口鼻接触。应对发情母猪的敏感部位进行刺激，一方面检查母猪的发情情况，另一方面可刺激母猪的宫缩，使输精更顺利。刺激部位为背部、肩部、后侧腹部、后乳房部、阴门。同时检查阴门及阴道黏膜的肿胀消退状况，黏液是否变得黏稠，红肿是否消退为暗红（略带紫红）。

5. 外阴消毒

输精前清洁双手或戴上一次性手套。用消毒纸巾充分将外阴及阴门裂的污物擦净、擦干。

6. 在输精管前端涂上润滑剂

从密封袋中取出没有受任何污染的一次性输精管（手不应接触输精管的前 2/3 部

分），在其前端涂上精液作润滑剂（也可用红霉素软膏）。

7. 将输精管插入母猪的生殖道内

站在母猪的左侧，面向后，双手分开母猪外阴部，左手将外阴向后下方拉，使外阴口保持张开状态，将输精管 45°角向上插入母猪生殖道内，当感到有阻力时，缓慢用力将输精管向前送入 4 cm 左右，直到感觉输精管前端被锁定（轻轻回拉拉不动）。

8. 输精

从精液贮存箱中取出品质合格的精液，确认公猪品种、耳号。缓慢颠倒摇匀精液，掰开精液袋封口，将暴露出的塑料管接到输精管上，将精液袋后端提起，开始进行输精（也可将精液袋先套在输精管上，再将输精管插入母猪生殖道内）。在输精过程中，应不断抚摸母猪的乳房或外阴，压背，抚摸母猪的腹侧，以刺激母猪，使其子宫收缩产生负压，将精液吸纳。输精时，除非输精开始时精液不下，勿将精液挤入母猪的生殖道内，以防精液倒流。如果在专用的输精栏内进行输精，可隔栏放一头公猪，这样输精会更容易些。如果输精场地宽敞，输精员可站在母猪的左侧，面向后，左臂挎在母猪的后躯，将重力压在母猪的后背部，并用手抚摸母猪腹侧及乳房，右手将精液袋提起，这样输精更接近本交，精液进入母猪生殖道的速度更快些。

9. 防止精液倒流

用控制精液袋高低的方法来调节精液流出的速度，输精时间一般在 3～7 min。输完后，可把输精管后端一小段折起，用精液袋上的圆孔固定，使输精器滞留在生殖道内 3～5 min，让输精管慢慢滑落；或较快地将输精管向下抽出，以促进子宫颈口收缩，防止精液倒流。

10. 取出精液

从 17℃冰箱中取出的精液，无须升温至 37℃，摇匀后可直接输精，但检查精子活力需将载玻片升温至 37℃。

11. 输精时应注意的问题

（1）每头母猪每次输精都应使用一支新的输精管（最好是一次性的）。

（2）如果在插入输精管时母猪排尿，应将这支输精管丢弃。

（3）如果在输精时精液倒流，应将精液袋放低，使生殖道内的精液流回精液袋中。再略微提高精液袋，使精液缓慢流入生殖道，同时注意压迫母猪的背部或对母猪的侧腹部及乳房进行按摩，以促进子宫收缩。

（4）如果采取各种方法仍然不能解决问题，精液继续倒流或不下，可前后移动输精管或抽出输精管，重新插入锁定后，继续输精。

12. 输精次数及间隔时间

每头母猪在一个发情期内要求至少输精两次，最好三次，两次输精时间间隔 8～12 h。

13. 做好登记记录

认真登记母猪生产卡、配种记录。

附录 4—1　猪人工授精采精室及实验室立体图说明

人工授精实验面积：3×3.5（左右宽×深）m^2 左右，采精室 2.5×3.5 m^2。

各部分说明：

（1）水池。

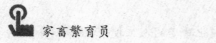

（2）工作台面：高 75 cm，宽 50 cm；左侧为湿区，用于清洗用品、配制稀释液、稀释精液等工作。

（3）工作人员座位。

（4）干区：用于精液质量分析。

（5）分装区：用于精液分装、标记、排序与保存、分发。

（6）壁柜：用于实验室与采精室之间的用品及精液传递；底部距地面高 120 cm，高 60 cm、宽 40 cm、深 30 cm，内部吊以 100～175 W 的红外线灯；壁柜两边均有门可开启。

（7）栅栏门：宽 60 cm，与防护栏等高；作为将公猪赶入采精区的通道。

（8）假母台：宽 265 cm，长 100 cm，高 60 cm，后躯至后腿距离 35 cm，顶部为圆弧形。

（9）防护栏：距地面高 75 cm，直径 10～15 cm，净间距 28 cm；用于防止公猪逃走和保证工作人员进出方便。

（10）防滑垫或沙坑：长 100 cm，宽 65 cm，深 3 cm。

附录 4—2　假母台的设计要求

（1）假母台长 1 000 mm，宽 260 mm，高可在 560～700 mm 调节。

（2）台面为木质或铁板制成，木质台面要求下部后躯距后腿 300～350 mm 左右。前躯下可安装或焊接一个供公猪前肢支撑的踏脚。如果能够做到，可将假母台的后躯（约 150 mm 长）向后倾斜，以便公猪爬跨时更舒适。

整个假母台应该保证各部分连接牢固，并且不得有容易造成公猪损伤的毛刺、棱角。假母台应能保证承受 500 kg 以上的压力。

假母台可以是四条腿，也可以是两条腿或一条腿，但应牢固地固定于地面，并且周围有足够的空间，使公猪能围着假母台转。

附录 4—3　猪精液稀释粉简介

成分：葡萄糖、EDTA－Na、KCl、$NaHCO_3$、柠檬酸钠、抗生素等。

作用：配制适宜猪精子存活、保持受精力的稀释液。稀释液与精液等渗，能维持精子存活适宜的 pH 值，抑制精液内微生物的繁殖，中和精子代谢产生的副产物，提供精子所需要的能量物质。用配制的稀释液稀释精液，精液可保存 3～5 天。

用法：将一小袋稀释粉放入洁净灭菌的三角瓶中，加入 500 mL 纯水或蒸馏水，加盖搅拌，彻底溶解后，将三角瓶放入 33～35℃的水浴锅中静置预温 10 min。采集到的猪精液应尽快稀释，稀释时，稀释液温度应与精液温度接近，温度差不超过 1℃（必要时可将盛精液的容器与三角瓶放在同一个水浴锅中等温 3 min）。根据精液的量和精子密度，向精液中加入适量的稀释液。稀释比例为 1∶2～9 倍。

保持期：避光、干燥、密封、2～17℃保存，家用冰箱冷藏室内保存更好，保持期 3 个月。